IIIE 74

SCHNEIDER · NSU 1873–1984 · VOM HOCHRAD ZUM AUTOMOBIL

Geschichte · Typen und Modelle

PETER SCHNEIDER

NSU

1873–1984 · Vom Hochrad zum Automobil

MOTORBUCH VERLAG STUTTGART

Einband und Schutzumschlag: Siegfried Horn

Bild- und Quellennachweis: Pressearchiv Audi/NSU/autopress.
Archiv Peter Schneider

ISBN 3-613-01086-0

2. Auflage 1988

Eine Abteilung des Buch- und Verlagshauses Paul Pietsch GmbH & Co. KG

Satz und Druck: Röhm GmbH, 7032 Sindelfingen
Bindung: Franz Spiegel Buch GmbH, 7900 Ulm/Jungingen
Printed in Germany.

Inhalt

Vorwort

Eine neue Art von Biographie hat sich das wachsende Interesse der Öffentlichkeit erobert: Die Geschichte der großen Marken und Fabriken. Man hat erkannt, daß sie ein Leben voller Dynamik führen. NSU in Neckarsulm, inmitten Württembergs, der Wiege des Kraftfahrzeugs gelegen, zählt zu ihnen; ihre Geschichte ist der wechselvolle Roman einer wirtschaftlichen Pionierleistung.

Eine mehr als 100jährige, bewegte Geschichte, in der sich das Werk bemühte, die Menschen mobil zu machen. Von dem ehemaligen Deutschordensstädtchen Neckarsulm aus wurde seit der Jahrhundertwende entscheidend die verkehrstechnische Revolution unseres Jahrhunderts der Geschwindigkeit beeinflußt: Fahrrad und Motorrad nahmen von hier aus den Weg in alle Kontinente und beschleunigten auf ihre Art das Rad der Zeit. In diesem vergangenen Jahrhundert spielte sich der technische Fortschritt ab. Mit Pioniergeist, Erfindungsreichtum, mit viel Fleiß und gründlicher Arbeit hat NSU in Neckarsulm in die Speichen gegriffen und am Rad der Zeit gedreht. Die Geschichte von NSU ist das Dokument einer Epoche, eines wahrhaft bewegten Jahrhunderts. Sie beweist, daß die drei Buchstaben N. S. U. viel mehr sind, als nur eine Firmenbezeichnung. N. S. U. ist eine Abkürzung, die zum Begriff geworden ist.

Peter Schneider

KAPITEL I

Gründerjahre (1873 – 1918)

ES BEGANN IN DER GUTEN ALTEN ZEIT

Der allgemeine Aufschwung des in der Zeit Bismarcks vereinigten Deutschlands brachte auch in Württemberg eine fast generelle Änderung der Wirtschaftsverhältnisse, der Wirtschaftsstruktur mit sich. Neben der Landwirtschaft entwickelte sich eine blühende Industrie. Es bildeten sich – wenn man einmal so sagen darf – bestimmte Arbeitszentren, so Schramberg für die Uhren-Fabrikation, Gmünd für die Bijouterie, Geislingen für die Metallwaren, Tuttlingen für die chirurgischen Instrumente. Weltberühmt sind Württembergs Orgeln, Harmonien und Harmoniken, bekannt und angesehen die Spinnereien, Webereien und Zwirnereien, die Holzbearbeitungs-Industrie und die Maschinenfabriken. Einzelne Werke sind mit ihren Erzeugnissen führend in der Welt geworden.

Das erste Kapitel der NSU-Geschichte beginnt nicht in Neckarsulm, sondern ganz woanders. In Riedlingen an der Donau. Dort gab es zwei wackere schwäbische Mechaniker namens Christian Schmidt und Heinrich Stoll, die das taten, was in der sogenannten Gründerzeit viele junge Mechaniker unternahmen, die sich zu Höherem berufen fühlten: sie gründeten 1873 eine „Mechanische Werkstätte zur Herstellung von Strickmaschinen". Die beiden unternehmungslustigen Mechaniker erkannten, daß im südwürttembergischen Raum die Textilindustrie einen großen Aufschwung zu nehmen begann und, daß man deshalb mit Textilmaschinen Geld verdienen könnte. Ihr Kapital war nicht sehr groß, aber es reichte aus, um eine größere englische Drehbank zu kaufen, die damals als besonders gut galt. „Sie

Christian Schmidt ist der Gründer der NSU Werke in Neckarsulm. Er war es, der sich in dem damaligen Oberamtsstädtchen Neckarsulm nach einem Platz für seine Strickmaschinenfabrikation umsah. Vier Jahre nur konnte er in Neckarsulm seine Arbeit durchführen. Er starb im Jahre 1884 – gerade 39 Jahre alt.

Die Waagmühle im oberschwäbischen Riedlingen stand auf einer Donauinsel. Zu ebener Erde befanden sich Drehbänke und Werkzeugmaschinen sowie die Esse. Im 1. Stock die Werkbänke und ein kleiner Kontorraum, das Dachgeschoß diente als Magazin. Die Betriebskraft zum Antrieb der Maschinen lieferte nach alter Väter Sitte ein unterschlächtiges Wasserrad ältester Bauart, das eine Kraft von 4–6 PS heranschaufelte. Am 27. Juli 1873 hatten die beiden jungen Fabrikanten Schmidt und Stoll das Anwesen vertraglich übernommen, um von diesem Tag an in eigener Regie Strickmaschinen jenen Typs zu produzieren, für die der vorherige Fabrikant, Ferdinand Gröber, schon mit Goldmedaillen ausgezeichnet worden war.

war", so hieß es in einer alten Chronik, „das Haupt- und Glanzstück unter den Maschinen, die durch die Vielseitigkeit ihrer Verwendungsmöglichkeiten dem Neuling Bewunderung abnötigte. Sie war gleichsam das A und O des ganze Betriebes und wurde von Alt und Jung mit einer Sorgfalt behandelt, die an Verehrung grenzte. Vorne an der Stirnseite der Werkstätte aufgestellt, nahm sie deren ganze Breite ein. Auf ihr konnte man drehen, bohren, Gewinde schneiden, teilen, schrubben, fräsen, polieren, nuten, ausrichten u. a. m.; es war eine Universalmaschine im wahrsten Sinne des Wortes".

Man sieht daraus, daß diese mechanische Werkstätte nicht allzu groß gewesen sein kann; sie befand sich in einem gemieteten Gebäude auf der „Insel" am Donaukanal; im ersten Stock gab es einen einzigen Kontor-Raum, und das Dachgeschoß diente als Magazin. Man arbeitete auch noch nicht mit großen Elektromotoren, sondern entnahm die Betriebskraft einem großen Wasserrad älterer Bauart, das von diesem Donaukanal gespeist wurde. Unternehmungslustig, wie damals die schwäbischen Handwerker waren, gingen sie im selben Jahr, in dem sie ihren Betrieb gegründet hatten, bereits auf eine Handels- und Gewerbeausstellung nach Wien, um ihre Produkte bekannt zu machen. Ihre englische Drehbank, die drei Viertel aller maschinellen Arbeit zur Erzeugung einer Strickmaschine erledigte, verbunden mit dem sprichwörtlichen schwäbischen Fleiß, brachte ihnen in ihrem Rahmen gute Erfolge. Indessen, die beiden vertrugen sich als Geschäftspartner auf die Dauer nicht sehr gut. Heinrich Stoll eröffnete einige Jahre später einen eigenen Betrieb in Reutlingen und Christian Schmidt fand, daß das Wasserrad wohl doch nicht geeignet sei, einen größeren Betrieb zu speisen, und auch die Räumlichkeiten erwiesen sich als zu beengt; infolgedessen suchte er nach neuen Möglichkeiten.

UMZUG NACH NECKARSULM

Es sind dies Zufälle, die Geschichte machen. Im Falle Neckarsulm, dem Oberamtsstädtchen, das seinen Namen vom Zusammenfluß des Baches Sulm mit dem Fluß Neckar erhalten hat, war es die Sulm, die den Ausschlag gab zugunsten des späteren Industrieunternehmens NSU. 1955 nannte man es die größte Zweiradfabrik der Welt mit seiner Jahresproduktion von 350 000 Fahrzeugen. Nun, Christian Schmidt, der auf einer Erkundungsreise auch nach Neckarsulm kam, fand dort eine alte, ziemlich zerfallene Säge- und Gipsmühle, die gerade zum Verkauf angeboten wurde und er sah in dem anspruchslosen Flüßchen Sulm die treibende Kraft. Obwohl die Wasserkraft der Sulm auch nicht viel größer war als die in Riedlingen, griff er zu und am 1. April 1880 ging das Anwesen um den Kaufpreis von 18 000,– Goldmark in seinen Besitz über. Doch das Wasserrad und der Antrieb, den es lieferte, waren Christian Schmidts Problem. Damals konnte man noch nicht mit dem Kilowatt wuchern, um Maschinen in Gang zu halten. Man war auf die gütige Wirkung der Wasserkraft angewiesen. Die Sulm, kein Ausbund an Temperament, aber damals schon zur Überschwemmung neigend, trottete im Laufe des Jahres gemächlich dahin, stramm genug, um das Wasserrad des Schmidt'schen Betriebs in Marsch zu setzen, das eine Kraft von vier bis sechs PS heranschaufelte. Im Winter allerdings, wenn es recht kalt wurde, gab es mitunter Komplikationen, und die Männer der ersten Stunde mußten das Rad erst vom Eis freihacken, ehe sie mit der Arbeit beginnen konnten. Nach diversen Umbauten begann man Ende Juni 1880 in der ehemaligen Sägemühle weiterhin Strickmaschinen zu produzieren.

Die Zahl der Beschäftigten: sieben Arbeiter und zwei Angestellte, wobei man damals nicht Angestellte zu sagen pflegte, sondern Beamte. Auf einer Ausstellung in Stuttgart, 1881, wurden die Schmidt'schen Strickmaschinen bereits lobend erwähnt; trotzdem war der Geschäftsgang etwas schleppend geworden. Ein böser Müller hatte gegen Schmidt einen Prozeß „wegen widerrechtlichen Anspannens des Wassers" begonnen und ein Hochwasser wurde dem jungen Unternehmen schon damals fast zum Schicksal – „weil das verwahrloste Bachbett bei anhaltendem Regen die aus den Löwensteiner Bergen beiströmenden Gewässer nicht fassen konnte."

Die Sorgen und die harte Arbeit des Kleinunternehmers mögen dazu beigetragen haben, daß sich Christian Schmidts Gesundheitszustand anfangs der 80er Jahre rapide verschlechterte: er verstarb dann bereits im Februar 1884, kaum 39 Jahre alt geworden. Kurz vor seinem Tode hatte er noch zugestimmt, daß mit Hilfe einiger Anverwandter und mit einem Kapital von nunmehr rund 50 000 Mark eine Aktiengesellschaft gegründet wurde, die offi-

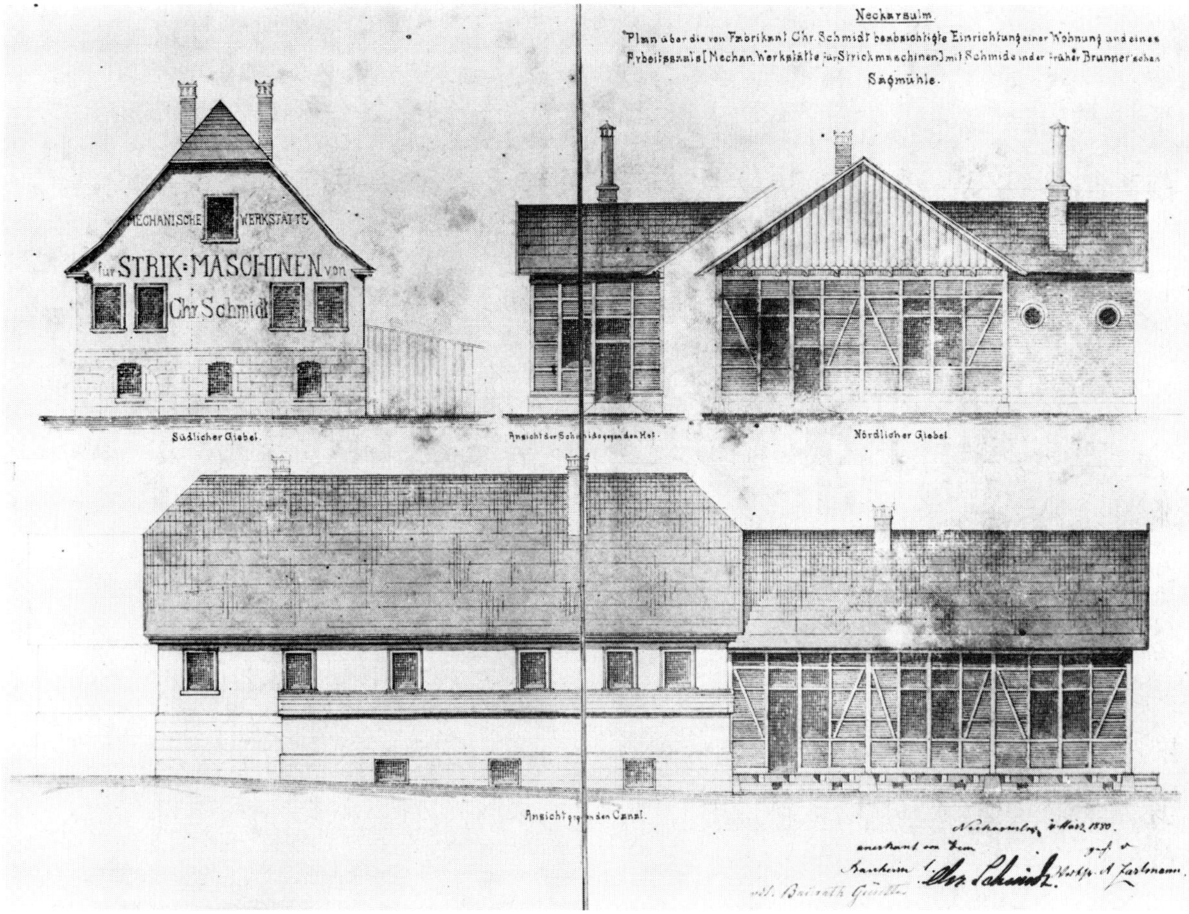

Am 1. April 1880 kaufte Christian Schmidt die alte Brunner'sche Säg- und Gipsmühle in Neckarsulm zum Preis von 18 000 Mark. Im Laufe des folgenden Vierteljahres wurde das Anwesen umgebaut und eingerichtet nach den Plänen dieser alten Zeichnung. Ende Juni, an einem schönen Sommertag, erfolgte der Umzug: Maschinen und Waren reisten von Riedlingen nach Neckarsulm.

So sahen sie aus, die Strickmaschinen, die zuerst in der alten Waagmühle in Riedlingen, dann, von 1880 bis 1892, in Neckarsulm gebaut wurden.

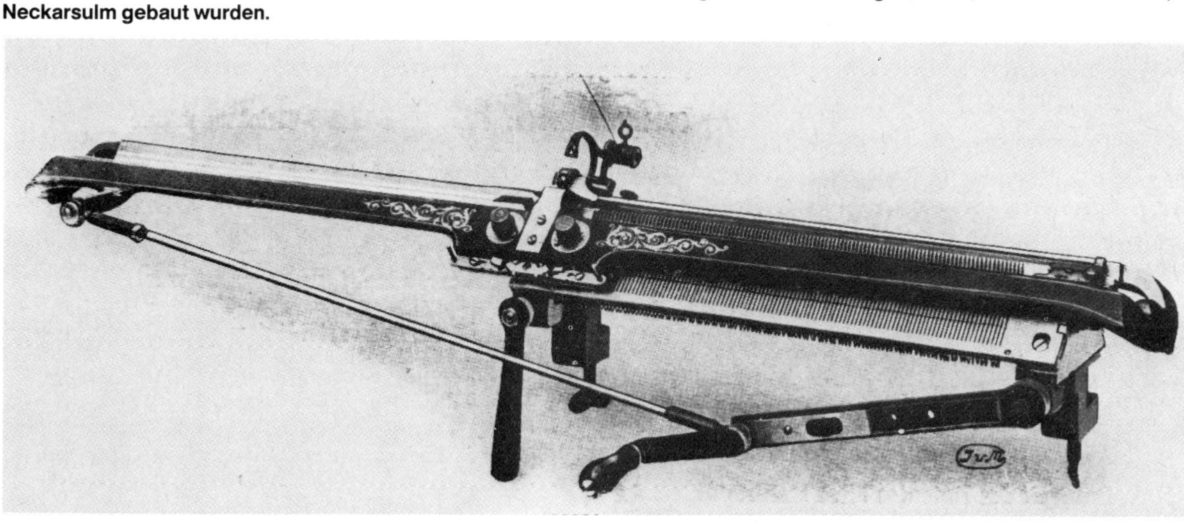

Kommerzienrat Gottlob Banzhaf, der Schwager von Christian Schmidt, ein Mann von aufrechter Art und großer Schaffenskraft, war der erste Direktor der Neckarsulmer Fabrik von 1884 bis zum Jahr 1910. Ihm ist es letztlich zu verdanken, daß aus dem Unternehmen eine Fahrzeugfabrik wurde: Der Strickmaschinen müde, tat er den glücklichen Griff zum Artikel „Fahrrad“, – der Betrieb, man darf es wörtlich nehmen, sattelte um. 1930 starb Gottlob Banzhaf, geboren in Illingen bei Mühlacker, Königlich-Württembergischer Kommerzienrat und Ehrenbürger der Stadt Neckarsulm, in Stuttgart.

ziell „Neckarsulmer Strickmaschinen-Fabrik AG“ hieß, und deren Direktor ein Herr Banzhaf wurde, der junge Schwager des verstorbenen Christian Schmidt.

Gottlob Banzhaf, 1858 in Illingen geboren, hatte sich bereits als kaufmännischer Gehilfe in die Geschäftsleitung eingearbeitet und nun durch Übernahme eines entsprechenden Aktienkapitals der moralischen Bürgschaft die materielle hinzugefügt. „D'r Gottlob wird's scho mache“, hieß es damals. Und er hat es gemacht! Er wurde zur wesentlichen Triebfeder für den Aufbau dieser Firma, erhielt den Titel Kommerzienrat und wirkte bis zu seinem Tode als Generaldirektor und Mitglied des Aufsichtsrates.

Drei Jahre nach dem Tode Christian Schmidts starb dessen Bruder, der Maschineningenieur Professor Carl Schmidt in Stuttgart, der dem Geschäft von Beginn an ein wissenschaftlich-technischer Berater gewesen war. Erst nach mehrfachen Versuchen gelang es für das Geschäft die richtige technische Leitung durch den Ingenieur Ludwig Zeidler, geboren 1852 in Hehlen/Braunschweig, zu finden.

Gleichwohl hatte man um diese Zeit noch mit vielen Schwierigkeiten zu kämpfen und es kriselte zum erstenmal in der ereignisreichen NSU-Geschichte. Das Hauptabsatzgebiet war damals Österreich gewesen, vor allem, weil die kleine Firma in Wien einen sehr geschäftstüchtigen Vertreter hatte. Aber 1885 wurde plötzlich der Einfuhrzoll für Strickmaschinen von Österreich kraß erhöht: Der Absatz stockte. Die kapitalkräftige deutsche Konkurrenz half sich mit der Gründung von Filialfabriken in Österreich. Neckarsulm war zu kapitalsschwach, um dem Beispiel der größeren Fabrik folgen zu können. Die Bemühungen um neue Absatzgebiete stießen auf große Schwierigkeiten und zeigten nur geringen Erfolg. Schließlich kam man zu der Erkenntnis, daß der Betrieb nur durch Aufnahme eines neuen umsatzsteigernden Artikels vorwärts zu bringen sei. Man hatte die Idee, „Schwimmbüchsen“ herzustellen. Die Schwimmbüchse war bei einem Durchmesser von ca. 15 cm ungefähr 40 cm lang, die sich sowohl zum Wandern als auch zum Schwimmen eignete. Trotz ihres amphibischen Charakters fand jedoch die Schwimmbüchse keinen Anklang und verschwand bald wieder aus dem Fabrikationsprogramm.

Die Menschen waren es um 1886 müde, zu Fuß zu gehen. Sie waren reif für die Fortbewegung auf zwei Rädern: das Fahrrad schickte sich an zu einem Siegeszug um die Welt. Die Neckarsulmer hatten genau den richtigen Zeitpunkt erwischt, aufzuspringen und mitzufahren, denn für Banzhaf war das Fahrrad der richtige Artikel für eine lohnende Produktion. Zunächst wurden, wie überall, die aus England bezogenen Fahrradsätze und -teile in den eigenen Werkstätten zusammengebaut. Die ersten in Neckarsulm hergestellten Fahrräder waren noch die sogenannten Hochräder, und weil man damals sehr national dachte, hieß das erste Hochrad, das die Neckarsulmer Strickmaschinenfabrik baute, „Germania". Die Radhöhe betrug 1,47 Meter. Hochräder waren schwierig zu fahren. War schon das Besteigen keine Kleinigkeit, so endete das Absteigen nicht selten mit einem Kopfsturz oder es blieb dem „Hochradfahrer" nichts anderes übrig, als sich auf einem Grasplatz herunterfallen zu lassen. Kein Wunder, wenn um diese Zeit die Hunde noch die verschworenen Feinde der Radfahrer waren und Hundepeitsche und Knallerbsen zur regulären Ausstattung des Radfahres gehörten. Die harte Vollgummibereifung und der schlechte Zustand der Straßen trugen noch das ihre dazu bei. Gleichwohl hatte dieses Germania-Rad der Neckarsulmer einen gewissen Erfolg zu verzeichnen. Man rühmte die Qualität der Verarbietung, und außerdem gab es neben diesem Hochrad im Sommer 1886 auch ein Dreirad, das „Merkur" genannt wurde, mit zwei sehr großen hinteren und einem etwas kleineren Vorderrad, normaler Lenkstange, Sattel und Tretkurbel. Zwei Jahre später hatten die Neckarsulmer den Trend klar erkannt, der vom Hochrad zum Niederrad führte, wobei man dieses neue Modell, das unserem heutigen Fahrrad schon sehr ähnlich war, sehr geschickt Sicherheits-Zweirad nannte. Die neuen Modelle erhielten meist Namen aus dem Tierreich: Känguruh, Antilope, Gazelle, aber auch Pfeil und Diana. Mit diesen Fahrrädern hatten die Neckarsulmer genau das Richtige getroffen.

Beginn der Fahrzeugproduktion in Neckarsulm: Hochrad „Germania" von 1886 der Neckarsulmer Strickmaschinenfabrik.

Die Nachfrage nach Fahrrädern war sehr stark und konnte oft nicht befriedigt werden – es ging steil aufwärts. Bereits 1888 wurde der Betrieb weiter ausgebaut und modernisiert, man richtete eine eigene Verkupferungs- und Vernickelungsanstalt mit Poliererei ein, beschäftigte 1889 schon insgesamt 60 Menschen und stellte 200 Fahrräder her, neben einigen Strickmaschinen, die aber in der Fabrikation immer weiter zurücktraten. Von 1892 an wurden nur noch Fahrräder hergestellt. Diese waren inzwischen so bekannt geworden, daß man sie auch international anpreisen konnte. Doch Qualitätsarbeit allein genügte nicht mehr. Ein einprägsames Markenzeichen mußte her, denn man fabrizierte 1892 nicht nur

1886: Dreirad „Merkur“ mit Sattel und Tretkurbel.

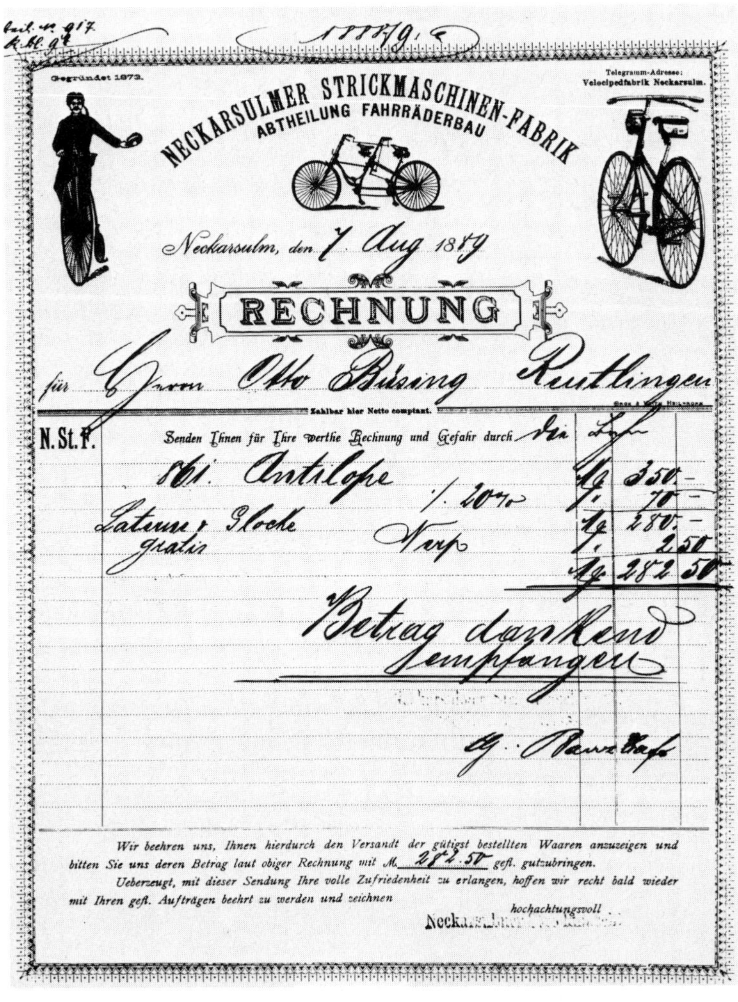

Gegründet 1873.

Telegramm-Adresse: Velocipedfabrik Neckarsulm.

NECKARSULMER STRICKMASCHINEN-FABRIK
ABTHEILUNG FAHRRÄDERBAU

Neckarsulm, den 7 Aug 1889

RECHNUNG

für Herrn Otto Büsing Reutlingen

Zahlbar hier Netto comptant.

N. St. F.

Senden Ihnen für Ihre werthe Rechnung und Gefahr durch die Post

1 St. Antilope		350.–
	./. 20 %	70.–
		280.–
Laterne u. Glocke gratis	Verp.	2.50
		282.50

Betrag dankend empfangen

G. Banzhaf

Wir beehren uns, Ihnen hierdurch den Versandt der gütigst bestellten Waaren anzuzeigen und bitten Sie uns deren Betrag laut obiger Rechnung mit M. 282.50 gefl. gutzubringen.

Ueberzeugt, mit dieser Sendung Ihre volle Zufriedenheit zu erlangen, hoffen wir recht bald wieder mit Ihren gefl. Aufträgen beehrt zu werden und zeichnen

hochachtungsvoll

Neckarsulmer Strickmaschinen-Fabrik

Einer der ersten Kunden: Otto Büsing aus Reutlingen. Er kaufte am 7. August 1889 bei der Neckarsulmer Strickmaschinen-Fabrik das Neckarsulmer Fahrrad, Typ Antilope zum Preis von 350 Mark. Die Rechnung quittierte Gottlob Banzhaf.

1892: „NSU im Hirschhorn“ war die erste Form des NSU-Markenzeichens.

komplette Fahrräder, sondern auch Fahrradteile, Pedale, Naben, Tretlager und Spezialgarnituren für andere Firmen. „Was die Engländer mit ihrem für anerkannte Qualitätsarbeit geltenden Warenzeichen B. S. A. können, das können wir auch, sind doch unsere Fahrradteile zum mindesten ebenso gut. Laßt uns daher auch ein solches Qualitätszeichen schaffen.“ Die pfiffigen Fabrikanten aus Neckarsulm nahmen einfach drei Buchstaben aus dem Ortsnamen *N*eckar*SU*lm und setzten sie in eine der drei Hirschstangen des Württembergischen Staatswappens. „NSU“ – das Markenzeichen war geboren. Von nun an kamen die Neckarsulmer Produkte unter der gesetzlich geschützten Marke „NSU im Hirschhorn“ in den Handel. Das Geschäft begann zu blühen, zumal die Teilnahme an der Londoner Stanley Show 1892 für NSU zusätzliche internationale Beachtung einbrachte, wo man als „Cycle Works Neckarsulm Germany“ auftrat.

ERSTER FLIRT MIT DEM AUTOMOBIL

Knapp fünf Jahre vorher, als man in Neckarsulm noch die letzten Strickmaschinen und die ersten

Ausstellungsstand auf der Stanley Show, London 1892.

Fahrräder herstellte, kam bereits der erste Kontakt mit dem Automobilbau zustande. Gottlieb Daimler, damals in Bad Cannstatt ja noch in kleinstem handwerklichen Rahmen arbeitend, hatte gerade im Winter 1888/89 den in der Automobil-Geschichte so berühmt gewordenen Stahlradwagen entworfen, der zum erstenmal einen V-2-Zylinder-Motor besaß und nicht mehr ein reiner Kutschenwagen mit eingebautem Motor sein sollte, wie sein erstes Automobil von 1886. Für diesen Stahlradwagen suchten Gottlieb Daimler und Wilhelm Maybach – der damals schon eine Art Chefkonstrukteur von Daimler war – einen guten handwerklichen Betrieb, der die Fahrgestelle herstellen konnte, was man in den Werkstätten von Gottlieb Daimler damals noch nicht fertig brachte. Man hatte schon von der Fahrrad-Fabrikation in Neckarsulm gehört, die wegen der Präzision ihrer Produkte bereits einen guten Ruf hatte. Auch verfügten die Neckarsulmer als erste württembergische Fahrradfabrik über reiche Erfahrung in der rationellen Herstellung von Stahlrohrrahmen und Laufrädern. Man nahm Kontakt auf und begann zusammenzuarbeiten. Am 11. Dezember 1888 hatte der technische Direktor der Neckarsul-

Konstruktionszeichnung des „Daimler-Stahlradwagen“ von Ludwig Zeidler.

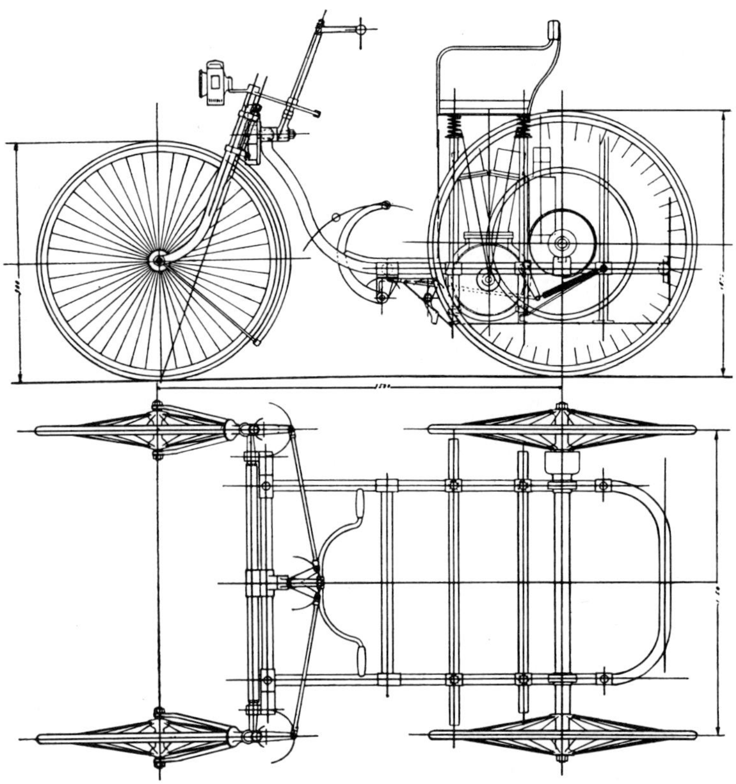

Ludwig Zeidler, technischer Direktor mit seiner Frau. Sie war in erster Ehe mit dem Gründer Christian Schmidt verheiratet. Nach dessen frühem Tod ist sie 1896 die Frau von Zeidler geworden.

mer Strickmaschinenfabrik AG, Ludwig Zeidler, seine Konstruktionsentwürfe fertig und legte sie dem Zweigespann Daimler/Maybach vor. Neu daran war vor allem die Gelenksteuerung und die Idee, in den Stahlrohren des Rahmens das Kühlwasser zirkulieren zu lassen. Tatsächlich sind die Fahrgestelle jener ersten Daimler-Stahlradwagen, insgesamt 20, in Neckarsulm produziert worden – und nicht nur Fahrgestelle für Daimler. Die französische Firma Peugeot, die ja in ihre ersten Wagen Daimler-Motoren einbaute, ließ 1890 ebenfalls ihre ersten Fahrgestelle in Neckarsulm herstellen. Danach wurde es um die Automobilaktivitäten der Neckarsulmer wieder still. Doch 15 Jahre später überraschten sie die Fachwelt erneut mit ihrem ersten NSU-Fahrzeug auf vier Rädern.

NECKARSULMER FAHRRADWERKE AKTIENGESELLSCHAFT

Kurz vor der Jahrhundertwende war die Entwicklung um eine zweckgerechte Grundform des Fahrrades und seines Antriebs nahezu abgeschlossen. Das Fahrrad schickte sich an, im Sturmlauf die Welt zu erobern. Die Neckarsulmer Fahrräder hießen nun „Pfeil“ und besaßen eine Vorderradbremse mit Gummiklötzchen, Feststellvorrichtung am Steuerkopf, hintere Kettenspannung durch exzentrische und gerade Gabelenden, abnehmbare Schutzbleche und ein neu konstruiertes „NSU-Kugelpedal“, bei dem „Ölhaltung und Staubabdichtung“ der Kugellager vorbildlich gelöst werden konnte. Leider hat man es damals unterlassen, diese hochwichtige Erfindung zum Patent anzumelden, so daß die starke in- und ausländische Konkurrenz davon profitierte, – allein die Jahresproduktion an diesen Pedalen betrug 50 000 Paar. Die Rahmenform hatte bereits bei dem Tourenrad „Pfeil I“ das heute noch übliche waagrechte obere Rahmenrohr.

Um das damals sehr beliebte Freihändigfahren besser zu ermöglichen, änderte sich aber nochmals kurz diese „Standardform“. Auch die aus einem geschweiften Verbindungsrohr bestehende Rohrrahmenkonstruktion der Damenräder bewährte sich anfänglich nicht, bis man den Rahmen an den NSU-Modellen des Jahres 1896 erstmals durch ein zweites Rohr verstärkte. Gleichzeitig mit der Einführung der Stahlrohr- und Stahlblechmuffen wurde die Innenlötung aufgenommen, ein Verfahren, das es ermöglichte, die bislang über die Rahmenrohre geschobenen Muffen in die Rohre einzuführen und

1888: Sicherheits-Fahrrad „Pfeil“ mit Tretkurbel und Vorderradbremse.

wie üblich hart zu verlöten. Auch in bezug auf das äußere Erscheinungsbild der NSU-Fahrräder entwickelte man Geschmack. Der schwarz emaillierte Rahmen wurde bei den besseren Modellen mit Goldlinien abgesetzt, Gabelkopf und -enden waren neben den sonst üblichen Teilen fein vernickelt. Dazu kam noch ein wesentlicher Fortschritt in der Bereifung. Der bisher über die Radfelge aufgeklebte Pneumatikreifen konnte mittels einer Wulst in der Felge befestigt und zusammen mit dem Luftschlauch abgenommen werden, wodurch die lästige Kleberei wegfiel und Reparaturen wesentlich erleichtert wurden.

Mit der höchsten Anerkennung, der „Goldenen Medaille“ ausgezeichnet, bewiesen die NSU-Erzeugnisse auf der Stuttgarter Ausstellung für Elektrotechnik und Kunstgewerbe ihre führende Stellung in der Branche.

„Ein Bild vom heutigen Stand der Fahrradtechnik zu geben“, hieß es in einem Artikel der Stuttgarter Ausstellungsnachrichten vom Oktober 1896, „hat sich die Neckarsulmer Ausstellung 1896 in besonders instruktiver Weise angelegen sein lassen. Wohl konnte sie nicht die mancherlei Maschinen vor Augen führen, welche zur Herstellung der Radbestandteile dienen, mehrfach Spezialmaschinen, welche ihr geistiges Eigentum sind, aber wir sehen die Fabrikate auf den verschiedenen Stufen ihrer Vollendung, vom Rohguß bis zum letzten Feinschliff; wir sehen insbesondere die Rohteile im Durchschnitt dargestellt, wir sehen ins Innere der Rohrverbindungen, der Naben, der Kugellager, um überall die raffinierteste Verknüpfung von Festigkeit und Leichtigkeit zu bewundern und uns zu überzeugen, daß hinter dem gefälligen, handlich leichten Fahrzeug mehr Kunst und Arbeit steckt, als der Laie ihm

Preisgekrönte NSU-Fahrräder.

ansieht und als noch vor wenigen Jahrzehnten denkbar war. Da liegt ein Stahlrohr und legt die Probe seiner Verbindungsfestigkeit ab. Bei 50 cm Länge, 32 mm Durchmesser und nur 0,6 mm Wandstärke zeigt es mit einer Belastung von vier Zentnern nur wenige Millimeter elastische Einbiegung. Die aufgelegten Proben von Zerreißung, Verbiegung, Stauchung lassen deutlich die feinsehnige Beschaffenheit des Materials, die Güte der Rohre erkennen. Einem Perpetuum mobile gleich dreht sich das über dem Ausstellungsplatz schwebende Fahrrad, ein Beweis für die annähernde Vernichtung der Achsenreibung in den staubsicheren Kugellagern, eine Spezialität der Neckarsulmer Fabrik, mit welcher sie den Weltmarkt erobert hat."

In den folgenden Jahren erhielten die NSU Fahrrad-Modelle neben der neuen Kugellagerung weitere Verfeinerungen und Verbesserungen in den tragenden und reibenden Teilen. So fällt in das Jahr 1898 eine Erfindung, die damals in Radfahrerkreisen großes Aufsehen erregte, die von den Neckarsulmern in vielen Staaten patentiert und in den Fahrradbau eingeführt wurde: Das sogenannte Variant-Tretlagergetriebe, eine während der Fahrt veränderliche Übersetzung mit zwei Gängen, die in das Tretlagergehäuse eingebaut war. Die kraftspendende Einrichtung wurde bei der am 17. August 1902 durchgeführten Pyrenäengebirgsfahrt mit der Medaille des „Touring-Club de France" ausgezeichnet.

Auch die Bedeutung der Freilaufnabe mit Rücktritt wurde von den Neckarsulmern frühzeitig erkannt und als eine der ersten Firmen Deutschlands in die Fabrikation übernommen. Ab 1892 begann die allmähliche Umwandlung in einen Großbetrieb. Es wurde neu gebaut, der Maschinenpark von 150 auf 294 Werkzeugmaschinen erweitert. Mehr und mehr wurde auch das aus dem Jahre 1884 stammende, kleinen familiären Verhältnissen angepaßte Gesellschaftsstatut zu eng. Abgestimmt auf die größeren Verhältnisse und den wachsenden Kreis der Aktionäre wurde das Aktienkapital auf eine Million Mark

1898: NSU-Variand-Tretlagergetriebe.

erhöht und der Name der Firma in die jetzt passende Bezeichnung, „Neckarsulmer Fahrradwerke Aktiengesellschaft" geändert. Die Belegschaft zählte 420 Mann.

Die günstige Geschäftslage hielt bis 1898 an. Die englischen Fabrikate wurden allmählich vom Markt zurückgedrängt, gleichzeitig wuchs aber auch die inländische Konkurrenz, wodurch nach und nach immer größerer Druck auf die Preise ausgeübt wurde. Und wieder nahten Krisenzeichen: zum ersten Mal seit 1887 trat eine Verschlechterung der Geschäftslage ein. Der Markt konnte mit der gewaltig gesteigerten Erzeugung nicht Schritt halten; vor allem der Absatz der Fahrradteile wurde durch die Masseneinfuhr billiger amerikanischer Erzeugnisse nachteilig beeinflußt. Auch die Neckarsulmer Fahrradwerke litten unter der amerikanischen Konkur-

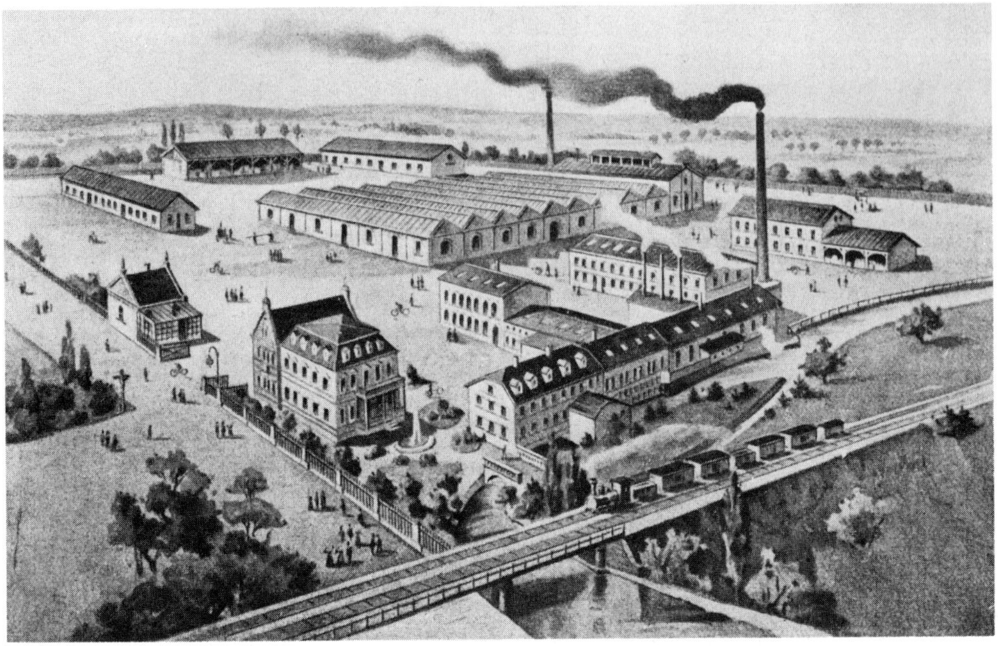

Blick auf die Fabrik im Jahr 1900. Deutlich zu erkennen auf diesem alten Bild die Lage des Werkes zwischen Neckar und Sulm und die Hauptstraße, wie sie auch heute noch an den Shed-dach-Bauten vorbei mitten durch das Werk führt.

renz. Man hatte sich auch ein wenig zu weit vorgewagt: Die ständig angekurbelte Fahrradproduktion erreichte im Jahre 1900 genau 5281 Stück. Das Verkaufsprogramm umfaßte insgesamt 25 verschiedene Fahrradmodelle, sieben Tourenräder, vier Damenräder, drei Halbrennräder, ein Rennrad, ein Armeefahrrad, ein Knabenrad, ein Mädchenrad, drei Tandems – damals noch sehr populär –, drei Transportdreiräder und einen Handwagen!

Das „Flaggschiff“ unter den Neckarsulmer Fahrrädern um 1900 war das NSU-Tandem, eine damals sehr populäre Variante des Fahrrades.

DIE JAHRHUNDERTWENDE BRINGT DAS NECKARSULMER MOTORRAD

Diese Krise machte deutlich, daß für die Neckarsulmer Fahrradwerke das Fahrradgeschäft doch auf die Dauer keine so sichere Sache zu sein schien. Die Antwort war diesmal noch mutiger als vor 14 Jahren: Sie beschlossen, Motorräder zu bauen. Mit dem begehrten Titel „Königlicher Württembergischer Hoflieferant“ ausgestattet und auf langjährige Erfahrung im Bau von Fahrrädern zurückblickend, gingen die Neckarsulmer bahnbrechend und mit Motorkraft in das 20. Jahrhundert. Die Motorradproduktion lief 1901 an, und man kann sagen, daß die Neckarsulmer die ersten in Deutschland waren, die ein Motorrad in größerer Serie hergestellt haben, denn weder „Hildebrand & Wolfmüller“ noch einzelne französische Firmen haben vor der Jahrhundertwende ein motorisiertes Zweirad in größeren Stückzahlen hergestellt.

Zu jener Zeit war das Motorrad noch völlig unbekannt. Das Interesse für dieses neue Verkehrsmittel mußte erst geweckt werden. Die Anlage einer eigenen Prüf- und Vorführungsbahn für die „Vertreterschaft“ erwies sich als unbedingt notwendig, um zu zeigen, wie man ein Motorrad handhabt, wie man es in Gang setzt und wie man es nötigenfalls repariert, denn auch diese „Vertreterschaft“ stand dem Motorrad anfänglich so unwissend gegenüber wie das „Publikum“. Ein zuverlässiger Motorradmechaniker war damals so gesucht wie heutzutage etwa ein Computerspezialist. Das fand auch gesellschaftlich seinen Ausdruck und man begegnete den Herren vom hochangesehenen Motorradhandwerk, wie sie mit Gehrock, Stock und in feinen Manschetten einherschritten. Vergeblich gesucht waren allerdings, als die ersten Neckarsulmer Motorfahrräder durch die Lande fuhren, die nötigen Tankstellen. Wem das Benzin ausging, der mußte zur Apotheke oder zur nächsten Drogerie. Häufig kam es vor, daß der glückliche Besitzer eines Motorrades während der

Der erste Betriebsausflug um 1900. Der geschmückte Sonderzug steht abfahrbereit im Bahnhof Neckarsulm.

Die erste Prüf- und Vorführungsbahn war 300 Meter lang und lag inmitten des Werksgeländes. Das Bild zeigt Test- und Einfahrer Martin Geiger bei „Kontrolle der Geschwindigkeit“.

Der Urahn aller NSU-Motorräder: „Neckarsulmer-Motorzweirad“ mit Zedel-Motor von 1901.

1903 wurden die ersten „Original Neckarsulmer Motorräder" im 1300 Qudratmeter großen „Motor-Montagesaal" zusammengebaut, in Handarbeit versteht sich.

Fahrt nicht mehr wußte, wie er den Motor abstellen sollte. Es blieb dem Fahrer dann nichts anderes übrig, als so lange zu fahren, bis der Tank leer war.

Die ersten „Neckarsulm"-Motorräder – Neckarsulm war der offizielle Markenname – wurden noch mit einem aus der Schweiz importierten Zedel-Motor geliefert, der knapp 1,5 PS leistete, ein luftgekühlter Einzylinder mit Oberflächenvergaser. Die „Neckarsulm" besaß noch kein Getriebe, sondern eine direkte Übertragung von Motor zu Hinterrad mittels Riemen, die Pedale und der Freilauf-Zahnkranz des Fahrrades waren beibehalten worden, man konnte das Ganze auch als normales Fahrrad fahren. Der Tankinhalt betrug 3 Liter, was für etwa 120 km Strecke ausreichte, das Gewicht lag bei 40 kg, und als Höchstgeschwindigkeit erreichte man 35 – 40 km/h. Der Motor war am unteren Teil des Rahmens zunächst schräg angebracht. Bereits 1902 baute man ihn senkrecht ein. Die Zündung erfolgte zunächst durch ein Trockenelement, das immerhin für eine Fahrstrecke von 2000 Kilometer ausreichte. Danach trat an seine Stelle der Akkumulator, bis 1902 die von Robert Bosch erfundene Magnetzündung eine vollständige Umwälzung brachte, die den Verbrennungsablauf des Motors erst zuverlässig gemacht hatte.

Obwohl die Motorräder für die damalige Zeit eine erstaunliche Leistungsfähigkeit zeigten, wurde der Ruf nach stärkeren Modellen immer lauter. Wollte man die gerade gewonnenen Freunde dem Motorradsport erhalten, so galt es für die Neckarsulmer, diesen Ansprüchen auf mehr Pferdestärken Rechnung zu tragen. Der Motor durfte nicht mehr dem Fahrrad, sondern das Fahrrad mußte dem Motor angepaßt werden.

1903 begann man in Neckarsulm, nachdem die entsprechenden Spezialmaschinen angeschafft worden waren, mit einer eigenen Motorenfabrikation. Der Einzylinder leistete 2 PS, hatte ein automatisches Einlaßventil und war im Gegensatz zum Ze-

Zurückhaltung war nicht Sache der Neckarsulmer Fahrradwerke. Schon kurz nach der Jahrhundertwende stellte man das „beste Motorrad der Welt" her.

Auch in Deutsch-Südwestafrika war das „Neckarsulm"-Motorrad ein willkommenes Fortbewegungsmittel und nahm somit in Anspruch, Bahnbrecher für das motorisierte Zweirad auch in Afrika gewesen zu sein.

del-Motor schon als integrierender Bauteil des nun offenen Rahmens eingebaut. Schnell stiegen auch die PS-Zahlen, und das Beste und Schnellste, was man damals haben konnte, war ein „Motor-Zweirad“ mit einem Motor, der 3,5 PS leistete, was eine Geschwindigkeit von nahezu 60 km/h ermöglichte. Das wagte man in Deutschland kaum anzubieten, und im Prospekt stand: „Wir haben uns entschlossen, für nervenstarke Fahrer ein starkes dreipferdiges Motorrad zu bauen, das sehr schnell ist, man kann aber auch langsam damit fahren!“

Etwa zwei Drittel der Neckarsulmer Motorradproduktion ging damals ins Ausland, nur ein Drittel blieb im Lande, wo sowohl Auto als auch Motorzweirad noch keine große Resonanz fanden, nicht vergleichbar mit Frankreich und England, wo man diesem Verkehrsmittel viel aufgeschlossener entgegenkam. Von Anfang an mußte das Motorrad in Deutschland gegen eine starke Front der Abneigung angehen. Man führte jahrzehntelang einen Kampf um erträgliche gesetzliche Vorschriften. Kein Wunder, daß das Motorrad lange Zeit das Stiefkind unter den Verkehrsmitteln war und blieb. Trotz dieser Probleme erlangte das Neckarsulmer Motorrad nicht nur in Deutschland, sondern auch auf dem Weltmarkt sehr schnell große Verbreitung. Besonderen Einfluß hatte es auch auf die englische Motorrad-Industrie. Noch ehe eine englische Motorrad-Fabrik existierte, waren die Neckarsulmer auf dem englischen Markt.

Die Neckarsulmer leisteten viel Pionierarbeit und all die Fabriken, die später die Motorradfabrikation aufnahmen, profitierten davon. Fast jeder Monat brachte technische Neuerungen, Änderungen, neue Erfindungen, Verbesserungen. Aus den schwächeren Modellen entwickelten sich stärkere. Es folgten Jahre fruchtbarster technischer Entwicklung. Das automatische Einlaßventil wich einem

Sogar einen „richtigen Neger“ beschäftigte man in Neckarsulm, der, zusammen mit dem Chef-Einfahrer Martin Geiger (links) und dem Meister vom Motorradbau, die täglich produzierten Motorräder einzufahren hatte.

Testfahrt auf dem Fabrikgelände: Zum Einfahren diente ein Rundkurs mit Steilwandkurve und Kopfsteinpflaster-Belag.

durch einen Nocken exakt gesteuerten, und die Leistung stieg damit weiter. Auf 4 PS brachte es bereits 1905 ein wassergekühltes und mittels Kette angetriebenes Modell, das überdies die heute übliche quadratische Auslegung von Bohrung und Hub mit jeweils 85 mm aufwies.

In steter Folge reihten sich nun die funktionellen Verbesserungen an die gewünschte größere Bequemlichkeit im Fahrbetrieb: Als wesentliche Verbesserung der Fahreigenschaften erwies sich die 1905 erstmals eingeführte federnde Vordergabel, zu deren Erprobung man den Einfahrer über eine 16-stufige Treppe fahren ließ. Zum Fortschritt zählte auch die Pedalrücktritt-Felgenbremse und bei der Kraftübertragung die durch Gebrauchsmuster geschützte Leerlauf-Kupplung. Nun konnte man vom Sattel des aufgebockten Motorrades den Motor antreten. Ein Spezialmodell für Seitenwagen erschien ebenso wie die ersten V-Zweizylindermodelle mit 3 bis 5,5 PS Leistung. Ein in der Motorantriebsnabe eingebautes Zweiganggetriebe, die NSU-Doppelübersetzung, wurde schon 1906 angeboten.

Mit Beginn der Motorradfabrikation ging das Geschäft sprunghaft in die Höhe. An dieser Hochkonjunktur hatten auch die Fahrräder teil, deren Produktionsziffern von 5 348 im Jahre 1902 auf 13 858 im Jahre 1907, die der Motorräder von 474 auf 2 228 anwuchsen. Die solchermaßen im Aufschwung begriffene Motorradfabrik bedurfte eines ebenso theoretisch wie praktisch auf diesem Gebiet der

Die Neckarsulmer Motorräder der damaligen Zeit wurden nicht nur auf der Einfahrbahn geprüft, sie mußten auch eine 16stufige Treppe erklimmen. Direktor Carl Schwarz (links), Betriebsleiter Karl Kohler (im Baum) und Direktor Karl Schmidt (rechts) beobachten Chefeinfahrer Martin Geiger bei seiner schwierigen Aufgabe.

Fahrradbau im Jahre 1902. Jahresproduktion: 5348 Stück.

Karl Schmidt, Sohn des Firmengründers, war von 1903 bis 1909 technischer Leiter. Es war seiner Initiative zu verdanken, daß die Neckarsulmer Fahrradwerke den Motorradbau aufnahmen.

Technik ausgebildeten Fachmannes, der dann auch anfangs des Jahres 1903 in der Person des Gründersohnes der Firma, Oberingenieur Karl Schmidt, gefunden wurde.

Karl Schmidt war bei keinem Geringeren als Gottlieb Daimler in die Lehre gegangen. Seiner Initiative ist in erster Linie der in folgenden Jahren gemachte technische Fortschritt der „Neckarsulm"-Motorräder zuzuschreiben. 1910 machte sich Direktor Karl Schmidt selbständig und gründete in Heilbronn seine eigene Firma, die auch heute gut bekannte Firma „Kolben Schmidt AG". Er verstarb im Alter von 78 Jahren am 7. Mai 1954 und wurde im Grabe seines Vaters, Christian Schmidt, auf dem Neckarsulmer Friedhof beigesetzt.

Einen ebenso eifrigen Verfechter des Motorrads hatten die Neckarsulmer Fahrradwerke in dem 1899 zum Prokuristen und später zum kaufmännischen Direktor ernannten Carl Schwarz. Er zählte zu jenen Herren, die am 24. 5. 1903 in Stuttgart die größte motorsportliche Vereinigung, den „Allgemeinen Deutschen Automobil-Club" (ADAC) mit aus der Taufe hoben. Schwarz schied im Februar 1916 infolge Krankheit aus dem Vorstand aus.

KURZE RUNDEN – SCHNELLE SIEGE

Die ersten motorsportlichen Veranstaltungen haben dann auch viel dazu beigetragen, das Motorrad in Deutschland populär zu machen. Die „Neckarsulm"-Motorräder sind in den ersten Jahren nach der Jahrhundertwende auch im Sport sehr erfolg-

Carl Schwarz war von 1899 bis 1916 für die kaufmännischen Belange zuständig.

reich gewesen. Bereits im Jahre 1901 konnte man die ersten „Benzinjünger" im Hippodrom zu Frankfurt a. M. um die Wette fahren sehen. „Ein Pedaltritt, und die Neckarsulmer schießen voran und überrunden alle anderen Motorräder mehrere Male!" – so las man im Jahre 1904 nach einem Bahnrennen in Ludwigshafen. Und so begann der Motorradrennsport überhaupt. Die kurzen Runden brachten schnelle Siege ein und innerhalb kurzer Zeit konnten sich die „Knatterfritzen" den Gehrock von oben bis unten mit Orden, Sieger- und Ehrenzeichen bedecken, wie sich beispielsweise Max Link, NSU-Fahrer und Kaufmann zu Frankfurt am Main, als einer der eifrigsten Sportler dem „p. p. Publikum" vorzustellen wußte.

Auf der Landstraße legte Wilhelm Glöckler – was sehr bewundert wurde – mit einem 2-PS-Neckarsulm eine 1600-Kilometer-Fahrt durch Süddeutschland und die Schweiz zurück, wobei er drei Alpenpässe mit mehr als 2000 m Höhe überquerte. Bei der erstmals durchgeführten „Staffettenfahrt Stuttgart – Kiel" – zu Ehren des Prinzen Heinrich von Preußen – gab es goldene Medaillen für die beteiligten NSU-Motorräder. Bei einer Prüfungsfahrt 1904 auf den 880 m hohen Feldberg im Taunus gelang es Martin Geiger aus Neckarsulm, als Sieger die 9,7 Kilometer lange Rennstrecke mit Steigungen bis zu 12 % mit einem 38 km/h Durchschnitt zu durchfahren.

Eine Sensation aber war Frau Eisemann aus Hamburg. Sie startete bei mehreren Rennen mit ihrer Neckarsulm und stellte auf der 660 Kilometer langen Fernfahrt Eisenach – Berlin – Eisenach einen Rekord für 2-PS-Maschinen auf. Als letzte gestartet, überholte sie bei dieser Rekordfahrt mehr als 60 Teilnehmer, die zum Teil über die dreifach

Auf seinem 2½ PS NSU-Tourenmotorrad besiegte Martin Geiger beim ersten DMV-Zuverlässigkeitswettbewerb 1904 seine Konkurrenten mit großem Vorsprung. Er fuhr die schwierige, 9,7 km lange Strecke auf den 880 m hohen Feldberg im Taunus mit einem Tempo von 38 km/h.

NSU-Spezial-Rennmaschine von 1905 mit 5 PS-Einzylindermotor und Riemenantrieb.

höhere Motorleistung verfügten als die Hamburger „Amazone". Sie war die erste Frau, die im Motorradsport aktiv wurde, und sie gehörte zu den ersten Motorradsportlerinnen überhaupt. Doch auch im Ausland gab es zu dieser Zeit kaum eine Veranstaltung, aus der nicht das NSU-Motorrad als Sieger hervorgegangen wäre. So auch bei der großen Fernfahrt Mailand – Brescia 1905, wo die aus drei Fahrern bestehende NSU-Gruppe nach 1000 Kilometer Hochgebirgsstrecke geschlossen am Ziel eintraf und den begehrten „Florio-Pokal" gewann.

Die NSU-Fahrer verfügten natürlich stets über die Maschinen der neuesten Entwicklung. So gab es schon 1904 eine Spezialmaschine, die als „Halbrenner" als einzige NSU-Maschine einen rechtsseitigen Keilriemenantrieb aufwies. Für die Zweizylinderklasse stand eine wassergekühlte Tausender mit 7,5 PS parat. Doch gab man schon 1906 die Wasserkühlung wieder auf, um sie nur noch bei Lasträdern anzuwenden. Dem „Amateur" stand dann als Neuschöpfung die 33 kg schwere 1,5 PS als „leichtes Rennmotorrad" zur Wahl, eine Weiterentwicklung der 1,1-PS-Tourenmaschine von 1907. Sie besaß einen 210-ccm-Viertaktmotor und eine eigenwillige Steuerung für das Auslaßventil. Das Einlaßventil war bei diesem Modell das damals noch obligate Schnüffelventil, das sich durch den herabgehenden Kolben infolge des entstehenden Unterdrucks selbsttätig öffnete. Eine schwache Feder zog das Ventil in Ruhestellung wieder auf den Ventilsitz zurück. Schon Gottlieb Daimler hatte für das Auslaßventil bei seinem ersten Viertakter eine Kurven-, statt einer Nockensteuerung ausgeklügelt, und nach genau dem gleichen Prinzip arbeitete das Auslaßventil des NSU-Kleinstrenners. Eine Kulisse, mit einem Hebelarm verbunden, glitt in einem Nutensystem, angebracht in der rechten Kurbelwange. Bei etwa 360 Kurbelgraden war das Ventil geschlossen, erst beim letzten Teil der Umdrehung glitt die Kulisse in die äußere Bahn und öffnete somit das Auslaßventil. Der Ventilhub dieses Motors war enorm: 12 Millimeter!

Die Fabrik im Jahr 1905

DANN KAM DAS AUTOMOBIL – ZUNÄCHST IN LIZENZ

1905 hatte man zahlreiche Neubauten geschaffen, die Belegschaft wuchs auf 786 Mann, die Zahl der Werkzeugmaschinen auf 525. Zur Beschaffung der Betriebskraft – ohne Sulm – stellte man eine 760-pferdige-Dampfmaschine auf. Das gesamte Werksareal wurde durch wiederholte Geländeankäufe auf nunmehr 44 115 Quadratmeter ausgedehnt. Auch errichtete man in den größeren Städten eigene Verkaufshäuser. Zu den bereits bestehenden Filialen in Leipzig, Berlin, Königsberg, Moskau, London, Paris und Zürich kamen weitere in Düsseldorf und Hamburg hinzu. Das Zweiradgeschäft florierte und man beschloß nun, auch Autos zu fabrizieren. Sie waren in ihrer Entwicklung mittlerweile so weit fortgeschritten, daß man in die rationelle Herstellung eintreten konnte. Dabei gingen die Neckarsulmer nach dem gleichen Prinzip vor wie beim Zweiradbau, wo man ja auch zunächst mit einem Fremdmotor operiert hatte. Die ersten Neckarsulmer Automobile waren in Lizenz hergestellte belgische Pipe-Wagen, wozu man sagen muß, daß damals Belgien über eine recht blühende Autoindustrie verfügte. Der Chefkonstrukteur bei Pipe war ein Deutscher namens Pfänder – und er kam aus Cannstatt, wo er einer der engsten Mitarbeiter von Daimler und Maybach gewesen war! Die Pipe-Wagen indessen ließen sich nicht sehr gut verkaufen, weil es ziemlich große, luxuriöse Automobile waren, und die junge Firma in diesem Bereich noch keine Erfahrung und vor allem keinen etablierten Ruf besaß. Und während noch die ersten Pipe-Wagen das Werk verließen, war man schon eifrig dabei, für den deutschen Markt selbst ein geeignetes Automobil zu bauen.

Zunächst versuchte man in Anlehnung an den Motorradbau ein Fahrzeug für die „Waren- und Personenbeförderung“ herzustellen. Das „Sulmobil“ sollte die Lücke zwischen den zwar recht brauchbaren, aber teuren und den billigen, meist unzuverlässigen leichten Wagen ausfüllen. Es war ein Dreirad mit Vorderrad-Antrieb und besaß einen luftgekühlten Einzylinder-Motorradmotor von 3,5 PS mit Wechselgetriebe und drei Gängen, Konuskupplung und Kettenantrieb. Daneben brachte man noch für

NSU-Pipe Omnibus mit 30-pferdigem Motor, ein ideales Fahrzeug für Gesellschaftsreisen im Jahre 1906.

Sah noch nicht so aus, wie ein richtiger Motorwagen: NSU-Sulmobil von 1906 mit „Vorderrad-Antrieb“.

Lasten bis zu 350 kg einen Einzylinder-Vierradmotorwagen von 6/8 PS, mit drei Gängen und Rückwärtsgang heraus. Doch beide Fahrzeuge konnten sich wegen ihrer geringen Leistung und eingeschränkten Verwendungsmöglichkeit nicht durchsetzen.

Nach diesen ersten Versuchen gaben die „Fabrik-Direktoren" Karl Schmidt und Karl Schwarz, beide eifrige Verfechter des Motorisierungs-Gedankens, die Pipe-Lizenzbauten wieder auf, nachdem man inzwischen zwei neue „brauchbare" Typen entwickelt hatte, die dann Ende 1906 erschienen. Man hatte sich, ganz zu Recht, gesagt, daß man wohl am besten mit einem kleineren Automobil und mit einem solchen der unteren Mittelklasse beginnt. Man war ferner – ebenfalls zu Recht – der Ansicht, daß auch ein kleiner Wagen ein vollwertiges Automobil sein müsse, mit einem Vierzylindermotor, nicht mehr mit zwei Zylindern, wie man üblicherweise nach der Jahrhundertwende die kleinen Wagen baute.

Der erste „Original Neckarsulmer Motorwagen" vom Jahr 1906 war ein kleines Automobil mit einem wassergekühlten Vierzylindermotor von 1420 ccm und einer Leistung von etwa 12 PS. Die Zylinder waren, wie damals üblich, noch paarweise gegossen; man verwendete zwei untenliegende Nockenwellen, die über Stoßstangen und Kipphebel zwei im Zylinderkopf schräg hängende Ventile steuerten. Der Brennstofftank lag vorn über dem Motor; die Standardkarosserie war ein offener Zweisitzer, offen im dreifachen Sinne des Wortes: Erstens besaß der Wagen kein Verdeck, zweitens keine seitlichen Türen, sondern einen offenen Einstieg, und drittens auch keine Windschutzscheibe. Die Spitzengeschwindigkeit dieses Zweisitzers, der einen Rad-

Die „Original Neckarsulmer-Motorwagen" gab es 1906 auch in einer 24 PS-Version, ein ausladender Sechssitzer mit Platz für die ganze Familie.

stand von genau 2 Metern besaß und 600 kg wog, betrug immerhin 60 km/h. Der Neckarsulmer Vierzylinder besaß feines Zubehör: zwei Petroleumlaternen, eine Ballonhupe, sämtliche Reparatur-Werkzeuge und Pneumatik-Flickmaterial gehörten zur Serienausstattung. Der Zweisitzer kostete 5 800 Mark.

Parallel dazu entwickelte NSU einen Wagen, den man den 15/24 PS nannte und der eine recht geräumige, offene Karosserie für sechs Personen besaß, Vierganggetriebe und ein schönes Klappverdeck. Aber es war für die Serienausführung auch hier noch keine Windschutzscheibe vorgesehen und es gab keine seitlichen Türen für die Vordersitze: Man pflegte beim Autofahren eine Brille aufzusetzen; abgesehen davon betrug die Spitzengeschwindigkeit des 15/24 PS auch nur knapp 70 km/h. Diese NSU-Wagen, die im November 1906 auf der Internationalen Automobilausstellung Berlin vorgestellt wurden, hießen immer noch nicht NSU. Auf dem Firmenzeichen am Kühler stand, genau wie auf dem Tank der Motorräder, „Neckarsulm", und in den Prospekten wurde die Fabrik korrekt als „Neckarsulmer Fahrradwerke AG, Königliche Hoflieferanten" bezeichnet. Ferner war vermerkt, daß die Motorwagen „mit den modernsten Errungenschaften der Neuzeit" ausgerüstet seien.

Mit welcher Gründlichkeit man sich in Neckar-

NSU-Händler Paul Schlée erweiterte 1906 sein Verkaufsangebot: zu den Neckarsulmer Fahrrädern und Motorrädern kamen nun die Motorwagen hinzu. Ein Grund, das komplette Programm der Kundschaft vorzuzeigen.

sulm dem Bau von Automobilen widmete, zeigten drei neue Modelle auf der Berliner Automobil-Ausstellung 1907. Diese „Neckarsulmer Motorwagen" besaßen ebenfalls Vierzylindermotoren von 12, 15 und 20 PS und wiesen eine ganze Reihe von Neukonstruktionen im Detail auf: Bei den Ventilen konnte man durch eine geschickte Konstruktion das lästige Festbrennen vermeiden, der automatisch wirkende Kolbenvergaser wurde bei kühlem Wetter vorgewärmt, eine Zentrifugalpumpe wälzte das Kühlwasser um. Allerdings hatte man sich aber dem allgemeinen Trend angeschlossen und baute die Motoren mit seitlich stehenden Ventilen in T-Anordnung. Das scheint ein Rückschritt zu sein, wenn wir heutige Maßstäbe ansetzen. Aber man hielt damals für reine Gebrauchswagen den obengesteuerten Motor mit hängenden Ventilen für viel zu kompliziert.

Das kleinste Modell dieser neuen Serie hatte einen Motor mit 1540 ccm, das nächstgrößte einen solchen mit 1750 ccm, und der Mittelklassewagen besaß einen Vierzylinder mit 2608 ccm und 20 PS bei 1400 U/min. Der Brennstofftank lag hinten, die Förderung erfolgte unter dem Druck der Auspuffgase; auch das eine damals übliche Anordnung, genau wie die Baggerschmierung des Motors und die Holzspeichenräder. Sämtliche Typen wurden mit verschiedenen Karosserien und geschlossener Form für „Personen- und Warenbeförderung" gelie-

„Wir haben uns entschlossen, für nervenstarke Fahrer ein starkes dreipferdiges Motorrad zu bauen, das sehr schnell ist. Man kann aber auch langsam damit fahren." So inserierten die Neckarsulmer Fahrradwerke in den ersten Motorrad-Jahren. Und in den Fliegenden Blättern erschien ein weiteres Inserat, in dem ein schneidiger, monokelbewaffneter Automobilist eine elegante Dame, die eben von einem Motorrad abgestiegen war, erstaunt fragte: „Wie ist es möglich, Baroneß, daß Sie mit einem so niedlichen Motorrad meinen 60 HP Wagen überholen konnten?" Worauf die Baroneß mit charmanter Hochnäsigkeit auf ihren Renner wies und lispelte: „Hier, Herr Graf, beachten Sie diese Marke!" Die Marke hieß Neckarsulm.

fert. Als Besonderheit gab es auch abnehmbare Felgen. Kurz und gut, alle diese Vorzüge machen es NSU möglich, eine größere Fabrikation leichter Wagen aufzuziehen und sich um den Absatz nicht zu sorgen.

DIE ERSTEN SPORTERFOLGE DER NECKARSULMER MOTORWAGEN

Sehr bald erkannten die Automobil-Fabrikanten, daß der Fortschritt und die technische Entwicklung nur durch den Konkurrenzvergleich zu dokumentieren ist. Noch ging es im wesentlichen um das Stehvermögen und die Zuverlässigkeit, aber auch die Geschwindigkeit sprach bei den ersten Automobil-Wettfahrten ein Wörtlein mit. Damals rollte die wilde Jagd allerdings nicht über Rennpisten und Autobahnen dahin. Für die Neckarsulmer Autobauer galt es vielmehr, nach einem ersten Versuch bei der Prinz-Heinrich-Fahrt 1908, wo die beiden Wagen keinen großen Erfolg verzeichnen konnten, sich zur zweiten Prinz-Heinrich-Fahrt im Jahre 1909 mit einem Team von drei Wagen zu rüsten. In diesem Falle nicht nur Spitzenreiter des Unternehmens, bildete Direktor Karl Schmidt auch zusammen mit Albert Schmidt-Schröder und Hjalmar Petersen das Motorwagen-Team der „Neckarsulmer Fahrradwerke AG". Man wußte, daß man auch mit dem

Während der Pionierzeit des Automobils nahmen auch die Motorwagen aus Neckarsulm an allen bedeutenden Sportveranstaltungen teil. Hier Direktor Karl Schmidt auf einem Neckarsulmer Vierzylinder bei der Prinz-Heinrich-Fahrt 1908.

Erfolge im Motorsport waren von Anfang an die beste Werbung für die Produkte aus Neckarsulm.

An der Prinz-Heinrich-Fahrt 1909 nahmen drei vom Werk gemeldete Neckarsulmer Motorwagen teil. Unser Bild zeigt Direktor Karl Schmidt, der wie die beiden anderen Wagen die 1839 km lange Fahrt strafpunktfrei beendete.

Direktor Karl Schmidt freut sich. Gut eingekleidet und damit geschützt gegen Wind und Wetter besteigt er das offene Gefährt, den Siegerwagen, wie sich später zeigte.

10/20 PS – wie der 2,6-Liter-Typ hieß – gegen die im Hubraum weit überlegene Konkurrenz keinen Sieg erringen würde, aber die Tatsache, daß diese drei Neckarsulm-Wagen ohne Strafpunkte die gesamte Distanz von 1839 Kilometer von Berlin nach Breslau, über die Hohe Tatra, durch Budapest, Wien und Salzburg nach München absolvierten, und mit der silbernen Plakette ausgezeichnet wurden, brachte dem Werk großes Ansehen. Damit wurde von den Neckarsulmern in geschlossener Phalanx der leichte, robuste Gebrauchswagen erfolgreich durchs Ziel und ins Treffen gegen die schwergewichtige Konkurrenz geführt, der allein man die Chancen im Wettbewerb auf „mörderischen Straßen" zugestanden hatte. Der junge NSU-Automobilbau hatte einen großen Erfolg errungen.

Mindestens genauso viel galt ein damals zufälliges Erlebnis von Fahrmeister Wöhr, das nachher in allen Zeitungen erschien: als dieser Meister mit dem 10/20 PS Probefahrten unternahm, um die Prinz-Heinrich-Fahrt vorzubereiten, befand er sich just zu dem Zeitpunkt in der Nähe von Göppingen, als das Zeppelin-Luftschiff, unter der Leitung des Grafen Zeppelin selbst, dort eine Notlandung vornehmen mußte. Der Fahrmeister war mit seinem Neckarsulmer Motorwagen als erster an der Unfallstelle bei Jebenhausen und brachte den Grafen Zeppelin nach Göppingen in das Hotel „Zu den Zwölf Aposteln". Das Zeppelin-Luftschiff war damals schon ein nationales Ereignis geworden, und deshalb stand zu Recht in einer Werksgeschichte: „Mit Stolz und Freude wurde dieses Erlebnis besprochen, war es doch ein NSU-Motorwagen, der dem ebenso berühmten wie beliebten Grafen einen Dienst erweisen durfte". Wobei auch in dieser Werksgeschichte eine ganz kleine Fälschung vorgenommen wurde, denn der Graf Zeppelin wurde noch mit einem Motorwagen nach Göppingen gefahren, der Neckarsulm hieß und noch nicht NSU. Die Firmenbezeichnung „NSU im Hirschhorn" war noch immer auf Fahrradteile beschränkt.

In den folgenden Jahren hat das Neckarsulmer Werk eine konsequente Typenpolitik betrieben und stets ein Programm verwirklicht, das ein bis zwei Kleinwagentypen und ein bis zwei Wagen der Mittelklasse umfaßte. Der größte Neckarsulmer Wagen, der vor dem Ersten Weltkrieg auf den Markt kam, war der sogenannte 13/40 PS vom Jahr 1911. Er hatte einen Hubraum von 3,4 Liter. Eine technische Besonderheit dieses Modells war die in Öl laufende Lamellenkupplung, die lange Zeit für NSU typisch war. Damals war es übrigens üblich – und das blieb ja noch bis zum Anfang der dreißiger Jahre so – die sogenannten Steuer-PS anzugeben. Ein Motor mit etwa 1 Liter Hubraum hatte vier Steuer-PS. Es sprach damals noch niemand, so wie heute, vom Hubraum in Litern oder Kubikzentimetern, sondern man sagte: dies ist ein 13-PS-Wagen.

Die Firma beteiligte sich in den Jahren vor dem Ersten Weltkrieg mit ihren Mittelklasse-Wagen auch weiterhin an Zuverlässigkeitsfahrten, um damit die Qualität des Neckarsulmer Erzeugnisses zu demonstrieren. Bemerkenswert ist, daß man dabei auch nach Rußland ging. So gewannen die „Neckarsulmer Motorwagen“ am 14. Mai 1910 zwei erste Preise bei der Qualitäts-Prüfungsfahrt Moskau – Orel über 380 Kilometer schlechtester Straßen, und 1911 gewannen sie bei der „Norddeutschen Tourenfahrt“ den Ehrenpreis der Stadt Hannover.

Auf der Internationalen Automobil-Ausstellung in Berlin 1912 sah man erstmals den neuen Typ 8/24 PS. Ein „halbstarker“ Doppelphaeton-Tourenwagen mit Torpedo-Karosserie, der sofort nach seinem Erscheinen einen hervorragenden Erfolg verbuchen konnte: Bei der Drei-Länder-Fernfahrt Moskau – Berlin – Paris 1913, die über eine Distanz von 3200 Kilometer führte und in 13 Tagesetappen eingeteilt war, hielt der einzige teilnehmende NSU vom Typ 8/24 PS – das schwächste Auto der gesamten Konkurrenz und nahezu das einzige serienmäßige – die

Rundfahrt durch Marokko 1914: Der siegreiche NSU-Motorwagen 10/30 PS nach der Durchquerung der afrikanischen Wüste am Ziel in Marrakesch. Als einziger schaffte er die Fahrt strafpunktfrei.

Österreichische Alpenfahrt 1912: NSU-Motorwagen auf der Katschberghöhe.

Die Neckarsulmer Fahrradwerke Aktiengesellschaft 1913.

NSU-Markenzeichen ab 1913.

Fahrt anstandslos durch und gewann drei Auszeichnungen, darunter den begehrten „Preis der Kaiserlich Russischen Automobil-Gesellschaft“ und den „Wanderpreis des Großfürsten Michael Alexandrowitsch“.

Im Hinblick auf die vielseitige Produktionspalette – die Automobile, Motorräder, Fahrräder und Fahrradteile der „Neckarsulmer Fahrradwerke AG“ waren wirklich schon sehr populär – war es an der Zeit, dem Unternehmen einen neuen Namen zu geben: Neckarsulmer Fahrzeugwerke Aktiengesellschaft wurde 1913 in das Handelsregister eingetragen. Zugleich wurde das Grundkapital auf 3,6 Millionen Goldmark erhöht. Die Belegschaft bestand damals aus etwa 2000 Mann. Umfaßte das Betriebsgelände im Jahre 1906/07 eine Fläche von 44 483 m², so stieg es, bedingt durch die ständig ansteigenden Produktionszahlen bis zum Jahre 1913/14 auf 82 854 m². Hiervon waren allein 20 684 m² bebaut. Die Anzahl der Werkzeugmaschinen betrug jetzt 965 Stück und die Betriebskraft wurde mit 1200 PS genannt.

1913 herrschte auf der Kochendorfer Landstraße reger Verkehr, denn sie war die bevorzugte Teststrecke beim Ein- und Probefahren der fabrikneuen Vierzylinder-Motorwagen aus Neckarsulm.

Der NSU 8/24 PS mit dem neuen Kühlergesicht, das ab 1913 alle Automobile aus Neckarsulm zeigten.

Auch äußerlich trat an den Fahrzeugen ab 1913 eine deutliche Änderung ein. Jetzt glänzte auf allen Fahrzeugen, sowohl bei den Motorrädern, als auch bei den Automobilen, nicht mehr das Wort Neckarsulm, sondern die Abkürzung NSU. Bei den Automobilen schuf man eine neue Kühlerform. Anstelle des bisher verwendeten Kühlers, der sich in etwa an die Form des belgischen Pipe-Wagens anlehnte, trat nun ein eigener Ovalkühler, der gefälliger aussah. Kurz vor dem Ersten Weltkrieg kam NSU mit einem leichten Modell heraus, dem 5/15 PS. Dieser Wagen – mit Druckumlaufschmierung und automatischer Zündverstellung – wurde zu einem der beliebtesten deutschen Automobile der damaligen Zeit.

STÜRMISCHE MOTORRAD-ENTWICKLUNG

In den Jahren 1907 bis 1911 machte die Motorrad-Industrie eine ähnliche Krise durch, wie sie um die Jahrhundertwende in der Fahrradherstellung zu verzeichnen war. Zeigte sich das stetig wachsende Interesse am Motorradsport zwischen 1906 – 1908 noch mit einer imponierenden Siegerliste, so mußte die Motorrad-Industrie in den folgenden Jahren in Deutschland durch neue behördliche Vorschriften einen schweren Rückschlag hinnehmen. Durch die am 1. April 1910 in Kraft getretenen neuen Vorschriften für den Verkehr mit Krafträdern hatte der Motorradfahrer in Deutschland nicht weniger als 15 Formalitäten zu erfüllen, bis er endlich nach mancherlei Kosten, Ärger und Verdruß sein Motorrad besteigen durfte. Verschärft wurde diese Krise noch dadurch, daß angesichts der immer mehr verbesserten und verbilligten Kleinwagen der Absatz an Motorrädern zurückging. Viele Firmen ließen daher die Herstellung von Motorrädern ganz fallen. Nur ein kleiner Teil, darunter in erster Linie die Neckarsulmer Fahrradwerke, hielt an den gesteckten Zielen fest, das Kraftrad zum idealen Volksverkehrsmittel weiterzuentwickeln.

In diesem Bestreben stellten die Neckarsulmer

Mittagspause bei der Neckarsulmer Fahrradwerke AG.

Ein Stück Brot, ein Backsteinkäs', wenn's hochkam ein Ende Wurst oder eine Portion Rauchfleisch – das stärkte den Mann zur Mittagszeit. Und wer ein eifriges „Mariele" oder eine besorgte Mutter in der Nähe zu Hause hatte, konnte vielleicht auch eine warme Suppe löffeln, nachgetragen im „Henkelmann". Später 1923, erbaute NSU ein „Speise- und Gesellschaftshaus" mit eigener Küche und angeschlossenem „Beamten-Kasino".

1909: Die Rennbahn Los Angeles in Kalifornien erlebte den allerersten Motorradweltrekord. Der Amerikaner Lingenfelder fuhr mit seiner 7,5 PS-NSU-Rennmaschine erstaunliche 124 km/h.

Artur Gikeleiter, bekannter Bahnfahrer, der seine ersten Erfolge auf dieser NSU – 1000 ccm-Spezial-Rennmaschine fuhr.

Die obigen 4 N. S. U. Motorrad-Stärken befriedigen bei billigstem Betrieb alle Wünsche hinsichtlich Schnelligkeit, Bergsteigen, Langsamfahren, Beiwagenfahren für alle vorkommenden Terrainschwierigkeiten. 20000 N. S. U. Motorräder im Gebrauch.

Hunderte erster Preise.

Vorzüge der neuen N.S.U. Modelle:

Leichtes Anfahren: Verstärkter Magnetapparat. — Neuer, unempfindlicher Vergaser durch einen Drehgriff regulierbar. — Doppelübersetzung mit Leerlauf, müheloses Starten; Federkippständer, automatisch einklinkend.

Bequemer Sitz: Niederer stabiler Rahmenbau, Aufstellen der Füße am Boden. — Großer, gutgefederter Sattel; Fußraster. — Bequeme Lenkstange.

Bequemes Fahren: Vordergabel-Federung, angenehmes Steuern. — Hinterrahmen-Federung, stoßfrei für Rahmen und Fahrer. — Drehgriff-Regulierung, sicheres Fahren, kein Wegnehmen der Hände. — Ölung, einfach handlich angebrachte Ölpumpe mit Kugelventil.

Sicherheit: Hand-Felgenseilbremse, Pedal-Riemenfelgenbremse, wirksam zu sofortigem Anhalten. — Neuer, zierlicher Abstellkontakt. — Ansaugventil mechanisch gesteuert. D. G. M. — Solider, genieteter und gelöteter Benzinbehälter, getrennt vom Ölbehälter; solides Benzinnadelventil. — Kolbenbolzensicherung absolut zuverlässig. D. G. M. — Kurbelstangen-Lagerung, breit, solid. D. G. M. — Sicherungsschloß und Kette gegen unbefugtes Ingangsetzen. — Sperrvorrichtung für Handbremse und Anfahrhebel. — Jeder Berg fahrbar vermittels Doppelübersetzung (reduzierte). 5000 Stück im Gebrauch. Verstellbare Riemenscheibe auch bei Untersetzung; vollkommene Ausnutzung des Riemens.

Bei der sehr großen Nachfrage nach den neuen Modellen wollen Bestellungen frühzeitig aufgegeben werden.

N. S. U. Motorwagen 5/11, 6/18, 9/22, 10/30, 13/40 HP. Vierzylinder. — Fahrräder.

NECKARSULMER FAHRRADWERKE A. G.

KÖNIGL. HOFLIEFERANTEN NECKARSULM 54.

Mit dieser Anzeige verwies man auf sein fortschrittliches, breitgefächertes Programm im ersten Jahrzehnt des neuen Jahrhunderts.

im Jahre 1908 ein reichhaltiges Fabrikationsprogramm auf. Zunächst galt es, den Übergang vom Fahrrad zum Motorrad durch handliche und doch leistungsfähige Modelle zu schaffen. Man baute ein Motorfahrrad von 1,25 PS, allerdings wurde kurze Zeit später die Leistung auf 1,5 PS gesteigert. Der Zylinder hatte eine Abmessung von 63 mm Bohrung und 78 mm Hub, besaß Magnetzündung und NSU-Spritzvergaser mit Vorwärmekammer. Die Kraftübertragung erfolgte durch Rundriemen mit Spannrolle. Das Modell wurde entweder als Tourenmaschine mit der inzwischen eingeführten teleskopartigen Federgabel oder auch als Rennmaschine mit steifer Gabel geliefert.

Neben den Einzylindermotoren erschienen ab 1905 die ersten Zweizylindermodelle, die mit ihrer größeren Leistung bis zu 5,5 PS sich besonders für den immer beliebter werdenden Beiwagenbetrieb geradezu anboten. So auch für die Hamburger Feuerwehr, die 1906 ihren „Rettercorps" mit „Neckarsulmer" Beiwagen-Motorrädern ausrüstete. Danach wurden die schon bestehenden Zweizylindermodelle durch ein neues 6-PS-Modell und eine 7,5-PS-Rennmaschine mit Flachriemenantrieb ergänzt. 1908 fuhr Liese mit einer solchen NSU-Zweizylinder-Rennmaschine auf den Rennbahnen in Hannover und Leipzig bereits bis zu 114 km/h, und ein Jahr später schaffte Lingenfelder auf der Rennbahn Los Angeles in Kalifornien 124 km/h, was wiederum Weltrekord bedeutete und gleichzeitig den Auftakt des Exportgeschäftes nach USA bildete. Vier weitere Weltrekorde für 2-PS-Motoren fuhr NSU-Fahrer Heinzel 1914 auf der Brooklands-Bahn in London mit einem Durchschnitt von 75 km/h.

Bis zum Ersten Weltkrieg war die technische Entwicklung der NSU-Motorräder sehr stürmisch und vielfältig. Bei den stärkeren Modellen erwies sich die Doppelübersetzung auf der Motor-Antriebswelle als unzureichend und man versetzte daraufhin 1910 die Zweigangnabe in das Hinterrad, doch konnte sich diese kompliziert aufgebaute Konstruktion nicht durchsetzen. Im gleichen Jahr kam der sogenannte „Schleifenrahmen", also ein durchgehender Rahmenunterzug unter dem Motor. Bereits 1911 führten die Neckarsulmer Fahrradwerke eine Rahmenhinterradfederung ein, und zwar für alle ihre Modelle, mit Ausnahme der Leichtmotorräder. Man ging auch vom Riemenantrieb beim Zweizylinder-Tourenmodell auf einen Kettenantrieb über, brachte

Motorrad-Federgabel 1912.

Empfang für einen Motorradpionier: Der Amerikaner Streiff nach seiner Kontinent-Durchquerung von San Franzisko nach New York über eine Distanz von 6300 Kilometern auf einem Einzylinder NSU-Motorrad.

das Dreiganggetriebe und die Mehrscheibenkupplung in Serie. Auch eine neue Vordergabel mit kurzen Schwingrahmen an der Achse, Hilfsgabel und zentraler Gabelfeder stand auf dem Neuerungsprogramm des Jahres 1911.

Obwohl die fortschrittlichen Motorrad-Modelle den Motorradsport förderten, wurde der Ruf nach einem idealen Leichtmotorrad immer lauter. Wohl waren sehr leichte Modelle, besonders aus der Schweiz, aufgetaucht, die aber mit dem im Fahrrad eingebauten Motor nicht befriedigten. 1912/13 entschloß man sich deshalb in Neckarsulm, ein leichtes Einzylinder-Tourenmotorrad von 1 1/2 PS herauszubringen. Der mit mechanisch gesteuerten Ventilen versehene Motor von 58 mm Bohrung und 72 mm Hub wurde in einen besonders stabilen, unten vollständig geschlossenen Rahmen eingebaut. Überhaupt war das Leichtmodell mit den neuesten technischen Errungenschaften wie Federgabel, Untersetzungsriemenscheibe oder Doppelübersetzung mit Leerlauf ausgerüstet. Dieses etwa 48 kg schwere, stabile Leichtmotorrad, „NSU-Pony" genannt, fand sehr viele Liebhaber und avancierte bis zum Ausbruch des Ersten Weltkrieges zum Verkaufsschlager, konnte man doch damit eine Geschwindigkeit von nahezu 60 km/h erreichen; dabei waren die Betriebskosten sehr gering: Ein Liter Kraftstoff reichte für eine Strecke von 45 Kilometer.

Neben diesem leichten Motorrad brachte die Saison 1913 anstelle des seitherigen 2 PS ein etwas kräftigeres Einzylinder-Modell von 2 1/2 PS mit 73 mm Bohrung und 78 mm Hub, das sich in Sportfahrerkreisen allgemeiner Beliebtheit erfreute. Die letzte Station vor 1914 war das im Hubraum größte

ADAC-Club-Ausfahrt mit NSU-Motorrädern 1912: Friedrich Herzog, August Böhringer, Hugo Vogt, Wilhelm Kohler (1, 5, 6, 7 von rechts).

je von NSU gebaute Motorrad, eine 7/9 PS – 1000 cm³ – Zweizylinder mit Kettenantrieb, Dreiganggetriebe, allradgefedertem Rahmen und einem Gesamtgewicht von etwa 135 kg, das neben einem 6,5-PS-Modell erstmals auf der „Olympia-Show" 1912 in London der Öffentlichkeit vorgestellt wurde. Überhaupt erstaunte das niedrige Gewicht der vor 1914 gebauten Motorräder. Die „Leichte Zweizylinder-NSU" von 1911 wog rund 75 kg trotz eines etwa 500 cm³ großen Motors.

Wertvolle Neuerungen gab es in den Konstruktionsdetails: die Verstellbarkeit des Stößels der Auslaßventile, die Pedalstartvorrichtung, die in Verbindung mit der Doppelübersetzung ein Anfahren ohne Ständer ermöglichte. Die für die Lebensdauer des Motors so wichtige Frage der Schmierung fand durch eine einstellbare automatische Tropfölung mit Handpumpe eine überraschende Lösung. Fast gleichzeitig vereinigte man den automatischen Tropfölapparat mit einer vom Motor aus zwangsläufig angetriebenen, in den unteren Teil des Motorgehäuses eingebauten Ölpumpe. Die ausziehbare Achse der Vorderradnabe, die Pedale wichen langen Fußbrettern, gestreckte Lenkstangenformen und die Einführung des Brooks Patentsattels waren weitere Komfort-Verbesserungen aus dieser Zeit. Auch die seitlichen Gepäcktaschen zur Unterbringung von Werkzeug und Ersatzteilen waren Einrichtungen, die der Motorradfahrer zu schätzen wußte. Alle diese Neuerungen gaben den Modellen des Jahres 1914 ihr besonderes Gepräge. Neben den seitherigen Typen 1 1/2, 2 1/2, 3 1/2 PS Einzylinder, 3

Dokumentierte die stürmische Motorrad-Entwicklung der Neckarsulmer Motorradbauer: Werbeplakat um 1913.

und 6 1/2 PS Zweizylinder wurde noch ein neuer Zweizylinder-Sporttyp von 3 1/2 PS mit äußerst niedrig und kurz gehaltenem Rahmen ohne Federung geliefert. Der Motor von 63 mm Bohrung und 80 mm Hub ermöglichte eine Geschwindigkeit bis zu 85 km/h.

Der Konkurrenzkampf mit den zu dieser Zeit sehr in Mode gekommenen „Voituretten" und den besonders in England beliebten „Tricars" oder „Cyclecars" brachte dem Seitenwagen-Motorrad einen gefälligeren Aufbau. Anstelle der Korbwagen traten nun moderne Karosserien mit elegant geschweiften Formen und torpedoförmiger Fußhaube. Für den Warentransport wurde ein besonderer Gepäckseitenwagen entwickelt. Noch erregte die Lösung des Dreirad-Problems die Gemüter. So auch bei den Neckarsulmern, die unter dem Motto „automäßig und motorradbillig" mit dem Motordreirad „Enesumobil" dem Zeitgeist Rechnung tragen wollten. Doch über das Versuchsstadium kam dieses Motordreirad nicht hinaus.

Große Auslandserfolge meldeten NSU-Fahrer aus dem klassischen Land des Motorradsports, aus England. Dort zählte die „Tourist Trophy" zum größten motorradsportlichen Ereignis. Hatte schon der Neckarsulmer Martin Geiger mit Erfolg an der ersten „Tourist Trophy" im Jahre 1907 teilgenommen, so behauptete sich 1911 Deutschlands bester Straßenfahrer, der NSU-Einfahrer Karl Gassert, mit dem Gewinn der „Goldenen Medaille" gegen die besten englischen Rennfahrer. Doch auch auf Länder wie Afrika, Frankreich, Spanien, Portugal, Italien, Rußland, ja bis nach Japan und China erstreckte sich der Siegeslauf der Neckarsulmer Motorräder.

Ungezählte Erfolge hatte Neckarsulm in der Schweiz und vor allem in Österreich zu verzeichnen, wo so mancher schöne Sieg um die Wanderpreise in den großen klassischen Badener, Riedenberg- und Semmeringrennen errungen wurde. Mit über 375 ersten Preisen bei allen Arten von Veranstaltungen in der Saison 1913/14 trugen die NSU-Motorräder wesentlich zur Wiederbelebung des Motorradsports in Deutschland bei.

Neben dieser Verwendung für sportliche Zwecke ist das NSU-Motorrad auch von den Zivil- und Militärbehörden des In- und Auslandes gerne in Dienst gestellt worden. Ereignisse kamen hinzu, die den Absatz der NSU-Erzeugnisse günstig beeinflußten. So stattete am 8. Juli 1911 eine türkische Studien-

Elegant und komfortabel: Der NSU-Phaeton-Seitenwagen in torpedoförmiger, geschlossener Form.

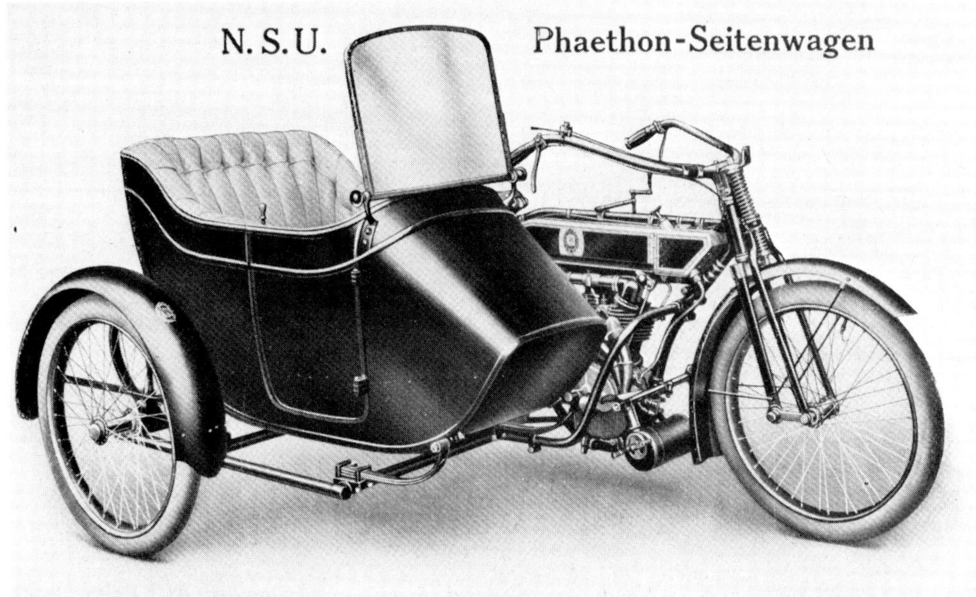

Fuhr zahlreiche Preise ein und belebte den Motorradsport: Artur Gikeleiter auf seiner NSU-Spezialrennmaschine.

NSU-Motorräder im englischen Militärdienst.

kommission, bestehend aus Senatoren, Offizieren der Armee und der Marine, Ministerial- und Kommunalbeamten, Journalisten, Gelehrten und Kaufleuten, im ganzen etwa 60 einflußreiche Persönlichkeiten, den Neckarsulmer Fahrradwerken einen Besuch ab und besichtigten eingehend die gesamten Fabrikanlagen.

Im deutschen Motorrad-Export setzte um diese Zeit eine neue starke Belebung ein. Den größten Teil der Gesamtausfuhr stellte Neckarsulm. Bis vor Ausbruch des Weltkrieges wurden NSU-Krafträder in alle Kulturländer der Erde exportiert und waren nicht nur an den Lieferungen für die amerikanischen, sondern auch für die russischen, französischen, englischen, italienischen, belgischen, holländischen, österreichischen, türkischen, skandinavischen und schweizerischen Behörden beteiligt. Selbst die Bürgergarde von Sao Paulo in Brasilien hat sich für den Polizeidienst des NSU-Motorrades bedient. Besonders erfolgreich war dabei das 1913 erstmals gebaute 3 1/2-PS-Zweizylindermotorrad mit neuartiger Schwunggabel-Hinterradfederung. Als Exportschlager kurz vor Kriegsbeginn in alle Welt verkauft, lobten ein Jahr später die Heeresleitungen der künftigen Kriegsgegner die Vorzüge des NSU-Modells. Bittere Ironie am Rande des Ersten Weltkrieges.

Auch das Fahrrad wurde von Jahr zu Jahr technisch verbessert. Vor allem auf sportlichem Gebiet bewährten sich die Neckarsulmer Fahrräder ausgezeichnet. Schon in der Frühzeit des Fahrradsports benutzten die großen Meister der Landstraße und Rennbahnen mit Vorliebe das schnelle und zuverlässige NSU-Pfeil-Fahrrad. Neben den zahlreichen Erfolgen in örtlichen Veranstaltungen waren es die großen klassischen Fernfahrten „Wien – Berlin“ und „Basel – Cleve“ über Strecken von mehreren hundert Kilometern, in denen sich die Marke NSU besonders ausgezeichnet hat. Besonders erwähnenswert ist die Fahrt „Rund um Berlin“ im Jahr 1909, bei der es Schulze-Trebbin unter 450 Fahrern und 45 Fabrikaten auf seinem Neckarsulmer Pfeilrad gelang, einen glänzenden Sieg nach Hause zu fahren. Im internationalen Bahnrennsport hat vor allem der

Liebesgrüße aus Neckarsulm: Plakat-Werbung mit Pfeil-Fahrrädern.

berühmte französische Meisterfahrer Hourlier aus Paris das Neckarsulmer Pfeil-Rad lange Zeit benützt und im Jahre 1911 durch seine aufsehenerregenden Siege um die „Meisterschaft von Frankreich“ viel von sich reden gemacht. Hourlier schlug damals auf NSU nicht nur den Weltmeister Ellegard und die Favoriten Friol, Dupre, Pouchois, Dupuy und Dörflinger, sondern feierte auch in anderen Wettbewerben auf dem NSU-Pfeil-Rad Triumphe, wie sie in der noch jungen Geschichte des Radsports einmalig waren. Auch mit den kurz vor Kriegsausbruch in Mode gekommenen karossierten Rennfahrrädern erzielten die Neckarsulmer Fahrzeugwerke schöne Erfolge. Gleich der erste Start auf der Radrennbahn in Erfurt brachte dem bekannten Bahnrennfahrer Jean Weiss gegen Timmermann einen überlegenen Sieg.

Dr. Ing. e.h. Georg Schwarz, von 1912 bis 1927 technischer Direktor.

UNTER NEUER LEITUNG

Kurz vor dem Ersten Weltkrieg übernahmen zwei Männer die Leitung des Werkes, die sich um die Entwicklung und die Erweiterung der Neckarsulmer Fahrradwerke AG besonders verdient gemacht haben: Dr. Ing. e. h. Georg Schwarz als technischer Direktor und Fritz Gehr als kaufmännischer Direktor.

Georg Schwarz übernahm nach mehrjähriger Tätigkeit bei der Daimler-Motoren-Gesellschaft im Jahre 1904 die technische Leitung der Fahrzeugwerke in Eisenach. Am 1. Oktober 1912 wurde Schwarz, als Nachfolger von Arthur Hardt, neuer technischer Direktor in Neckarsulm. Von Anfang an stand bei all seinen Konstruktionen die Forderung nach geringem Gewicht bei hoher Betriebssicherheit an erster Stelle. Sein gründliches Fachwissen auf thermodynamischem Gebiet kam in der Konstruktion seiner Motoren zum Ausdruck, deren verblüffende Leistungsfähigkeit man vor allem bei den Avus-Kleinautorennen 1923 und 1926 in überzeu-

Fritz Gehr kam am 1. Juli 1904 als Prokurist zu den Neckarsulmer Fahrradwerken und wurde 1915 zum kaufmännischen Direktor des Unternehmens berufen. Er wirkte dort bis zum Jahr 1933.

gender Weise vorzeigen konnte. In besonderer Anerkennung seiner erfolgreichen Tätigkeit für die Kraftfahrzeug-Industrie erhielt Georg Schwarz verschiedene Orden und von der Technischen Hochschule Stuttgart die Ehrendoktorwürde verliehen. Durch Krankheit schied Dr. Schwarz im Jahre 1927 aus dem Vorstand der Gesellschaft und verbrachte den Ruhestand bis zu seinem Tode noch einige Jahre in Heilbronn.

Fritz Gehr gehörte den Werken seit 1904 an und wurde nach mehrjähriger Prokuristenzeit in Anerkennung seiner erfolgreichen Tätigkeit im Jahre 1915 zum kaufmännischen Direktor befördert. Sein Verdienst war es, neben einer völligen Umgestaltung des kaufmännischen Betriebs nach neuzeitlichen Gesichtspunkten eine großzügige Verkaufsorganisation ins Leben gerufen zu haben. Der fühlbaren Wohnungsnot in Neckarsulm begegnete Gehr mit Erfolg durch eine energische Siedlungspolitik, wodurch gleichzeitig die Möglichkeit für den weiteren Ausbau der Werke geschaffen wurde. Die öffentliche Anerkennung dafür fand in seiner Wahl zum Gemeinderat ihren Ausdruck, wie Gehr überhaupt an die Spitze verschiedener Organisationen in Industrie, Handel und Sport berufen wurde: so u. a. als Vorstandsmitglied des „Reichsverbandes der Automobilindustrie" für die Motorradgruppe. Direktor Gehr schied im Jahre 1933 aus dem Vorstand aus und verbrachte seinen Lebensabend in Stuttgart.

Die Wohlfahrtspflege vollzog sich bis zum Ausbruch des Weltkrieges auch in den Neckarsulmer Fahrradwerken in dem allgemein üblichen Rahmen. Sie erstreckte sich auf die Schaffung eines Wohlfahrtsfonds, der Betriebskrankenkasse mit Familienversicherung, auf Altersprämien und auf die Bildung eines Arbeitsausschusses, ähnlich dem Betriebsrat von heute. Auch die Beurlaubung der Arbeiter war damals schon eingeführt; sie erhielten einen bezahlten Sommerurlaub, dessen Dauer sich nach der Länge der Dienstzeit richtete. Die jährliche Urlaubsdauer für die Angestellten wurde nach bestimmten Grundsätzen geregelt. Außerdem hatten die Werke für eine kostenlose Unterbringung von kranken und erholungsbedürftigen Angestellten der „Deutschen Gesellschaft für Kaufmannserholungsheime" namhafte Beiträge zugeführt. Um die Wohnverhältnisse zu verbessern, wurden anfangs 1914 in Steinachfeld sieben NSU-Arbeiterwohngebäude in eigener Regie erbaut, nachdem für das Gebiet „Viktorshöhe" ein Stadtbauplan vorlag.

Auf allen bedeutenden Messen und Ausstellungen des In- und Auslandes waren stets die NSU-Erzeugnisse vertreten und wurden vielfach mit Industriepreisen ausgezeichnet. Auch bei den vielerlei Einrichtungen des Verkehrslebens, bei denen sich die NSU-Erzeugnisse siegreich und gut bewährten. Die Vielseitigkeit in den Unternehmungen, sowie die große Zahl an NSU-Vertretern brachte es mit sich, daß die Werke als eine der ersten Firmen im März 1911 eine eigene Hauszeitschrift, die „NSU-Mitteilungen" herausbrachten, die in einer monatlichen Auflage von 20 000 Exemplaren verteilt wurde.

NSU IM ERSTEN WELTKRIEG

Das Werk florierte, als der Erste Weltkrieg begann. Die Knappheit der Rohmaterialien machte sich jedoch bald bemerkbar. Die Ausfuhr, die bisher den Hauptteil des NSU-Geschäftes bildete, kam ins Stocken. Der Verkauf an Privatpersonen wurde im Inland unmöglich gemacht, bald war die Heeresverwaltung der alleinige Abnehmer. Kraftwagenparks nie geahnter Größe und Zahl wuchsen gleichsam aus dem Boden, hatte man doch bald erkannt, daß eine gut organisierte Kraftradfahrer-Truppe nicht unwesentliche Vorteile gegenüber der Kavallerie hatte. Auch das NSU-Motorrad wurde in großer Anzahl auf sämtlichen Kriegsschauplätzen eingesetzt, vom kleinen NSU-Pony mit nur 1 1/2 PS bis zum starken Kettenmodell mit 10 – 12 PS.

NSU im Ersten Weltkrieg: Zweizylinder – 7 PS – Kraftrad mit Maschinengewehr-Beiwagen. Die Maschine hatte Hinterradfederung!

Doch der Krieg wies der Entwicklung mit harter Hand neue Aufgaben zu. Unbedingte Zuverlässigkeit und Geländegängigkeit waren Trumpf. Die Anforderungen des Krieges forcierten die Entwicklung wie auch auf vielen anderen Gebieten. So entstand nach zwölfmonatiger Kriegsdauer bei NSU ein feldgraues, in Schwarzvernickelung gehaltenes Kriegsmotorrad mit einem 3 1/2-PS-Zweizylindermotor. Anstelle der bislang im Motorenbau angewandten Konus-Kugellager traten nun doppelreihige Kugellager, sogenannte Laufringsysteme. Die Betätigung der Doppelübersetzung geschah nicht mehr von der Lenkstange aus, sondern durch einen am oberen Rahmenrohr befestigten, waagrecht liegenden Schalthebel. Die knappen Benzin- und Benzolvorräte machten die Verwendung schwerer Brennstoffsorten notwendig. Dabei bot der „Pallas-Vergaser" die beste Gewähr für eine vorteilhafte Einstellung der Zusatzluft; mit ihm wurden dann auch sämtliche Modelle ausgestattet.

Auch das Fahrrad wurde damals zum „echten praktischen Kriegsrad", und die Neckarsulmer brachten ein stabiles, feldgraues „Neckarsulmer Militärfahrrad" mit großer Ledertasche und besonders kräftigen Pedalen heraus. Es gab für die letzten Jahre des Ersten Weltkrieges übrigens eine Verordnung, in der es hieß: „Das Benützen von Fahrrädern zu Vergnügungsfahrten ist verboten."

Bei den NSU-Motorwagen waren es vor allem die stärkeren Typen, die in feldgrauer Lackierung bei

NSU-Motorwagen im Kriegsdienst bei den Kraftfahrertruppen.

den Kraftfahrertruppen und im Sanitärdienst eingesetzt waren. Auch die beiden kleineren Modelle der damaligen Produktion, der 5/15 PS und der 8/24, jeweils mit Vierzylinder-Motoren, wurden ebenfalls während des Krieges in kleineren Stückzahlen gebaut und bildeten auf diese Weise die Basis für eine gesunde Serienfabrikation in der Nachkriegszeit. Selbstverständlich baute NSU im Krieg nicht nur Personenwagen, sondern auch ausgesprochene Lastkraftwagen mit Kardanantrieb und Vollgummibereifung für 1 1/4 und 2 1/2 Tonnen Nutzlast für das Heer, Granatzünder, Minenwerfer und Teile für Flugmotoren. Durch die starken Rüstungsaufträge waren nicht nur bauliche Erweiterungen, sondern auch eine Kapitalerhöhung um 1,2 Mio Reichsmark notwendig. Von dem inzwischen auf 90 321 m² angewachsenen Areal waren 28 053 m² bebaut, so daß im Vergleich zu 1913/14 sich das Werk während des Krieges baulich um mehr als ein Drittel vergrößert hat. Die Werkzeugmaschinenzahl stieg im gleichen Zeitraum von 965 auf 1 207 Stück, die Betriebskraft erhöhte sich von 1 200 PS auf 1 400 PS (750 PS Dampfkraft und 650 PS elektrische Kraft). Die Zahl der Mitarbeiter schwankte zwischen 1 500 und 2 000.

KAPITEL II

Auf dem Weg zum Ruhm (1919 – 1944)

IM JUBILÄUMSJAHR GAB ES GELD WIE HEU – NUR WAR ES NICHTS WERT

Wie bei allen anderen Firmen wurde nach dem Ende des Krieges 1918 unverzüglich die Umstellung zur Friedenswirtschaft eingeleitet. Alle drei Geschäftszweige liefen wieder an: Lastkraftwagen, Personenkraftwagen, Motorräder, Fahrräder und Freilaufbremsnaben. Neben der schlechten Finanzlage des Reiches, die einen ungeheuren Geldbedarf und damit Steuerbelastungen bisher unbekannten Umfanges zur Folge hatte, kam das gesamte Wirtschaftsleben unter den Einfluß des Versailler Vertrages mit seinen Reparationsforderungen. Die ausgebrochene hektische Tanzwut – Foxtrott und Schieber waren der letzte Schrei – versuchte vergessen zu machen, daß Deutschland bettelarm war.

Der sinkenden Arbeitsmoral standen steigende Arbeitslosenzahlen gegenüber, die auf ihrem Höhepunkt in gar nicht langer Zeit die 6-Millionen-Grenze überschritten. Die neue Regierung, nicht recht wissend, was sie tun sollte, drehte unaufhörlich an der Steuerschraube. Die Lage der Kraftfahrzeughersteller war mehr als kritisch: Es mangelte an Rohstoffen, und die durch Kriegserfordernisse ausgeweiteten Kapazitäten mußten abgebaut und wieder auf Friedensstärke gebracht werden. Die Herstellungskosten stiegen. Der Wunsch nach Verbilligung der Selbstkosten führte zu weitgehenden Zusammenschlüssen deutscher Automobilfabriken. Zu dieser Zeit gab es Geld wie Heu, in Berlin – überall in Deutschland – nur war es nichts wert. Die Inflation bestimmte den Kurs.

Die Folgen dieser Entwertung waren eine außerordentliche Kaufkraft des Auslandes und damit der berüchtigte Ausverkauf im Frühjahr 1920; sowie eine sich dem riesigen Geldbedarf anpassende maßlose Steigerung des Notenumlaufs. Um Gehälter und Löhne auszahlen zu können, druckte NSU wie viele andere Firmen und kommunale Behörden eigene Geldscheine, da die Reichsbank zeitweise kein Geld liefern konnte. Aus Milliarden wurden über Nacht Billionen. Wenn die Werksangehörigen am Zahltag die Fabrik verließen, wurden sie an den Toren von ihren Frauen und Kindern erwartet, die den Lohn sogleich in Naturalien umsetzten. Es begann die Flucht in die Sachwerte und führte zur wirtschaftlichen Scheinblüte.

Während in der ersten Phase des Nachkriegsgeschäfts, wie in anderen Wirtschaftsbereichen auch, der Handel aus seinen verbliebenen Beständen den aufkommenden Bedarf deckte, erschienen 1920/21 die ersten fabrikneuen Fahrzeuge auf dem Markt. Von großer Bedeutung für die weitere Entwicklung war die Lockerung und schließlich im 2. Halbjahr 1920 die völlige Aufhebung der Zwangsbewirtschaftung. Im selben Jahr wurde auch der Benzinverkauf freigegeben. Die deutsche Fahrzeugindustrie be-

Start zum 45-Kilometer-Rennen auf der Opelbahn 1921: Otto Glöckler auf NSU siegte überlegen vor Köllner, ebenfalls auf einem NSU-Motorrad.

gann wieder an die Zukunft zu glauben. Der Krieg, so schlimm er auch war, verhalf dem Kraftfahrzeug zum Durchbruch. Hinzu kam, daß der Wille der Sieger nicht zuletzt die Eisenbahnen traf. Tausende von Lokomotiven, Personen- und Güterwagen mußten als Reparation abgeliefert werden. Da so schnell kein Ersatz geschaffen werden konnte, verlagerte sich ein Teil der Transporte auf das Straßenfahrzeug.

Auch bei den Neckarsulmer Fahrzeugwerken lief die neue Friedensproduktion auf vollen Touren. Die Fahrrad-Produktion, die Herstellung der Motorräder und die der Automobile. Daneben wurde die Fertigung von Bremsnaben besonders forciert; sie stieg von 5 630 Stück im Jahr 1918/19 auf 81 155 Stück im Jahr 1920/21. Die große Geldentwertung schließlich machte es nötig, den Betrieb auf eine breitere Kapitalgrundlage zu stellen: 1920 wurde das Aktienkapital auf zehn Millionen Mark, ein Jahr später auf 20 Millionen Mark und im nächstfolgenden Jahr gleich auf 41 Millionen Mark erhöht. Mit dem Neubau eines dreistöckigen, ganz aus Eisenbeton hergestellten Magazingebäudes – das alte Hauptlager wurde durch ein Brandunglück am 26. Oktober 1920 völlig zerstört – begann im Frühjahr 1921 ein großangelegtes Erweiterungsprogramm. Auf einer Fläche von ca. 6 000 m² wurde ein „technisch-vorzüglich" eingerichteter Maschinensaal eingerichtet. Die Fahrrad-Fabrikation erhielt für einen logischen Produktionsablauf einen 75 Meter langen, drei Stockwerke hohen Eisenbeton-Neubau. Ähnlich wie die Westfront wurde auch die Nordseite der Fabrikanlage durch einen Eisenbeton-Hochbau von vier Stockwerken begrenzt. In dem modern eingerichteten Neubau befand sich neben der im Erdgeschoß befindlichen Gesenkschmiede die Holzbearbeitungs-

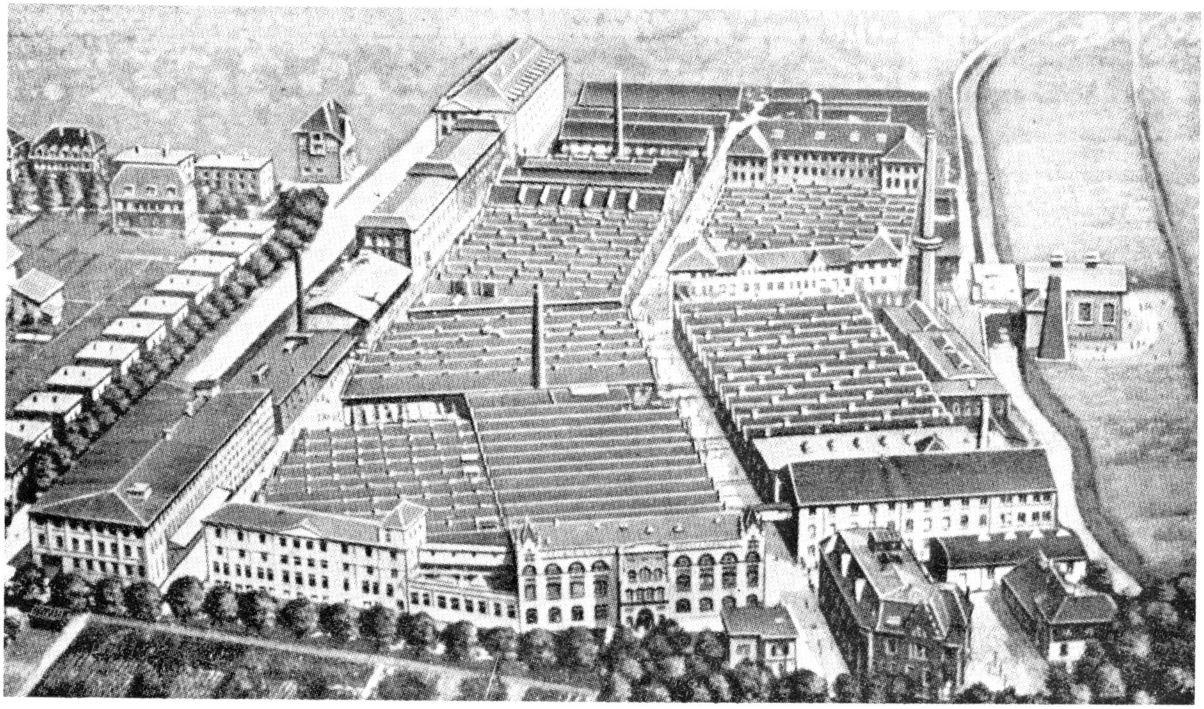

Die Fabrik im Jubiläumsjahr 1923.

und die Lehrlingswerkstätte.

Bis zum Jubiläumsjahr 1923 hatte sich der Fabrikkomplex auf 120 000 m² Bodenfläche mit 30 Haupt- und 14 Nebengebäuden von insgesamt 80 000 m² Arbeits- und Lagerfläche vergrößert. 4 070 Beschäftigte bauten nun alle zwei Stunden ein Automobil, alle 20 Minuten ein Motorrad, alle fünf Minuten ein Fahrrad und alle 30 Sekunden eine Freilaufnabe. Im letzten Inflationsjahr 1923 war das Aktienkapital der Neckarsulmer Fahrzeugwerke auf 82 Millionen Papiermark angestiegen, die Bilanzen in achtzehnstelligen Zahlen ausgewiesen. Dann war der Spuk endlich vorbei. Mit einer Reichsverordnung wurde am 15. Oktober 1923 in Berlin die Deutsche Rentenmark eingeführt. Kapital- und Grundrücklagen trugen, je zur Hälfte, die Landwirtschaft sowie Handel und Industrie. Jedes Grundstück wurde mit einer Grundschuld belastet. Am 15. November 1923 gab die Rentenbank erstmals ihre Hilfswährung heraus „zur Stabilisierung der deutschen Währung": Eine Rentenmark = eine Billion Papiermark, 4,2 Billionen Rentenmark = ein USA-Dollar. Alle griffen nach der neuen Rentenmark, aber der Umlauf blieb in weiser Vorsicht begrenzt. Die Notenpressen standen still. So dauerte es bis zum April 1924, ehe die letzte Papiermark aus den Brieftaschen verschwand. Dann war die Reichsbank reorganisiert und die Mark hatte sich ihr Ansehen wieder zurückerobert.

Langsam kam die deutsche Wirtschaft wieder in normale Bahnen. So auch bei den Neckarsulmer Fahrzeugwerken AG, wo man mit dem Inland-Absatz recht zufrieden war. Sämtliche Abteilungen der Werke waren voll ausgelastet. Die Nachfrage nach Motorrädern, Fahrrädern und Freilaufnaben war sehr groß und konnte teilweise nur mit Überstunden ausgeglichen werden. Vier Durchgangslager in

Berlin, Dresden, Hannover und Düsseldorf garantierten, daß die NSU-Erzeugnisse über die ortsansässigen Händler schnell und spesenbillig zu den Käufern gelangten. Sorgen allein bereitete der Export, der 1924 einen empfindlichen Rückschlag zu verzeichnen hatte. Infolge der außergewöhnlichen Vorbelastung der Produktion durch Reparationsleistungen, hohe Frachten und Zölle sowie Steuern konnten die Neckarsulmer mit den anderen europäischen Industrieverbänden nicht mehr konkurrieren.

Die großen militärischen Anforderungen hatten einen vollständigen Ausverkauf aller bis dahin bekannten Motorradmodelle zur Folge, so daß für die Übergangszeit nur das 3 1/2-PS-Heeresmodell und das schwere 8-PS-Zweizylinder-Kettenmodell zur Verfügung standen. Die erste Neukonstruktion nach dem Krieg erschien erst zu Beginn des Jahres 1921 mit einem 3-PS-Einzylinder mit Riemenantrieb und untersetzter Doppelübersetzung – ein leicht zu bedienendes Alltagsmodell, dauerhaft und anspruchslos. Gegenüber dem 4-PS-Zweizylindermodell besaß der Einzylindermotor eine Bohrung von 75 mm und einen Hub von 80 mm, sowie anstelle der Felgenseilbremse eine nachstellbare Expansionsbremse. Die Höchstgeschwindigkeit lag bei 65 – 70 km/h, ein Liter Kraftstoff reichte für eine Strecke von etwa 35 Kilometer (2,85 Liter/100 km) und verbrauchte auf etwa 300 – 400 km einen Liter Öl.

NSU WIRD 50

Mit Rücksicht auf die wirtschaftlichen Verhältnisse vollzog sich die Feier zum 50jährigen Firmenjubiläum erst am 12. April 1924 in den Räumen des NSU-Saalbaues und im engsten Rahmen. Man beschränkte sich bei den Einladungen auf Vertreter der staatlichen, wirtschaftlichen, gemeindlichen und sportlichen Behörden und Verbände, sowie auf einen kleinen Kreis derjenigen Personen und Firmen, die durch eine langjährige, treue Geschäftsverbindung den Werken besonders nahe standen. Das württembergische Gesamtministerium wurde durch den damaligen Staatspräsidenten Rau vertreten. Für den Aufsichtsrat präsentierte dessen Vorsitzender, Geheimer Kommerzienrat Friedrich Ackermann, Sontheim, als Nachfolger des am 26. Juni 1923 verstorbenen Bankiers Richard Rümelin sen., der dem Aufsichtsrat nahezu 26 Jahre als Vorsitzender angehört hatte.

An dem Festtag selbst erfolgte in den frühen Morgenstunden die Enthüllung einer Gedenktafel in der Ausstellungshalle. Zu der offiziellen Morgenfeier um 10.00 Uhr hatte sich in dem festlich geschmückten Saalbau eine große Zahl von Werksangehörigen und geladenen Gästen eingefunden. Nach dem Vortrag eines von Professor Dr. Bauer verfaßten Fest-Prologes ergriff das Vorstandsmitglied Fritz Gehr das Wort zur eigentlichen Festrede, in der er die geschichtliche Entwicklung des Werkes aufzeigte. Am Schluß seiner Rede gab er folgende Jubiläumsstiftungen bekannt:

10 000,– Mark für eine Turnhalle in Neckarsulm
8 000,– Mark für eine Röntgen-Einrichtung im Städtischen Krankenhaus Neckarsulm
5 000,– Mark für ein Kriegerdenkmal in Neckarsulm
150 000,– Mark für Pensionen.

Den Abschluß der Feier bildete ein Lichtbilder-Vortrag, der einen Einblick in die Entwicklung des Unternehmens und in sein Produktionsprogramm gestattete. Das anschließende Festessen im kleinen Saal des NSU-Kasinos vollzog sich in engerem Rahmen.

In seiner Begrüßungsansprache konnte der Vorsitzende des Aufsichtsrates, Friedrich Ackermann, darauf hinweisen, daß trotz aller Schwierigkeiten die Substanz des Werkes nicht nur erhalten blieb, sondern sogar beträchtlich vermehrt werden konnte. So sei das seltene Ereignis eingetreten, daß die

NECKARSULMER FAHRZEUGWERKE A.-G.

1873 NECKARSULM. 1923

PROGRAMM

zur

50-jährigen Gründungsfeier

am Samstag, den 12. April 1924.

Vormittags 9 Uhr in der Ausstellungshalle:

Uebergabe einer Gedenktafel an die Direktion.

Vormittags 1/2 10 Uhr im Saalbau:

Morgenfeier:

Musikalische Darbietungen

Prolog, verfasst von Prof. Dr. Bauer, Ludwigsburg
vorgetragen von Fräulein Edith Gehr

Begrüssung und geschichtlicher Rückblick
Herr Fabrikdirektor Gehr

Lichtbildervortrag: Gang durch die NSU-Werke
Herr Prokurist Fr. Herzog

Nachmittags 1 Uhr im Speisesaal des Beamten-Kasinos:

Festessen für die geladenen Gäste mit musikalischer Unterhaltung. Offizielle Ansprachen

Nachmittags 4 Uhr im Saalbau:

Jubiläumsfeier für die Angestellten der NSU-Werke
unter Mitwirkung der Stadtkapelle Neckarsulm (Kapellmeister Becker, Heilbronn) und Darbietungen seitens der Teilnehmer

Schlichte Jubiläumsfeier

1873 **50** 1923

NECKARSULMER FAHRZEUGWERKE A.-G.

∴ ∴ FABRIK-MARKE NSU ∴ ∴ NECKARSULM. ∴ ∴ 4000 ANGESTELLTE ∴ ∴

Einladungs-Karte

zur Morgen-Feier des

50-jährigen Geschäftsjubiläums

der Neckarsulmer Fahrzeugwerke A.-G. Neckarsulm
am **Samstag,** den **12. April 1924, vormittags 10 Uhr**
in den Räumen des Saalbaues der NSU-Werke.

Für geladene Gäste.

Produktion jetzt das Doppelte der Vorkriegszeit erreicht habe. Staatspräsident Rau bezeichnete die Entwicklung der industriellen Werke und ihre Organisation als ein Symbol der Zeit. Das zeige sich besonders in Neckarsulm. Vom Staatsgedanken ausgehend, habe die Industrie die große Mission, die Kräfte im Volke zu entfalten und zusammenzufassen zur Hebung der öffentlichen Wohlfahrt. Das Wohl des Staates und das Wohl der Wirtschaft seien eng miteinander verbunden. Die Regierung habe die Pflicht, dafür zu sorgen, daß nicht zu starke Lasten auf die württembergischen Schultern gelegt und daß namentlich die Verkehrsmittel nicht zu stark belastet würden. In der Zusammenarbeit von Unternehmern, Arbeiter und Angestellten, liege die völkische Kraft. Eine bessere Lösung der sozialen Frage sei nicht denkbar als dadurch, daß die Industrie zur höchsten Leistung gefördert werde.

In poesiereicher Sprache verglich Bürgermeister Johannes Häussler das Neckarsulm vor 50 Jahren mit dem Dornröschen, das nicht durch den Kuß eines Prinzen, sondern durch die Hammerschläge der Industrie zum Leben erweckt wurde. Die 50 Jahre der Geschichte der NSU-Werke seien gleichzei-

In diesem Pförtnerhäuschen herrschte Portier Betz, ein ehemaliger Stationskommandant, der alle Werksangehörigen um Haupteslänge überragte und sich von dem Direktor nur dadurch unterschied, daß er zwar „länger" aber nicht „größer" war. Betz war eine Respektperson vom Scheitel bis zur Sohle.

tig 50 Jahre der Geschichte Neckarsulm. Das Blühen und Gedeihen der Stadt sei in hervorragendem Maße von der Entwicklung der NSU-Werke befruchtet worden. Bei der Linderung der bitteren Not in der Stadt hätten sich die NSU-Werke als vorbildlich erwiesen. Es müsse eine Gemeinschaft bestehen zwischen Stadt und Wirtschaft. Neben zahlreichen, wertvollen Geschenken war eine Vielzahl von Glückwunschtelegrammen eingelaufen, darunter auch ein Telegramm, das der technischen Leitung ein besonderes Zeugnis ausstellte: „Anläßlich Ihres 50jährigen Jubiläums gestatten wir uns, unsere allerherzlichsten Glückwünsche auszusprechen. Bei dieser Gelegenheit erlauben wir uns, Ihnen den Preis für den besten deutschen Konstrukteur zu überreichen. Deutscher Motorrad-Verband".

Die Jubiläumsfeier für die NSU-Mitarbeiter begann nachmittags um 16.00 Uhr im großen Saal des Wohlfahrtsgebäudes. Die Feierstunde wurde durch einen von Ing. Otto Reitz verfaßten Prolog eröffnet. Die Begrüßungsansprache hielt Prokurist Wilhelm Rieker, der durch seine langjährige Tätigkeit in interessanter Weise aus dem Leben und Treiben vergangener Tage zu berichten wußte. Da es technisch unmöglich war, die gesamte Arbeiterschaft ebenfalls im Saale unterzubringen und zu bewirten, erhielt jeder Werksangehörige ein Vespergeld von 1,– Mark; außerdem wurde der freie Samstag bezahlt und damit auch hier ein Ausgleich zwischen Angestellten- und Arbeiterschaft gefunden.

MIT FORTSCHRITTLICHER TECHNIK IN DAS NÄCHSTE HALBE JAHRHUNDERT

1924 hielt der Kettenantrieb seinen Einzug im Motorradbau, der vor allem bei den stärkeren Modellen, mit und ohne Seitenwagen, zur Anwendung kam. Die NSU-Modelle besaßen nun als besonderes Kennzeichen eine neue Vorder-Federgabel mit parallelogrammartiger Doppelfederung und Stoßdämpfer. Während beim Tourenmodell Kraftstoff- und Ölbehälter eine Einheit bildeten und nur durch eine Zwischenwand getrennt waren, besaßen die

Die NSU-Motorräder besaßen 1924 auswechselbare Räder und den modernen Kettenantrieb.

Schon von jeher war NSU auch ein ausbildungsfreudiger Betrieb. Wer nach der Schulzeit zu NSU in die Lehre ging, erhielt, handwerklich oder kaufmännisch, eine gründliche Ausbildung.

DMV-Rennen von Swinemünde 1923: Ernst Islinger passierte auf seiner NSU 8 PS als Erster das Ziel und gewann den „Großen Motorrad-Wanderpreis von Deutschland“.

Wilhelm Kohler mit Karl Gailing im Seitenwagen der schweren NSU Zweizylinder – am Start zum Solitude-Rennen 1923. 1926 setzte Karl Gailing als „Schmiermaxe" bei Georg Klöble im NSU-Kompressor-Rennwagen seine Sporterfolge fort.

Sportmodelle zwischen Hinterrad und Sattelstützrohr einen besonderen Ölkasten mit einer vom Lenker aus zu betätigenden Handölpumpe. Der Werkzeugkasten war auf dem Benzintank angebracht. Neu war bei den Sportmodellen auch die Aufhängung des Getriebes, das im Gegensatz zu den Tourenmodellen nach unten hing. Die Schaltung erfolgte durch ein am oberen Rahmenrohr befestigtes Segment mit kurzem Knopfschalthebel und funktionierte in derselben Weise wie beim Motorwagen. Die auswechselbaren Laufräder hatten beim 8-PS-Modell eine Bereifung von 28 × 3 Zoll, während die 2-, 4- und 6-PS-Sportmodelle mit 26-Zoll-Reifen ausgestattet waren.

Das Jahr 1926 war der nächste Markstein in der technischen Entwicklung der NSU-Motorräder, als eine völlig neue Serie mit einer Motor-Getriebeblock-Konstruktion entstand. Auf demselben Block, der ein Dreiganggetriebe, den Primärantrieb, Magnetantrieb, Öltank und Ölpumpe umfaßte, wurde wahlweise ein 500-cm³-Zweizylinder mit seitlich liegenden Ventilen oder ein 250-cm³ mit kopfgesteuerten Ventilen aufgesetzt. Die Leistung war fast dieselbe, nämlich 11 PS für das 500-cm³-sv-Modell und 10 PS für das 250-cm³-ohv-Modell. Das 500-cm³-Modell hielt sich, später auf 600 cm³ mit 16 PS Leistung vergrößert, bis zum Zweiten Weltkrieg als besonders robuste Seitenwagenmaschine.

Ähnlich wie bei den NSU-Motorrädern, verzeichnete man unmittelbar nach Beendigung des Ersten Weltkrieges auch bei den NSU-Motorwagen eine starke Nachfrage. Die Friedensproduktion auf dem automobilen Sektor begann mit drei Modellen: Dem kleinen 5/15-PS-Vierzylinder, dem 8/24 PS und dem schon recht großen 14/40 PS; dazu kam noch ein 2 1/2-Tonner-Lastwagen. Auf der Berliner Automobil-Ausstellung 1921 erstmals gezeigt, hatten jetzt die NSU-Motorwagen, wie alle anderen Konkurrenten, moderne Spitzkühler, elektrische Licht- und Anlasseranlagen und die sicheren Vierradbremsen.

Die Standard-Karosserie für den Kleinen war der „Dreisitzer mit gestaffelter Sitzordnung". Die Karosserie dieses Wagens war nämlich so schmal, daß man kaum nebeneinander sitzen konnte. Deshalb versetzte man die Sitze so, daß Fahrersitz und hinterster Sitz rechts hintereinander lagen, und daß ein weiterer Sitz sich links befand, genau zwischen Vorder- und Hintersitz. Die Beine dieses Mitfahrers befanden sich also neben dem Sitz des Fahrers, die Beine des ganz hinten Sitzenden neben dem, der links saß.

Der Vierzylinder (man sprach noch von „Blockmotor", um zu betonen, daß alle vier Zylinder zusammengegossen waren) hatte eine Bohrung von 70 mm und einen Hub von 78 mm, was rund 1,2 Liter Hubraum ergab, die Ventile waren seitlich stehend, die Kühlung, eine reine Thermosyphonkühlung, aber immerhin hatte der 5/15 PS ein Viergang-Getriebe, wobei der Schalthebel in einer Kulisse geführt wurde. Der einfache, robuste Wagen mit einem Radstand von 2400 mm und einer Gesamtlänge von nur 3500 mm besaß einen spitz zulaufenden Kühler und auch eine spitz nach vorn laufende, geteilte Vorderscheibe.

Vom 5/15 gab es 1923 auch eine Luxusausführung, die NSU „Taube". Die Taube hatte eine viersitzige geschlossene Karosserie, bei der man für den Sommer den gesamten Oberbau abnehmen konnte – es war also schon so etwas wie eine Hardtop-Karosserie. In den Prospekten und Werbeschriften hieß es: „Im Preis des Kleinautos, aber in Konstruktion, Eleganz, Bequemlichkeit ein Großauto. Die getreue Kopie des großen Wagens". Das wollte man offenbar damals. Besonders wurde vermerkt, daß der Wagen „mit elektrischen Zünd-, Licht- und Anlaßanlagen ausgestattet" sei. Man sprach nicht von einem Viergang-Getriebe, sondern von einem „Wechselgetriebe mit vier Geschwindigkeiten".

Der 14/40 PS war eine komfortable NSU-Limousine für den gehobenen Anspruch, besaß einen modernen Spitzkühler, elektrische Licht- und Anlasseranlage und die sicheren Vierradbremsen.

Beim großen Modell, dem 14/40 PS, der einen Hubraum von 3610 cm³ hatte und auch seitengesteuert war, traute man sich offenbar noch nicht, die vier Zylinder in einem Block zu gießen; sie standen noch paarweise gegossen da. Die Drehzahl ging über 2000 nicht hinaus, die große Reiselimousine wog über 1700 kg, aber in einem Punkt war der 14/40 schon sehr fortschrittlich: Schon Ende 1922, früher als die meisten anderen Wagen dieser Größen- und Preisklasse, erhielt er eine Vierradbremse. Wobei erstaunlicherweise die Handbremse auf alle vier Räder wirkte – die Fußbremse wirkte als Außenbackenbremse auf die Getriebewelle!

SPORTLICHER RUHM

Die Beteiligung am Sport wurde bei NSU immer groß geschrieben und man führte auch nach dem Ersten Weltkrieg diese Linie weiter. Zu Anfang war zweifellos die AVUS Deutschlands populärste Rennstrecke, weil es die erste regelrechte „Rennbahn“ war, die man eigens für Autorennen gebaut hatte. Deutschland hatte nunmehr auch sein „Brooklands“, seine modern gebaute „Automobil-Verkehrs- und Übungsstraße“.

Schon im Eröffnungsrennen am 24. September 1921 siegte ein kleiner NSU 8/24 PS, umgebaut als offener Rennzweisitzer in seiner Klasse. Zugelassen waren bei diesem Geschwindigkeitsrennen nur serienmäßig hergestellte Gebrauchswagen. „... und das ist gut so ...“, meinte damals die Fachpresse, „... denn es gilt, dem kaufenden Publikum des In- und Auslandes zu zeigen, was der normale Serienwagen zu leisten imstande ist“. Sowohl 1923 als auch 1924 kamen die 1,3-Liter-NSU-Kompressor-Sportwagen – der serienmäßige 5/15 PS bildete

Klöble/Kist wurden auf NSU 8/24 PS Klassensieger und fuhren außerdem die zweitbeste Zeit des Tages beim Eröffnungsrennen auf der Avus in Berlin 1921. Dieser Wagen entsprach im Grundaufbau dem Serienmodell. Er wurde lediglich etwas umgebaut und hergerichtet.

Zu schnell für die Kamera: NSU-Fahrer Klöble mit Beifahrer Heiler bei über 120 km/h auf der Berliner Avus 1923.

Avus 1923: Wieder holte sich NSU in der Klasse der Kleinwagen die ersten Plätze. Das Bild zeigt die NSU-Mannschaft nach ihrem Eintreffen im Werk Neckarsulm. Klassensieger war Klöble, zweiter Scholl, dritter Seifert. Alle auf NSU 5/15 PS.

hierzu die Grundlage – auf der AVUS zu viel beachteten Klassensiegen. Es war 1923 eine kleine Sensation, daß der NSU-Sportwagen, den man auch kaufen konnte (mit 1230 cm³, 30 PS bei 3100 U/min und mit seitengesteuertem Vierzylindermotor), in der mit den besten deutschen Marken am stärksten besetzten „Kleinautoklasse“ die ersten drei Plätze belegen konnte und einen Durchschnitt von 120 km/h erreichte.

„. . . Man muß unumwunden eingestehen“, schrieb der Berliner Lokalanzeiger, „daß – scheiterten auch manche der Wagen an dieser Aufgabe – zum Teil große Leistungen erzielt wurden, die man keineswegs unbedingt erwartet hatte. Wenn beispielsweise drei Fahrzeuge einer einzigen Fabrik (Neckarsulm) die 138,275 Kilometer der Rennstrekke in 69,27 Minuten, 69,30 und 70,09 Minuten, d.h. mit einer Geschwindigkeit von rund 120 km/h zurücklegen, so ist das eine Leistung, die, vor allem in der einfach verblüffenden Gleichmäßigkeit, der augenblicklichen Leistungsfähigkeit unserer Kleinauto-Industrie ein Zeugnis ausstellt, wie es ehrender und überzeugender nicht gut denkbar ist“.

Durch diesen überlegenen Sieg des NSU-Dreigestirns hatte sich der kleine NSU als bester deutscher Kleinwagen erwiesen. Im Gegensatz zu dem käuflich zu erwerbenden 30-PS-Sportzweisitzer waren die Kompressor-Typen bereits mit Vierradbremse ausgerüstet. Die Leistung wurde mit ca. 50 PS angegeben. Sowohl die Sporttypen als auch die Kompressorwagen hatten seitlich stehende Ventile, Leichtmetall-Kolben, nicht abnehmbare Zylinderköpfe und ein separates Vierganggetriebe mit Mittelschaltung. Bis auf das verkürzte Fahrgestell, die unter der Hinterachse aufgehängten Halbelliptikfedern und die Reibungsstoßdämpfer waren keine ins Auge fallenden technischen Unterschiede vorhanden. Natürlich waren die Sportmotoren höher verdichtet, hatten Ventile mit größerem Durchmesser und durch eine Spezialnockenwelle abweichende Ventilzeiten. Das Rootsgebläse wurde vom Getriebe in Umlauf gebracht. Diesem dreifachen NSU-

Dem dreifachen NSU-Sieg von 1923 folgte bei den Avus-Kleinwagen-Rennen 1924 über 260 Kilometer ein weiterer Doppelsieg mit Geschwindigkeiten bis zu 125 km/h mit dem gleichen Kleinwagentyp 5/15 PS. Scholl/Amon (Nr. 9) siegten vor Seifert/Maier (Nr. 15).

Krähbergrennen 1923: Bei der Deutschen Dauerprüfungsfahrt des Hessischen Automobilclubs siegte der Frankfurter Wendel auf seinem schnellen NSU 8/24 PS.

Sieg folgte bei den Avus-Kleinwagen-Rennen 1924 über die Distanz von 260 Kilometern ein weiterer NSU-Doppelsieg mit Geschwindigkeiten bis zu 125 km/h.

Zwei große Sportjahre erlebte dann nochmals der Neckarsulmer Automobilbau. Für die großen Rennen der Jahre 1925 und 1926 hatte man den Vierzylinder nicht mehr weiter entwickelt, sondern – für den späteren Serienbau gedacht – einen 1500-cm³-Sechszylindermotor gebaut, um leistungsgestärkt die Siegesserie der erfolgreichen 1,3-Liter-Sportwagen fortsetzen zu können. Mit diesem völlig unbekannten und noch nicht erprobten Prototyp – er leistete mit Kompressor ca. 60 PS – startete im Jahre 1925 August Momberger, Oberprimaner und Praktikant bei NSU, beim allerersten „Großen Preis von Deutschland für Sportwagen" auf der klassischen Rennstrecke im Taunus. Mit Momberger offenbarte sich ein Rennfahrertalent von großem Format. In der 12. Runde der über 450 Kilometer langen, außerordentlich kurvenreichen Renndistanz, sicherte sich der NSU-Sechszylinder-Kompressor die Führung und gab diese bis ins Ziel nicht mehr ab. Momberger gewann mit großem Vorsprung zur Überraschung aller Welt als überlegener Gesamtsieger dieses bedeutende Automobilrennen vor den hochfavorisierten Marken wie Mercedes, Bugatti und NAG.

Ein Jahr später, beim „Großen Preis von Deutschland für Sportwagen 1926" über 400 Kilometer, nunmehr auf der Berliner AVUS, konnte NSU den Überraschungserfolg nicht ganz wiederholen. Gesamtsieger in diesem Rennen wurde Rudolf Caracciola auf dem neuen, von Ferdinand Porsche konstruierten, 2-Liter-Achtzylinder-Kompressor-Mercedes mit einem Durchschnitt von 135 km/h. Aber Neckarsulm holte sich in seiner 1500-cm³-Klasse einen aufsehenerregenden vierfachen Sieg. Dabei fuhr Georg Klöble mit dem Spitzen-NSU als Fünfter im Gesamtklassement einen beachtlichen

Großer Preis von Deutschland 1926 für Sportwagen auf der Avus. Die Wagen stehen in den NSU-Boxen und warten auf die Freigabe des Starts für ihre 1,5 Liter-Klasse. Nr. 32, der spätere Sieger Georg Klöble mit Beifahrer Karl Gailing.

Start zum großen Preis von Deutschland 1926 für Sportwagen auf der Avus in Berlin. Jakob Scholl (Nr. 28) erwischte mit seinem NSU-Sechszylinder-Kompressor den besten Start, gefolgt von der Nr. 29 (Josef Müller). Im Mittelfeld – aber bereits auf der Überholspur – Georg Klöble, der das Rennen gewann.

Rechts: Diese vier Fahrer verhalfen NSU zu einem großen Sporterfolg: Jakob Scholl, Ernst Islinger, Georg Klöble und Josef Müller (von links nach rechts) vor dem NSU-Sechszylinder-Kompressor-Rennwagen 1926.

◄ **Triumphaler Empfang. Die Rückkehr der siegreichen NSU-Mannschaft beim Großen Preis von Deutschland 1926 wurde in Neckarsulm beinahe wie ein Staatsempfang gefeiert. Dicht umlagert von Werksangehörigen gratulierten als erste die damaligen NSU-Direktoren Fritz Gehr und Georg Schwarz den Fahrern. Die Siegerwagen: Nr. 29 Josef Müller (4.), Nr. 37 Ernst Islinger (3.), Nr. 28 Jakob Scholl (2.) und Nr. 32 Georg Klöble (1.). Anschließend ging es auf eine „Reklamefahrt" nach Heilbronn und Stuttgart.**

128,8-km/h-Schnitt. Über den vierfachen Sieg dieser aus dem Serienwagen 5/15 PS weiterentwickelten 6-Zylinder-, 1500-cm³-Kompressor-Rennwagen schrieb die Berliner Zeitung:

„Es zeigt sich immer mehr, daß der vierfache Sieg der NSU-Mannschaft Klöble, Scholl, Islinger und Müller mit ihrem NSU-Sechszylinder-Wagen von 1500 cm³ Zylinderinhalt ein sportlich-technisches Bravourstück darstellt, wie es in der Geschichte des Automobilsports kaum zu finden ist. Daß ein Wagen schneller fährt als der andere, ist nicht weiter verwunderlich; daß es gelungen ist, vier Wagen an den Start zu bringen und diese vier Wagen innerhalb von 6 Minuten am Ziel zu sehen, ist eine Leistung, die gar nicht hoch genug anerkannt werden kann. Runde für Runde fuhren die NSU-Wagen dicht beisammen und schoben sich unter zeitweiliger Steigerung des Tempos bis zu 175 km/h gegen Schluß des Rennens, in geschlossenem Rudel an die Spitze der mit 23 Wagen zahlenmäßig am stärksten besetzten 1,5-Liter-Klasse".

Darüber hinaus holten sich die NSU-Rennwagen den Klassensieg beim Solitude-Rennen 1926 und siegten in Wettbewerben der ADAC-Gaue, wie beim Krähbergrennen, Taunusrennen, Oberjochrennen, Wartbergrennen usw.

Einer dieser AVUS-Wagen des Jahres 1926, die Startnummer 37, an dessen Steuer der Mannheimer Rennfahrer Ernst Islinger saß, kam auf Wegen, die leider nicht mehr bekannt sind, nach Berlin und wurde dort 1931 für ganze 150 Reichsmark von seinem damaligen Besitzer Bruno Link an Martin Stahn in Berlin verkauft. Stahn, ein Autoliebhaber von Format, wollte mit diesem Wagen zwar keine Rennen fahren, aber dennoch sich den für damalige Zeiten gewiß einmaligen Fahrgenuß mit diesem kraftstrotzenden Wagen nicht entgehen lassen und rüstete ihn mit Scheinwerfern, Kotflügeln und Rücklichtern aus, um ihn als normales Alltagsfahrzeug zulassen zu können. Am 4. Juni 1932, so weist es die im Original erhaltene Steuerkarte aus, bekam er erstmals die Genehmigung, den Wagen auf normalen Straßen, wie jeden anderen Personenwagen, zu betreiben. Von den folgenden Jahren wußte Herr Stahn manches nette Erlebnis von erstaunten Verkehrsteilnehmern zu berichten, wenn er die ungeheure Leistung voll einsetzte und mühelos alles hinter sich ließ, was damals an Automobilen die Straßen bevölkerte. 1937 allerdings beendete der Amtsschimmel seine atemberaubenden Fahrten, weil das Geräusch zu laut und manches andere nicht im Sinne der Gesetzgeber war.

Jetzt ging Martin Stahn daran, den Wagen in der Absicht, ihn von Grund auf zu überholen, in seine Einzelteile zu zerlegen. Welch günstige Folgen dies für die Erhaltung des Wagens haben sollte, wurde ihm erst bei Ende des Zweiten Weltkriegs bewußt. Russische Besatzungssoldaten durchstöberten, wie in jenen Tagen üblich, auch seine Wohnung und den Raum mit den Rennwagenteilen. Mit Kennerblick stellten sie jedoch fest, daß dieses Auto nicht nur allein mit Benzin und Öl fahrbereit zu machen ist und ließen so das wertvolle Stück mit den Worten „Maschin kaputt" unberührt zurück. In den folgenden Jahren setzte Stahn seine Restaurierungsarbeiten fort und baute den Wagen wieder fahrfertig zusammen. Allerdings gelang ihm auch jetzt nicht, die Zulassung seines Fahrzeugs zu erwirken. So pflegte er ihn all die Jahre in einer Garage, bis er Ende 1965 schließlich den für ihn schwerwiegenden Entschluß faßte, sich von seinem liebsten Kind – wie er selber sagte – zu trennen, weil er die Garage abgeben mußte.

Sein innigster Wunsch war, das so sorgsam ge-

40 Jahre nach seinem großen Avus-Erfolg durfte der Autor im Juni 1966 anläßlich der 10. Internationalen Veteranen-Rallye Neckarsulm den NSU-Sechszylinder-Kompressor-Rennwagen erstmals wieder der Öffentlichkeit zeigen.

hegte Fahrzeug auch weiterhin in besten Händen zu wissen. Und so schrieb Martin Stahn am 23. 10. 1965 an NSU und bot den 1,5-Liter-Sechszylinder-Rennwagen dem Werk zum Kauf an. Als damaliger Presse-Assistent und zuständig für alles „Historische" hatte ich diesen, „an die Neckarsulmer NSU-Werke" gerichteten Brief zu bearbeiten. Höchst überrascht und erfreut zugleich, diesen Markstein vergangener NSU-Automobilgeschichte wieder nach Neckarsulm zurückholen zu können, wurde ich sehr bald mit Martin Stahn einig. Er bekam einen neuen Typ 110 und NSU seinen alten Rennwagen, der von mir selbst per Anhänger am 20. Dezember 1965 ins Werk zurückgebracht wurde.

Danach wurde der Wagen in liebevoller Kleinarbeit von den NSU-Lehrlingen unter Anleitung von Ausbilder Walter Blank restauriert; ich hatte das Vergnügen, bei verschiedenen Veteranen-Rallies dieses Rennauto zu fahren. Dieser Wagen, der danach auf vielen Automobil-Ausstellungen als kleiner Magnet auf dem NSU-Stand zu sehen war, erfreut sich heute nach wie vor bester Gesundheit und wird überall dort viel bestaunt, wo er gerade als Werksleihgabe ausgestellt ist.

VERBINDUNG MIT SCHEBERA

Es entbehrt nicht einer gewissen Tragik, daß der größte Sporterfolg, den NSU in der damaligen Zeit erringen konnte, der überzeugende Sieg des gesamten NSU-Teams in der kleinen Rennwagenklasse beim Großen Preis von Deutschland 1926 auf der AVUS, genau zu dem Zeitpunkt mit großen Lettern in allen Zeitungen erwähnt wurde, als das Neckarsulmer Werk finanziell in einer sehr plötzlich – im Oktober 1925 – ausgebrochenen Absatzkrise stand. Sie war unter anderem dadurch hervorgerufen, daß man in der Zeit eines gewissen Booms zu optimistisch in die Zukunft gesehen und sich zu schnell vergrößert hatte. Denn das Jahr 1925 begann unter sehr günstigen geschäftlichen Aspekten. Auch auf dem Fahrradsektor hatte die Hochkonjunktur der Jahre 1920 – 1923 dem Fahrrad weitere Verbesserungen sowohl auf fabrikatorischem, wie auch auf technischem Gebiet gebracht. Besonders hatte sich die NSU-Freilaufbremsnabe in verhältnismäßig kurzer Zeit zu einem einzigartigen Spezialartikel entwickelt, dessen Jahresproduktion auf nahezu eine halbe Million Exemplare gesteigert werden mußte.

Auf organisatorischem Gebiet wurden erprobte Neuerungen eingeführt: Eine eigene Telefonzentrale mit 120 Werkanschlüssen und 31 Fernsprechern. Die Laboratorien, technischen Büros und fotografischen Ateliers waren in besonderen Gebäuden untergebracht. Durch den Umbau von Gebäuden wur-

Setzte die lange Tradition (seit 1911) der werkseigenen Hauszeitschriften erfolgreich fort: NSU-Mitteilungen, die Zeitschrift für den NSU-Fahrer.

Unter den aktiven Damen am Steuer eines Automobils hatte Frau Hilda Wickenhäuser einen guten Namen. 1925 fuhr sie den rassigen NSU – 5/30 PS – Sportwagen.

de nach und nach Platz für insgesamt 15 kaufmännische Büros geschaffen, die nach neuzeitlichen Gesichtspunkten mit automatischen Rechen-, Vervielfältigungs-, Adressier- und Frankiermaschinen ausgerüstet wurden. Eine Werbe-Abteilung mit eigener Hausdruckerei und eine im eigenen Verlag erscheinende Hauszeitung, die „NSU-Mitteilungen", die an jeden NSU-Fahrer kostenlos abgegeben wurde, sorgten für gute Absatzförderung.

Zu dieser Zeit waren besonders die Klein-Motorwagen, vor allem der erfolgreiche NSU 5/15 PS, gefragt. Um diese Nachfrage befriedigen zu können, wurde im Jahre 1924 in Heilbronn Baugelände in der Größe von etwa 9 ha erworben und sofort mit der Errichtung einer Filialfabrik begonnen. In Neckarsulm entstand in derselben Zeit ein Härtereigebäude mit einer Nutzfläche von 4 000 m², ein Ledigenheim auf der Viktorshöhe mit 260 Betten, 20 Arbeiterfamilienwohnungen und etliche Nebengebäude. Die Belegschaft bestand aus 4 650 Arbeit-

Zu den erfolgreichsten Zuverlässigkeitsfahrern der 20er Jahre gehörte der Münchner NSU-Generalvertreter Adolf Wickenhäuser, der 1924 auf NSU 8/24 PS an den Start ging.

nehmern. War bis Ende September 1925 der Umsatz noch durchaus befriedigend, so begann sich danach eine rückläufige Entwicklung abzuzeichnen, nicht zuletzt durch hohe Forderungen des Fiskus (Reichs-, Staats- und Gemeindesteuern) dieser Jahre verursacht. Stieg seit 1914 das NSU-Betriebskapital auf das 3-fache, die Belegschaft auf das 3 1/2-fache, der Umsatz auf das 4-fache, so erhöhten sich die Steuern um das 13 1/2-fache von 92 986 Mark auf 1 241 805 Mark. Hinzu kam, daß mit dem Inkrafttreten von Einfuhrzöllen das bisherige Einfuhrverbot für Automobile aufgehoben wurde. Die Folge: vom 1. Oktober 1925 an mußte „kurz“ gearbeitet werden und vom 19. Dezember bis 7. Januar 1926 lagen die Werke still. Am Jahresende gab es in Deutschland 1,5 Millionen Arbeitslose. Die NSU-Belegschaft ging auf 2 900 Personen zurück, hatte aber im Frühjahr 1926 die 4 000 bereits wieder überschritten.

Am 2. November 1926 genehmigte eine außerordentliche Generalversammlung das, was man im Laufe des Jahres 1926 längst schon vorbereitet hatte: Die Verschmelzung von NSU mit der Schebera Aktiengesellschaft Berlin, die auch den Vertrieb der NSU-Wagen übernahm, vor allem auch für Droschkenzwecke. Die Erhöhung des Grundkapitals von bisher 8 auf 12,5 Millionen Reichsmark und der neue Firmenname „NSU VEREINIGTE FAHRZEUG-WERKE AG“ machte diese durchaus verständliche erste Konzentrations-Bestrebung in der deutschen Automobil-Industrie für jedermann sichtbar. Als neuer Konzern-Generaldirektor übernahm 1927 Dr. jur. Otto Merckens, Berlin, den Vorsitz im Vorstand. Den Betrieb in Neckarsulm leiteten wie bisher als Vorstandsmitglieder Dr. Ing. h. c. Georg Schwarz und Fritz Gehr.

Die Verbindung mit der Schebera AG wirkte sich jedoch recht negativ aus: Die durch diese Firma

Ende der 20er Jahre zählten die NSU-Droschken-Autos auf den Straßen der Reichshauptstadt Berlin zum alltäglichen Verkehrsbild. 1930 konnte sogar das 1000. Droschken-Auto der Berliner „Kraftag“ in Betrieb genommen werden.

eingebrachten Beteiligungen bei veschiedenen Autodroschken-Gesellschaften – sämtliche in Berlin – brachten NSU schwerste Verluste. Durch die im Droschken-Gewerbe folgende Krise waren die Berliner Unternehmungen nicht mehr zu halten. NSU sah sich genötigt, eine Anleihe über vier Millionen Reichsmark (Ausgabe 1926) aufzunehmen und durch Eintragung einer Grundschuld sicherzustellen. Es kam dann zu Sanierungsverhandlungen mit dem Schapiro-Konsortium in Berlin, das die Berliner Beteiligungen und einige Grundstücke in Berlin zum Gesamtpreis von 2,4 Millionen Reichsmark übernahm. Aber trotz dieser Abmachungen mit dem Schapiro-Konzern, zu dem damals auch die Firma Dixi, Cyclon und Gothaer-Waggon-Fabrik gehörten, blieb am Schluß immer noch ein Verlust von 8,6 Millionen zurück. NSU steckte in einer tiefen Finanzkrise, und das Aktienkapital von 12,5 Millionen wurde im Verhältnis von 5:1 auf 2,5 Millionen zusammengelegt. Gleichzeitig erfolgte zur Beschaffung der notwendigen Betriebsmittel die Wiedererhöhung auf 10 Millionen Reichsmark.

Wie stark der Schapiro-Einfluß auf NSU war, zeigt ein Aufsichtsrats-Beschluß vom August 1926: Entgegen den Anträgen des NSU-Vorstandes, der eine 6 %ige Dividende vorschlug, setzten die Schapiro-Leute eine Dividende von 8 % durch. Die hierdurch entstandenen Meinungsverschiedenheiten leiteten eine Neuordnung des Aufsichtsrats ein.

NSU WIRD SANIERT

Während man in Neckarsulm am Produktionsprogramm nach wie vor festhielt und Fahrräder, Motorräder und kleine bis mittlere Automobile her-

NSU-Automobilwerk in Heilbronn, das 1928 an die Fiat-Werke überging.

stellte, zogen sich die Sanierungsverhandlungen zwei Jahre lang hin. Natürlich war von einer Beteiligung am Sport keine Rede mehr. Am 12. Dezember 1928 berichteten dann die deutschen Tageszeitungen im Wirtschaftsteil das, was die NSU-Generalversammlung – es waren 773 Aktionäre mit 7 961 500 Reichsmark vertreten – nach vierstündigen, erregten Debatten angenommen hatte: Die Sanierung von NSU. Sie erforderte von den beteiligten Banken einen beträchtlichen Nachlaß im Hinblick auf ihre Forderungen. Aus der Wiedererhöhung gingen Aktien im Nennwert von 5 Millionen Reichsmark an die Firma Fiat in Turin und an die beteiligte Dresdner Bank. Unter dem Motto „Gesundschrumpfen" stellte man den Automobilbau ein. Gleichzeitig übernahm Fiat für eine Million Reichsmark das von NSU in den Jahren 1927/28 für die Personenwagen-Produktion neu erbaute Werk in Heilbronn und gründete die neue Firma „NSU Automobil AG" in Heilbronn mit einem Grundkapital von zwei Millionen.

„Die Fiat-Werke", so las man in den Berichten weiter, „mit einem Aktienkapital von 88 Millionen Mark werden zunächst von den NSU-Wagen etwa vier- bis fünftausend Chassis abnehmen und damit offiziell den Betrieb auf eigene Rechnung eröffnen. Man wird sich also in Neckarsulm vorwiegend auf den Bau von Fahrrädern und Motorrädern verlegen müssen . . . Damit ist nun die Finanzkrise der NSU-Werke vorläufig als erledigt zu betrachten."

Durch diese Neugründung schied Generaldirektor Dr. jur. Otto Merckens, Berlin, aus dem Vorstand aus. In Personalunion mit dem Werk Heilbronn wurde Fabrikdirektor Ing. Feruccio Valobra (1929 – 1932) als weiteres Vorstandsmitglied bestellt. Noch während dieser Transaktion brachte das Werk einen neuen NSU-Sechszylinder-Motorwagen 7/34 PS heraus, der erstmals auf der „Internationalen Automobil- und Motorradausstellung Berlin 1928" gezeigt wurde. Es sollte für lange Zeit das letzte NSU-Automobil sein.

„Besondere Anziehungspunkte", so berichtete damals die Fachpresse, „bildeten ein blank gehaltenes Chassis und ein im Betrieb vorgeführtes Schnittmodell von dem neu entwickelten Sechszylinder 7/34 PS. Hier zeigte sich nicht nur die hohe Qualitätsarbeit in der Ausführung und Bearbeitung der Einzelteile, sondern auch das exakte Zusammenwirken derselben. Der Motor, in den Abmessungen 62 × 99 mm für Bohrung und Hub, hat stehende Ventile und Leichtmetallkolben. Die Kurbelwelle ist viermal gelagert. Eine Vierradbremse eigener Konstruktion (vorne Außenband-, hinten Innenbandbremse) ist vorhanden. Das angeflanschte Getriebe hat drei Vorwärtsgänge (Kugelschaltung) und mehrfache Lamellen-Trockenkupplung. Die Hinterradfedern sind lang unter die Hinterachse gezogen. Als Zündung wird Batteriezündung (Bosch) verwandt. Die Höchstgeschwindigkeit des Wagens beträgt 90 km/h. Die Karosserien sind in Ganzstahl-Ausführung gehalten und werden als Limousine, Landaulette, Cabriolet und Roadster geliefert. Die Innenausstattung der Wagen ist grundsolide und bequem. Der Preis, den auch Leute mit mittlerem Einkommen aufzubringen vermögen, bewegte sich zwischen 5 500 bis 6 500 RM."

Auf seiner ersten Prüfungsfahrt legte der neue NSU-Sechszylinder bei einer 18tägigen ununterbrochenen Tag- und Nachtfahrt auf dem Nürburgring eine Strecke von 20 000 Kilometern ohne Panne zurück. Mit dem gleichen Ergebnis auf gleicher Strecke schloß sich dieser Prüfung im Jahre 1930 die ADAC-Langstreckenfahrt über 8 Stunden für kompressorlose Tourenwagen an. Das gestartete NSU-Fabrikteam bewältigte die Fahrt „strafpunktfrei" und erhielt außer dem Teampreis die „Große goldene Medaille" mit Ehrendiplom. Man kann die erfolgreichen Fahrten dieses Wagentyps als den Abschluß einer jahrelangen Versuchsperiode bezeichnen. Der NSU-Sechszylinder hatte bereits 1926 auf der AVUS in Berlin bestanden, wo ja die gestarteten vier NSU-Sechszylinder-Rennwagen in-

1928: Premiere der Endmontage am Fließband, ohne das heute die Automobilproduktion nicht mehr denkbar ist bei NSU im Heilbronner Zweigwerk. Auch damals war es schon der Konkurrenz- und Kostendruck, der zu rationellen Fertigungsmethoden zwang. Man hatte Erfolg: 22 Original-NSU-Motorwagen vom Typ 7/34 konnten täglich die Fabrik verlassen. Das war eine beachtliche Leistung, denn in den Vorjahren hatte man solche Stückzahlen knapp in einer der damals üblichen 6-Tage-Arbeitswoche erreicht. Seinerzeit gab es am Band allerdings kaum Nachschubsorgen. Einzelteile wurden von Hilfsmonteuren herangeschleppt. Hatte die Montagegruppe ihr Pensum an Schrauben und Muttern geschafft, schob man die Arbeit im Handbetrieb auf Schienen und Rollen zur nächsten Station.

Erstürmte keine Gipfel: Der 7/34-PS-Sechszylinder war für lange Zeit das letzte NSU-Automobil.

nerhalb von sechs Minuten hintereinander als Sieger durchs Ziel fuhren. Es waren die Neckarsulmer Fahrzeugwerke, die damals den ersten deutschen Sechszylinder seiner Klasse herausbrachten.

Vom Ende des Jahres 1928 an wurden die NSU-Wagen also nicht mehr bei NSU, sondern in der Regie von Fiat gebaut, wobei sich die Fiat-Werke verpflichtet hatten, zunächst (bis 1932) die vorhandenen NSU-Typen weiterzubauen, ehe sie mit eigenen Konstruktionen an die deutsche Öffentlichkeit traten. Und während nun NSU sich ganz auf den Bau von Motorrädern, Fahrrädern und Freilauf-Bremsnaben konzentrierte, entstand im benachbarten Heilbronn die Produktion von „NSU-Fiat-Wagen“.

Von 1932 an hatte die „NSU-Fiat“ mit NSU nur

noch eine Namensverbindung, keinen Zusammenhang auf technisch-konstruktiver Ebene mehr. Fiat brachte seinen unter dem Namen „Ballila" bekannten Kleinwagen mit 1-Liter-Motor als „NSU-Fiat" Typ 508, hergestellt in Heilbronn, auf den deutschen Markt. Bis 1939 produzierte Fiat in Heilbronn ständig solche NSU-Fiat-Wagen, was nach dem Krieg oft große Verwirrung hervorgerufen hat, als seinerseits NSU in Neckarsulm wieder anfing, Automobile zu bauen, und andererseits Fiat in Heilbronn, nunmehr ausschließlich unter dem Namen Fiat, Automobile italienischer Konstruktion abzusetzen begann.

Die NSU-Fiat-Wagen der dreißiger Jahre gehören also nicht im eigentlichen Sinne zur NSU-Geschichte. Man baute unter dem Namen NSU-Fiat zunächst den Ballila, auch den rassigen Ballila-Sport (Typ 508 S), dann ab 1937/38 den Typ 1100 und den Typ 1500.

Obwohl Ende des Jahres 1928 die Zeitungen von dieser Sanierung – mit Hilfe des Verkaufs an Fiat – geschrieben hatten, das werde NSU neuen Auftrieb geben, waren 1929 und 1930 ausgesprochen schlimme Jahre. Die ganze Welt litt unter einer Wirtschaftskrise. Auch in Neckarsulm stieg die Zahl der Arbeitslosen erschreckend an, die Motorrad-Produktion wurde immer geringer. Es kam zu Massenentlassungen, zu Kurzarbeit von nur zwei bis drei Tagen pro Woche, und jene, die noch arbeiteten, kamen durch den geringen Verdienst oft in die gleiche Notlage, wie die Arbeitslosen. Von fast 5 000 Arbeitern und Angestellten ging die Zahl der arbeitenden Belegschaft schließlich bis auf 700 zurück; die Jahre 1929 und 1930 schlossen mit Verlust ab.

NEUER AUFSTIEG MIT TOM BULLUS UND WALTER WILLIAM MOORE

Trotzdem hat man bei NSU konstruktiv und organisatorisch mit großem Fleiß und großer Intensität weitergearbeitet und blieb auf diese Weise, was das Image und die Qualität der Produkte anging, mit an der Spitze. In dieser Zeit bestanden die NSU- Motorräder durchweg aus Einzylinder-Maschinen, die sich mehr denn je wachsender Beliebtheit erfreuten. Um die Steuergrenze und Führerscheinfreiheit auszunutzen, brachte man 1928 das bis dahin gebaute 250-cm³-Modell mit einem 200-cm³-Motor heraus. Durch günstige Formgebung des Zylinders wurde die Leistung auf 4,5 PS erhöht. Die 300-cm³- und 500-cm³-Maschinen wurden auch als „Luxus-Modelle" mit Nickel-Tank und blauem Feld sowie

Das NSU-Seitenwagen-Motorrad, eine robuste 501 T-Einzylinder, war das ideale Transportmittel für alle Zwecke.

1927 führte NSU als erstes deutsches Werk zum Zwecke der Rationalisierung und Typennormung im Motorradbau das Fließband ein.

vernickelten Felgen geliefert. Durch die Einführung des Satteltanks im Jahre 1929 änderte sich das Gesicht des Motorrades. Nun hatte das moderne Motorrad einen rundlich, sozusagen tropfenähnlichen, auf dem oberen Rahmenrohr befestigten Kraftstoff-Tank.

Schon bei der Motorradkonstruktion wurde in dieser Zeit auf rationelle Fertigung Rücksicht genommen. Durch große Stückzahlen konnte der Preis fühlbar gesenkt werden. In den Jahren 1925 bis 1929 stieg die deutsche Motorradproduktion von etwa 40 000 auf 200 000 Stück pro Jahr. Kein anderes Land der Welt hatte in der damaligen Zeit eine ähnliche Entwicklung aufzuweisen. Das Motorrad wurde in Deutschland zum Volksfahrzeug. Aufgeschlossen und mit wachem Sinn für den Markt führte man bei NSU die im Jahre 1927 begonnene Umstellung der Motorradfabrikation auf Fließband-

Noch Ende der 20er Jahre trieben nach alter Väter Sitte riesige Transmissionsanlagen die Werkzeugmaschinen an. Die Energie kam vom werkseigenen Kraftwerk.

NSU-Kraftwerk: Zusammen mit dem elektrischen Strom, den man vom Überlandwerk Hohenlohe-Öhringen bezog, kam diese Dampfkraftanlage, die von vier Röhrenkesseln mit je 200 Quadratmeter Heizflächen gespeist wurde, für die benötigte Betriebskraft von 3500 PS auf. Sie war für mehr als 3000 Werkzeugmaschinen erforderlich.

arbeit systematisch fort. 1929 baute man neben dem zur Tradition gewordenen Viertaktmotor erstmals einen Zweitaktmotor, dem man wegen seines einfachen konstruktiven Aufbaus allein die Möglichkeit preiswerter Herstellungsweise zubilligte. Der Zweitaktmotor besaß bei einem Zylinderinhalt von 200 cm^3 eine Bohrung von 63 mm und einen Hub von 64 mm, wodurch der NSU-Zweitakter in die Klasse der steuer- und führerscheinfreien Motorräder eingestuft wurde. Bei einer Leistung von 5 PS erreichte die Maschine eine Höchstgeschwindigkeit von nahezu 75 km/h.

Die anhaltende Produktionssteigerung und die angestrebten Rationalisierungsmaßnahmen machten den Bau einer Einfahrbahn notwendig, denn die täglich einzufahrenden 150 Motorräder ließen auf den umliegenden Straßen Neckarsulms keine Steigerung mehr zu. In Zusammenarbeit mit der Stadtverwaltung entstand 1929 direkt hinter dem Fabrikgelände eine 1 673 Meter lange und 5 Meter breite Einfahrbahn, damals zweifellos die modernste Einfahrstraße Deutschlands. Auf der mit einem Kostenaufwand von 80 000 Reichsmark erbauten Bahn startete am 26. Juni 1929, vormittags um 11 Uhr, erstmals eine in der Fabrikation hergestellte 500-cm^3-Einzylinder-Tourenmaschine einer neuen Serie zu einer 14 000-Kilometer-Dauerprüfung.

Am 1. Januar 1930 berief man Fritz von Falkenhayn, den Sohn des einstigen Chefs des Generalstabs, zum stellvertretenden Vorstandsmitglied und

Fritz von Falkenhayn kam am 1. Januar 1930 in die Leitung des Unternehmens und war von 1937 bis 1945 Vorsitzender des Vorstandes.

Verkaufs-Chef. Falkenhayn, der 1933 zum ordentlichen Vorstandsmitglied und vier Jahre später zum Vorsitzer des Vorstandes ernannt wurde, hat zweifellos sehr viel zur Wiederbelebung des NSU-Geschäftes beigetragen. So baute Falkenhayn den Kundendienst zu einem der wichtigsten Zweige der NSU-Verkaufsorganisation aus und führte „NSU-Fabrik-Lehrkurse" für die NSU-Vertreter ein. Bereits am 10. Februar 1930 konnte der erste Lehrgang in einem reich ausgestatteten Lehrsaal der Fabrik gehalten werden. Geleitet von Ingenieuren, Werkmeistern und Verkäufern meldeten sich Tausende von

NSU-Kundendienstschulung 1928: Fabrik-Lehrkurs für Händler mit Unterricht an den neuen NSU-Modellen.

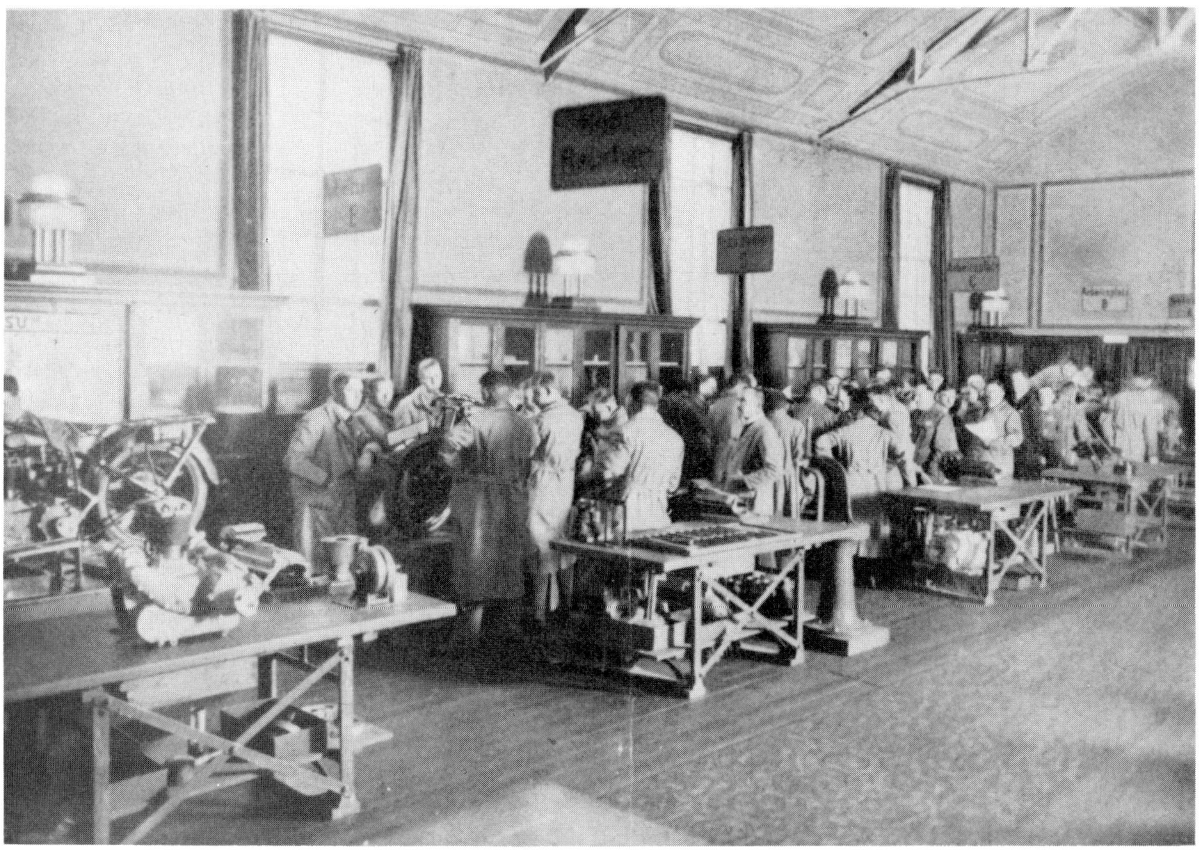

NSU-Vertretern aus allen Gebieten des Reiches zu diesen Kursen an. Dieser Aktion folgte am 3. Juni 1930 die Eröffnung einer „NSU-Ausstellungshalle mit Kundendienststelle“ in Heilbronn. Noch im gleichen Jahr kam der Abschluß einer Verkaufsgemeinschaft mit der Firma Wanderer Werke AG, Chemnitz, zustande, die unter der Führung von NSU die Fabrikation und den Vertrieb ihrer bestens bekannten Qualitäts-Motorräder unter der Bezeichnung „NSU-Wanderer“ besorgte. Damit wurde ein seit langem bestehender Rationalisierungsgedanke in die Tat umgesetzt. Für den konstruktiven Ausbau der Motorräder eröffneten sich durch diesen Zusammenschluß neue Perspektiven und wirkten sich für den Käufer durch die damit verbundene Rationalisierung in einer erheblichen Preissenkung aus.

Mindestens ebenso wichtig war, daß man schon 1929 einen hochbegabten englischen Ingenieur, Walter William Moore, als Chefkonstrukteur für die Motorräder zu NSU holte. Mit ihm hielt die englische Linie am Zeichenbrett und in der Fertigung ihren Einzug. Moore hatte vorher bei Norton den berühm-

Walter William Moore (3. von rechts) kam 1929 aus England als Chefkonstrukteur zu NSU und prägte ein Jahrzehnt lang den NSU-Motorrädern seinen Stempel auf. Das Bild zeigt (von links nach rechts) die NSU Rennmannschaft mit der NSU 500 SS bei der Tourist-Trophy 1935 auf der Isle of Man: Fritz von Falkenhayn, Oskar Steinbach, ein Rennmonteur, Walter William Moore, Rennmonteur Richard Horch, Ted Mellors.

Die NSU-Renner mit dem leistungsstarken 500 cm³-Königswellenmotor trugen wesentlich zur Belebung des Motorradsports in den 30er Jahren bei.

ten Königswellenmotor entworfen, der dann von Joe Craig verfeinert und überarbeitet wurde und bis in die 60er Jahre der oft kopierte, aber nie übertroffene Idealtyp eines Hochleistungs-Einzylindermotors blieb. Und dieser William Moore brachte einen hervorragenden englischen Rennfahrer, den später in Deutschland allgemein populär gewordenen Tommy Friedrich Bullus, mit. Nun förderte man bei NSU in jeder Hinsicht die rennsportlichen Aktivitäten, zumal sich das Werk in den vergangenen Jahren verhältnismäßig wenig an Motorradrennen und Zuverlässigkeitsfahrten offiziell beteiligt hatte.

Man begann sich nun mit einzelnen Maschinen wieder werksseitig am Sport zu beteiligen, und als dieser Tom Bullus am 29. Juni 1930 beim Großen Preis für Motorräder auf dem Nürburgring einen Sieg für NSU davontragen konnte, gegen die harte Konkurrenz aus England, war eine Art Durchbruch erzielt worden. Nachdem Bullus mit der neuen NSU-Supersport das Solitude-Rennen, das Eifelrennen, das Klausenpaßrennen in der Schweiz, den Großen Bergpreis von Deutschland, das Gaisbergrennen bei Salzburg und den Großen Preis der Nationen in Monza/Italien, jeweils als Gesamtsieger in Rekordzeit gewonnen hatte, sprach man damals von NSU als der erfolgreichsten deutschen Maschine, die wieder den Anschluß an die überlegene ausländische Konkurrenz ermöglicht hat. Auch die Zuverlässigkeitsfahrten endeten mit bemerkenswerten NSU-Erfolgen: Die 144-Stunden-Fahrt auf dem Nürburgring, eine Ohnehaltfahrt über 6 275 Kilometer, die Ostpreußenfahrt (1 300 km), die Deutsche Motorrad-Sechstagefahrt (1 600 km), die Drei-Tage-Harzfahrt (1 000 km), die Große Tschechoslowakische Tourenfahrt (1 028 km) und viele andere Veranstaltungen endeten mit Gesamtsiegen des NSU-Teams Rüttchen (Erkelenz), Wüllner (Bünde) und Ulmen (Düsseldorf).

Ermöglicht wurden alle diese Erfolge vornehmlich durch die im Jahre 1930 gebaute neue 500-cm³-SS-Super-Sportmaschine, die man zu dieser Zeit als ein Meisterwerk der Motorradtechnik bezeichnete. Das Geheimnis dieser Moore-Konstruktion lag in dem verblüffend einfachen Aufbau bei „all-

Die NSU 500 SS Super-Sport mit Königswellenantrieb zeigte beste englische Handschrift. Ihr Konstrukteur war Walter William Moore.

seits" leichter Montage, einem raffiniert durchkonstruierten, abnehmbaren Zylinderkopf, dessen Kompressionsverhältnis durch entsprechende Vorrichtungen (wie Einbau eines anderen Kolbens usw.) erhöht werden konnte. Ferner Königswellenantrieb mittels Kegelräder für zwei hängende Ventile, Trockensumpfschmierung und Dreiganggetriebe mit Fußschaltung. Dazu kamen die glänzenden Fahreigenschaften durch tiefe Schwerpunktlage und richtige Gewichtsverteilung sowie eine der hohen Endgeschwindigkeit entsprechend ausgebildete Vordergabel mit einstellbaren Stoßdämpfern und Flatterbremse. Der stehende, luftgekühlte Einzylinder-Viertaktmotor mit 80 mm Bohrung und 99 mm Hub drehte normal mit 2000, maximal mit 4400 U/min und leistete bei einem Verdichtungsverhältnis von 6:1 maximal 20 PS. Die Höchstgeschwindigkeit lag bei 140 km/h.

NSU MOTORISIERT DAS FAHRRAD

Mit der Konstruktion des NSU-Zweitaktmotors im Jahre 1929 suchte man auch der Lösung des Problems einer Motorisierung des Fahrrades näher zu kommen. So war es ein kluger Schachzug, als NSU 1931 das erste Motorfahrrad in Großserie herausbrachte, das „Motosulm", das einen Zweitaktmotor von 63 cm³ mit 1,2 PS besaß, einen Motor, der am Gabelkopf eines besonders kräftig ausgeführten Fahrradrahmens angebracht war und seine Kraft mittels Stirnräder und Kette direkt auf das Vorderrad übertrug. Die „Motosulm" lief 35 km/h Spitze und verbrauchte nur 1,7 Liter Zweitaktmischung auf 100 Kilometer: Es war für die Jahre 1931 bis 1933 ein echtes Volks-Motorrad. NSU hatte, ehe dieses Mofa auf den Markt kam, in einem Preisausschreiben bekanntgegeben, man solle für dieses neuartige Gefährt einen Namen finden. Das war eine geschickte Art, Voraus-Publicity zu machen. Wie

Motorisierte das Fahrrad: NSU Motosulm von 1931.

groß das allgemeine Interesse für ein solches Fahrzeug war, ging daraus hervor, daß sich an der Namensfindung für dieses Mofa über 80 000 Menschen beteiligten. Es gab damals in Deutschland etwa 12,5 Millionen Radfahrer – durchweg Anwärter auf ein solides Motorfahrrad für wenig Geld. Sie anzusprechen war ein besonderes Anliegen der NSU-Werbung.

Die technische Entwicklung des Fahrrades war um diese Zeit so gut wie abgeschlossen. Die neuen Jahresmodelle unterschieden sich eigentlich nur noch in ihrer Ausstattung. Aufsehen erregten die im Jahre 1928 von G. Amstein, Regensburg, auf der 250-Meter-Rennbahn in Lausanne aufgestellten „Welt-Rekorde“ ohne Schrittmacher. Amstein überbot den 12-Stunden-Weltrekord um 9,5 Kilometer und stellte auf seinem „katalogmäßigen“ NSU-Fahrrad neue Weltrekordleistungen über die Distanzen von 4 bis 12 Stunden sowie die „Schweizer Rekorde“ über 150 bis 350 Kilometer und über 1 bis 12 Stunden auf. Voller Bewunderung schrieb die bedeutende Schweizer Sportzeitung „Le Sport Suisse“:

„Über 10 Tage benutzte Amstein zu seiner Hauptaufgabe ein NSU-Fahrrad und es hat daher der Name NSU auch Anteil an seinem Erfolg. Der Weltrekordmann hat seine Zufriedenheit nicht verborgen; denn er hatte mit dem NSU-Fahrrad nicht die geringste Unannehmlichkeit. – Die Marke NSU hat mit dem Erfolg ihres Fahrers eine vollkommen gerechtfertigte Belohnung gefunden.“

Gleichwohl ging der Absatz an Motorrädern, Fahrrädern und Fahrradteilen ständig zurück, was aber keine spezifische NSU-Krise war, sondern im Rahmen jener Krisenjahre gesehen werden muß, die zeitweilig in Deutschland bis zu 8 Millionen Arbeitslose brachte. Der Umsatz bei den Motorrädern hatte 1929 noch 16 Millionen betragen, 1930 war er auf 10 Millionen zurückgegangen, 1931 sogar auf 7 Millionen. Aber NSU hielt bei den amtlichen Zulassungen in der Klasse bis 200 cm^3 in Deutschland die zweite Stelle; bei den schweren Maschinen stand NSU sogar an der Spitze, und es war gerade in diesen schlechten Jahren neben DKW und BMW die bedeutendste deutsche Motorradfirma.

Die Aktien des im Dezember 1928 auf 10 Millionen erhöhten Kapitals, die stark gestreut waren, wurden in Württemberg als beinahe mündelsichere Wertpapiere angesehen und an den Börsen in Berlin, Mannheim, Frankfurt a. M. und in Stuttgart offiziell gehandelt. Nach der Schapiro-Krise lag das Kapital ganz in den Händen der Dresdner Bank, die sich als Hauptkreditgeber maßgebend an dem Unternehmen beteiligt hatte. 1932 brachte die Aufgabe der im

Jahre 1906 aufgenommenen NSU-Automobilproduktion die Loslösung des Unternehmens vom italienischen Fiat-Konzern und damit die Wiedererlangung der wirtschaftlichen und personellen Unabhängigkeit der Neckarsulmer Fahrzeugwerke. Im Zuge von Konzentrationsbestrebungen gründete man im Juli 1932 unter Führung von NSU eine Fabrikations- und Verkaufsgemeinschaft mit der Firma Deutsche Industrie-Werke AG in Berlin, welche die damals recht bekannten „D-Räder" herstellte. Die Firma hieß nun „NSU-D-Rad Vereinigte Fahrzeugwerke AG" Neckarsulm.

KONSTRUKTIONSAUFTRAG FÜR FERDINAND PORSCHE

Knapp zwei Jahre später schien es jedoch noch einmal ein NSU-Automobil zu geben, denn 1933 kam es zu einem bemerkenswerten Kontakt des in der Kronenstraße in Stuttgart beheimateten Konstruktionsbüros von Dr. h. c. Ferdinand Porsche mit Fritz von Falkenhayn. Porsche, der schon eineinhalb Jahre vorher bei Zündapp drei Prototypen eines – längst vor dem Dritten Reich geplanten – Volkswagens hatte bauen lassen, konnte die zweite Entwicklungsstufe, die natürlich völlig geheimgehalten wurde, bei NSU realisieren. Es entstand hier nach den Plänen von Professor Porsche ein Fahrzeug, das dem späteren Volkswagen optisch und mechanisch schon sehr ähnlich war, der sogenannte Porsche Typ 32, von dem gegen Ende des Jahres 1933 drei Exemplare als Prototypen hergestellt und teils bei Reutter in Stuttgart, teils bei Drauz in Heilbronn karossiert wurden.

Der Motor dieses Prototyps war schon ein luftgekühlter Vierzylinder-Boxer im Heck, der 1 500 cm³ Hubraum besaß und 30 PS leistete. Die Karosserieform erinnerte, obwohl der Radstand etwas länger war als später beim VW, schon sehr deutlich an die Käferform. Auch besaß das Fahrzeug bereits einen Zentralkastenrahmen. Spitzengeschwindigkeit: 115 km/h. Zwei dieser Fahrzeuge sind im Krieg Bomben zum Opfer gefallen, eines hatte NSU in der Nähe von Öhringen ausgelagert, wo es den Krieg

1934 entwickelte Professor Ferdinand Porsche für NSU in Neckarsulm drei Volkswagen-Versuchsmodelle. Diese Varianten liefen unter dem Namen Porsche Typ 32. Chefkonstrukteur Porsche, der in Stuttgart seit 1931 ein selbständiges Konstruktionsbüro mit 12 Mitarbeitern unterhielt, fand in Neckarsulm Experten, deren er sich gern bediente.

Für Karl Schröder, Werkmeister und Betriebsrat, war unmittelbar nach dem 2. Weltkrieg der Typ 32 ein willkommenes Transportmittel. 1953 gab er dann den „Oldtimer" an VW zurück, wo er heute als die älteste noch erhaltene VW-Konstruktion im neuen Auto-Museum Wolfsburg einen besonderen Ehrenplatz einnimmt.

überstand. Anschließend kaufte es der Werkmeister und spätere Betriebsrat Karl Schröder von NSU, damit es nicht der Verschrottung anheim fiel, und dieser erschien 1952 mit dem verschollen geglaubten Wagen bei Porsche. Man gab dem Meister einen Volkswagen neuesten Datums, und der Prototyp von 1933 steht heute in Wolfsburg. Damit hat die Geschichte vom Porsche Typ 32 doch noch ein gutes Ende gefunden.

DAS MOTORRAD WIRD VOLKSVERKEHRSMITTEL

So wie für alle anderen industriellen Betriebe hatte die große Wirtschaftskrise zu Beginn der 30er Jahre auch für NSU verheerende Auswirkungen. Diese Zustände muß man berücksichtigen, um den darauffolgenden gigantischen Wirtschaftsaufstieg recht verstehen zu können. Mit Beginn des Jahres 1933, als man bereits das Abklingen der großen Krise spürte, setzten regierungsseitig besondere Hilfsmaßnahmen ein.

Auf der Berliner Automobil-Ausstellung 1933 kündigte sich eine motorisierungsfreundliche Regierungspolitik an, darunter vor allem die „sukzessive steuerliche Entlastung" und die „Durchführung eines großzügigen Straßenbauplanes". Bereits am 1. April 1933 trat eine Änderung zum Kraftfahrzeugsteuergesetz von 1927 in Kraft. Danach wurden neuerworbene Personenwagen und Motorräder von der bisherigen Pauschalbesteuerung freigestellt. Die Steuer für Lastwagen wurde außerdem gesenkt. Dazu kam der Bau der Reichsautobahnen, die am 23. September 1933 mit dem ersten Spatenstich in der Nähe von Frankfurt/Main, wo eine Autobahnstrecke vom Main zum Neckar begonnen wurde, ihren Anfang nahm. Bis Ende 1938 waren 3 065 Kilometer neu errichtete Autobahnen mit 5 062 Brücken und Durchlässen dem Verkehr übergeben. Diese Maßnahmen brachten natürlich der Firma

NSU genauso wie der gesamten deutschen Kraftfahrzeugindustrie einen ganz erheblichen Aufschwung. Dabei vermehrte sich aber auch der Produktions-Anteil von NSU am Gesamtumsatz der Motorräder.

Der immer stärker werdende Einfluß, den das neue Regime auf das Wirtschaftsleben nahm, entbehrte auch bei NSU nicht einer gewissen Dramatik. So mußte die am 29. Juni 1933 einberufene ordentliche Hauptversammlung – sie sah den Beschluß einer Verluststeigerung um 1,5 Millionen Reichsmark vor – jedoch wegen Demonstrationen der Arbeiterschaft abgebrochen werden. Gegen den alten Aufsichtsrat und früheren Generaldirektor wurden Anschuldigungen, vor allem wegen der seinerzeitigen Fusion mit der Schebera AG, Berlin, erhoben. Der Aufsichtsratsvorsitzende wurde von SA-Leuten in Schutzhaft genommen und legte dann am 26. Juli 1933 sein Mandat und den Vorsitz im Aufsichtsrat nieder. Die am 14. August 1933 neu angesetzte Generalversammlung brachte dann einen neuen NSU-Aufsichtsrat. Direktor Fritz Gehr schied aus dem Vorstand aus, Fritz von Falkenhayn und Dipl. Ing. Richard Danner wurden zu ordentlichen Vorstandsmitgliedern ernannt.

Die große Weltwirtschaftskrise zwang NSU, ein billigeres, äußerst wirtschaftliches Motorrad herzustellen. Dem ersten „NSU-Pony“ von 1913 folgten Anfang der 30er Jahre neue „NSU-Pony-Modelle“ mit der Bezeichnung „ZDP“. Die überaus sparsamen Zweitakter entsprachen genau dem Bedarf einer wirtschaftlich schweren Zeit: Sie waren steuer- und führerscheinfrei und verbrauchten auf 100 Kilometer nur 2 bis 3 Liter Kraftstoff. Die erfolgreichen NSU-Pony-Modelle gab es 1930 als 175 Z und 200 Z (Zweitakt), 1933 als 175 ZD und 200 ZD (Zweitakt

Anfang der 30er Jahre hatte sich NSU auf ein Gesamtareal von über 200 000 Quadratmeter ausgedehnt. Der Fabrikkomplex bestand aus 31 Haupt- und 16 Nebengebäuden.

Auf dem Platz der heutigen Audi-Ausstellungshalle stand bis zum Kriegsende 1945 ein großer roter Klinkerbau, das NSU-Verwaltungsgebäude. Links davon war der Haupteingang, daneben das Portierhaus.

mit doppeltem Auspuffrohr) und 1935 als 200 ZDB (Zweitakt-Block-Motor mit doppeltem Auspuff). Der Unterschied zwischen den einzelnen Modellen bestand lediglich in den konstruktiven Details. Fand in der Steuerungsart bei den ersten Zweitakt-Modellen das sogenannte Drei-Kanal-System mit Nasenkolben Anwendung, so gab man später der Kreuzstrom-Spülung mit Flachkolben den Vorzug. Ebenso wurde das Zweigang- über das Dreigang- zum Viergang-Block-Getriebe mit Hand- oder Fußschaltung entwickelt. Aus dem rennerprobten Sportmodell 500 SS (Bullus-NSU) entstand 1933 die erfolgreiche Seriensportmaschine der zunächst 350 cm³ und 500 cm³ starken OSL-Typen, die bald eine kleinere 200 cm³ und eine 250 cm³ große Schwester erhielten.

Der gute Abschluß des Jahres 1935 fand auch in der Presse lobende Worte: „Krafträder in Fahrt – NSU verdoppelt seinen Export – Qualität zu wohlfeilen Preisen – gute Finanzlage – hohe freiwillige Sozialleistungen". Denn man konnte bei NSU wieder voll durcharbeiten, ohne irgendwelche Entlassungen und Betriebseinschränkungen. Das Ergebnis: die erneute Steigerung des Gesamtumsatzes um 35 % gegenüber dem Vorjahr.

So begehrt das 1931 auf den Markt gekommene NSU-Motorfahrzeug „Motosulm" auch war, es konnte sich aufgrund seiner eigenwilligen Konstruktion und der damit für den Fahrer verbundenen Nachteile auf die Dauer nicht durchsetzen. Mit fortschreitender Technik stiegen auch die Ansprüche an die Fahreigenschaften. Für NSU galt es nun, ein Motorfahrrad zu bauen, das in seinem konstruktiven Aufbau mehr als bisher einem vollwertigen Motorrad gleichkam. Mit der auf der Berliner Ausstellung 1936 erstmals vorgestellten NSU Quick, ein 100-cm³-Motorrad mit Tretkurbel, das es in Herren- und Damenausführung gab, wurde dieses Problem glänzend gelöst. Als Preisschlager auf dem Motorradmarkt, kostete die NSU Quick 290 Reichsmark und galt damit als das billigste Motorfahrrad der Welt. Der Zweitaktmotor mit einem Zylinderinhalt von 97 cm³ leistete 3 PS und verbrauchte 1,9 Liter auf 100 Kilometer, besaß einen Nasenkolben und

NSU Quick von 1936.

ein Zweiganggetriebe mit Lenkerschaltung, damit auch der Anfänger sofort damit fertig wurde. Die anfänglich eingebaute Rücktrittbremsnabe wurde im Jahre 1938 durch eine normale Innenbackenbremse ersetzt. Zum beliebten Volksmotorrad avanciert, bescherte die NSU Quick der Firma die großen Vorkriegsproduktionszahlen, die NSU neben DKW zur größten Motorradfabrik dieser Zeit wachsen ließ. Mehr als 235 000 Stück verließen während ihrer Bauzeit die Montagebänder in Neckarsulm; noch im Jahre 1953 stand die Quick im Fabrikationsprogramm von NSU.

Ähnlich wie beim „Motosulm“ hatte es auch hier mit der Namensgebung seine besondere Bewandtnis. Werbechef Arthur Westrup wußte hierüber folgendes zu berichten: „Da wurde nun bei NSU ein 100-cm³-Motorrad geboren, auf das seine Väter mächtig stolz sind. Und eines Tages tauchte die Frage auf, wie es genannt werden soll. Verhältnismäßig leicht wäre es ja gewesen, zum Namen NSU eine Zahl und ein paar Buchstaben zu setzen, wie es sonst häufig der Fall ist. Aber mit Rücksicht darauf, daß man auch bei dem Menschen nicht sagt: ‚Darf ich vorstellen: Schulze 7 km (soll heißen: Schulze, 7. Kind, klein, mürrisch‘), wurde nach einem richtigen Namen gesucht. Bald darauf sprudelte es an richtigen Vorschlägen. Adler, Tiger, Goldfisch, Liebling, Wiesel, Laus, Mücke, Sausebraus; alles wurde abgelehnt. Eines Abends überlegte sich die Direktionssekretärin – eine Berlinerin – die Sache und am nächsten Morgen stand vor uns – Quick. Quick war eine Erleuchtung. Quick ist quicklebendig. Quick sagt alles. – Der Name ging ins Land. Nach einiger Zeit schlugen die Wellen zurück. Oh, wie haben wir uns geärgert. Da hieß es: Quick wäre ein 10-Pfennig-Brötchen, Quick gebe es nur mit Lezithin, Quick wäre nur in Norddeutschland zu verstehen und überhaupt wären die Preußen usw. . . . Ja – ja, so sind die Menschen!“

Um auch bei den Motorrädern ein volkstümliches Modell zu besitzen, wie es bereits die NSU Quick bei den Mofas war, entstand 1937 das damals kleinste NSU-Motorrad „Pony 100“; ein richtiges Motorrad, besonders für den Stadtverkehr gedacht. Wie bei der NSU Quick war der Motor ein Nasenkolben-Zweitakter von 49 mm Bohrung und 52 mm Hub,

NSU „Pony“ von 1938.

besaß eine Bosch-Schwungrad-Wechselstrom-Magnetzündung, einen Amal-Einhebelvergaser und einen 3-PS-Motor mit Dreigang-Block-Getriebe. Bei Vollgas, aufrecht sitzend mit Fahrermantel, Hut und Rucksack, brachte es das Maschinchen auf 52 km/h, langliegend auf 60 km/h.

In diesen dreißiger Jahren beteiligte sich NSU natürlich weiterhin intensiv am Sport und errang viele Siege und Meisterschaften, noch immer mit jenen Maschinen, die auf die Grundkonstruktion des Engländers Moore zurückzuführen war. Übrigens hat Bernd Rosemeyer seine Rennfahrerlaufbahn 1932 als junger Nachwuchsfahrer bei NSU begonnen. Die NSU-Einzylinder-Königswellenrennmaschinen, denen mit der OSL-Reihe rassige Sportmodelle mit verblüffend ähnlichen Stoßstangenmotoren folgten, stellten beste englische Schule dar. Gegenüber der Norton waren sie mit der breiteren Verrippung von Zylinder und Kopf, mit dem ungewöhnlich weiten Königswellenschutzrohr und dem schlanken und symmetrischen unteren Kegelradgehäuse wohl noch eleganter. Im Februar auf der Berliner Ausstellung 1935 bot dann NSU seine erfolgreiche „Bullus-NSU" dem Privatfahrer zum Kauf an. Die serienmäßig käuflich Rennmaschinen gab es als 351 SS mit 25 PS, als 501 SS mit 30 PS und als 601 SS mit 35 PS, wobei die Drehzahl in der Größenordnung von 6 000/min lag. Zweifellos verfügten die Werksrennmotoren über eine gewisse „Reserve" im Vergleich zu den käuflichen Motoren, aber rein äußerlich war jahrelang keine wesentliche konstruktive Veränderung zu erkennen, abgesehen von den Haarnadelventilfedern, die 1934 eingeführt wurden. Allein 1935 erzielten die NSU-Fabrik-Fahrer in den großen internationalen Motorrad-Rennen 3 Deutsche Meisterschaften, 2 Schweizer Meisterschaften, 30 Rekorde, 33 Bestzeiten, 154 Erste Preise, 156 Goldmedaillen, 20 Mannschafts-Preise und 316 sonstige Auszeichnungen.

Bei der Bedeutung, die das Motorrad und das Fahrrad auf Sport und Verkehr mittlerweile erlangt hatte, zeigte sich das Zweirad – als Ganzes gesehen – immer mehr als ein wichtiger Faktor im allgemeinen Wirtschaftsleben. Gingen beispielsweise im Jahre 1934 nur 10 000 Fahrräder über die deutsche Grenze, so waren es in den ersten neun Monaten des Jahres 1938 erstaunliche 157 000 Stück. Dieser Aufschwung der Fahrrad-Industrie machte die volkswirtschaftliche Bedeutung dieser Spezialisierung klar erkennbar. Kein Wunder, wenn die weitere wirtschaftliche Entwicklung in der Kraftfahrzeug-Industrie immer mehr auf eine scharfe Trennung zwischen Zweirad- und Vierrad-Fahrzeugen drängte.

Mit dem Ziel höchster Leistungsfähigkeit und den Trend der Zeit erkennend, übernahm NSU Ende 1936 die Fahrradproduktion der Adam Opel Aktiengesellschaft, Rüsselsheim. Durch diese Transaktion und mit der Einführung der bei den Kleinstkrafträdern „NSU Quick" und „NSU Pony" gelang NSU der Sprung an die Spitze auf dem deutschen Markt der Zweiradindustrie. „Infolge der Fabrikations-Umschichtung", so las man damals in der Presse, „wird NSU künftig zu den bedeutendsten Zweirad-Fahrzeugfabriken Deutschlands zählen. Die Aufgabe der Fahrrad-Fabrikation der Adam Opel AG und ihre Überleitung auf die NSU-D-Rad Vereinigte Fahrzeugwerke AG, ist eine rein wirtschaftliche Maßnahme im Gegensatz zu den früheren Jahren, in denen Fusionen oder Vereinigungen gleicher oder verschiedener Fabrikationszweige auf ein Unternehmen sehr oft nur von einer spekulativen Börsenpolitik diktiert und weniger durch technische und volkswirtschaftliche Erfordernisse bedingt waren. Die Erkenntnis, daß sich in der Beschränkung erst der Meister zeigt, hat die Adam Opel AG zu dem Entschluß geführt, sich nunmehr auf die Kraftwagen-Fabrikation zu verlegen und die NSU-D-Rad Vereinigte Fahrzeugwerke sich auf die Herstellung von Fahrrädern, Motor-Fahrrädern und Motorrädern zu spezialisieren."

Auf der Linie dieser Spezialisierung lag dann zwei Jahre später auch das Übereinkommen mit der

Zündapp GmbH, Nürnberg, wonach unter völliger Wahrung der Selbständigkeit beider Firmen eine gemeinsam arbeitende Verkaufsorganisation für den Inland-Absatz ihrer Motorräder geschaffen wurde. Aber diese Maßnahme stand bereits unter der Anordnung des Regimes, das bewußt eine Typenvereinheitlichung verfolgte.

FRITZ VON FALKENHAYN ÜBERNIMMT DIE LEITUNG DES UNTERNEHMENS

Mit der Weiterentwicklung der Werke war auch eine Erweiterung des Vorstandes verbunden. Mit Wirkung vom 1. Mai 1936 wurde das langjährige technische Vorstandsmitglied der Firma Garbe, Lohmeyer & Co. AG, Aachen, Herrn Ing. Curt Bükken, als ordentliches Vorstandsmitglied und Leiter der technischen Betriebe, berufen. Gleichzeitig übernahm Fritz von Falkenhayn den Vorsitz im Vorstand der Gesellschaft; nachdem man bereits 1935 Prokurist August Böhringer zum stellvertretenden Vorstandsmitglied bestellt hatte.

Eine grundlegende Überarbeitung des Werksrennmotors wurde in der Saison 1937 eingeleitet. Der neue Leichtmetallzylinderkopf hatte einen „aufgerichteten" Fallstrom-Einlaßkanal und vor allem zwei direkt über die Ventile verlegte Nockenwellen erhalten. Nur vorübergehend waren gekapselte Schraubenventilfedern verwendet worden, bis man die bewährten Haarnadelfedern durch große, runde Hülsen, die seitlich noch über die Kühlrippen hinausragten, in die vollständige Kapselung einbezog.

Überall wurde ausgiebig mit Öl gearbeitet, wobei die meisten Schmierstellen über einstellbare Düsen versorgt wurden: außer dem direkten Kanal zur Kurbelwelle führten starke flexible Leitungen zur Zylinderrückwand, zur Einlaßnockenwelle und weiter zur Auslaßseite; von dort gelangte das Öl reichlich zu allen Zahnrädern und an die Ventilführungen. Den Rücklauf übernahmen außer dem jetzt viel schlankeren Königswellenschutzrohr zwei Kanäle, die in der Höhe des oberen Zylinderflanschs von flexiblen Leitungen fortgesetzt wurden. Vom Zündmagneten führte übrigens schon ein zweites Zündkabel zu einer Kerze, die das obere Kegelradgehäuse verdeckte! Dieser Motor drehte als 350er bis zu 7 000/min und leistete 28 bis 30 PS, während der Halblitermotor mit dem damals obligaten Benzin-Benzol bei maximal 6 500/min etwa 36 PS abgab. Nach Abschluß der Saison 1937 konnte NSU folgende Erfolge verzeichnen: Deutsche Motorrad-Meisterschaft in der Klasse 350 cm^3 durch Heiner Fleischmann, Schweizer Motorrad-Meisterschaft in der Seitenwagenklasse 1000 cm^3 durch den Züricher Senn, außerdem 9 Rekorde, 10 Bestzeiten, 90 erste Preise, 179 Goldene Medaillen, 279 sonstige Auszeichnungen und 45 Mannschaftspreise.

1938 kam dann NSU mit einer sehr interessanten Neukonstruktion zu den Rennen: einer Kompressor-Rennmaschine. Eigentlich für eine schwere Seitenwagenrennmaschine ausgelegt – im gleichen Jahr wurden Seitenwagenrennen jedoch verboten – entwickelte Albert Roder zusammen mit William Moore, der wenig später NSU verließ, einen Kompressor-Twin für eine auf 350 cm^3 Hubraum reduzierte Solomaschine. Eine schwere Aufgabe, da trotz der kompakten Bauweise des Parallelzweizylinders das Gesamtgewicht und die Abmessungen ein unverkennbares Handikap bedeuteten.

Auf Anhieb leistete der mit zwei obenliegenden Nockenwellen ausgerüstete 350 cm^3-Kompressor-Twin 44 PS, der an einem überaus heißen Sonntag durch Heiner Fleischmann in Hockenheim erstmals an den Start geschoben wurde, lief und siegte, aber anschließend niemals mehr diese Form erreichte und etliche herbe Enttäuschungen bereitete. Doch 10 Jahre später avancierte der Kompressor-Twin mit seinen typischen V-förmig stehenden Königswellen als unverkennbare Visitenkarte von Albert Roder zum erfolgs- und rekordgewohnten Rennboliden. Vor allem durch Wilhelm Herz aus Lampert-

NSU-Rennmaschinen am Start zum großen Preis von Nürnberg am 18. Juni 1939. NSU 600 SS-Rennmaschinen liegen vorn.

heim, den man erstmals 1939 als NSU-Werksfahrer mit diesen Kompressor-Maschinen an den Start gehen sah.

Mit der Verkündung des Vierjahres-Planes durch die Regierung am 16. Oktober 1936 kam das gesamte Fertigungswesen immer mehr unter die Kontrolle des Generalbevollmächtigten. Die Rohstofflage bedingte vielfache Umstellung und Materialersparnis. Zunächst machte sich der Mangel an Kautschuk bemerkbar. Reifen wurden nicht mehr in ausreichender Menge geliefert, und auf den Höfen der Fahrzeugfabriken standen zeitweise große Mengen unbereifter Fahrzeuge herum, die nicht ausgeliefert werden konnten. Verhandlungen mit Ämtern und Behörden, mitunter aber auch harte Auseinandersetzungen, blieben nicht aus.

Auch Benzin wurde knapp. Man zwang die Fahrzeugindustrie, sich finanziell am Aufbau eines neuen Hydrierwerkes zu beteiligen, das aus Braunkohle Benzin erzeugte. Derartige finanzielle Belastungen waren kaum zu verkraften und fanden im Verkaufspreis ihren Niederschlag. Um jedoch unbedingt im Ausland zu wettbewerbsfähigen Preisen weiter verkaufen zu können, wurde die „Exportausgleichskasse" geschaffen. In diese Kasse flossen fortan gewisse Beträge aus dem Inlandsabsatz, damit die Preise im Export gehalten werden konnten.

Die stabilen Verhältnisse ermöglichten NSU zu durchgreifenden finanziellen Sanierungen und Kapitalberichtigungen. Das 1934 auf 2,4 Millionen redu-

Begleitete die Neckarsulmer Motorräder an die Spitze der Motorradbranche: NSU-Markenzeichen, wie es ab Mitte der dreißiger Jahre alle NSU-Zweiräder trugen.

zierte Grundkapital erfuhr im Laufe der Jahre wiederholte Erhöhungen, zuletzt am 18. Dezember 1940 auf 6 Millionen Mark.

Am 9. September 1935 konnte die NSU-Hauptversammlung seit 1929 erstmals wieder die Ausschüttung einer Dividende beschließen, die auch in den darauffolgenden Jahren verteilt wurde. 1938, am 10. Mai, wurde laut Hauptversammlungs-Beschluß auch der Name von NSU-D-Rad Vereinigte Fahrzeugwerke AG in NSU-Werke Aktiengesellschaft Neckarsulm umgewandelt – was nicht die letzte Veränderung des offziellen Namens blieb. 3 500 Menschen arbeiteten 1938 bei NSU; sie produzierten 63 000 Motorräder, 136 000 Fahrräder und 142 000 Bremsnaben im Jahr.

NSU IM ZWEITEN WELTKRIEG

Die Zeit des freien Wettbewerbs näherte sich mit Riesenschritten dem Ende. Kontingentierung, Materialzuteilung und Typenbegrenzung waren erste deutliche und unübersehbare Zeichen einer tief in das Wirtschaftsgefüge eingreifenden Lenkung. Die Rüstung mit ihren Forderungen an die Industrie bestimmte mehr und mehr Umfang und Art der Produktion. Der dramatische Stil der staatlichen Politik trieb immer mehr seinem Höhepunkt zu.

Am 1. September 1939 kam das, was kommen mußte: die Kriegserklärung. Abschaffung des Goldstandards, Kündigung des Versailler Vertrages, Besetzung des Saar- und Ruhrgebietes waren einige Etappen auf dem Weg, der zum Krieg führen mußte. Jetzt mußte sich auch bei NSU zeigen, ob all das, was in den vergangenen Jahren aufgebaut worden war, die große Belastungsprobe bestand. Die Umstellung des Betriebes auf Kriegswirtschaft vollzog sich verhältnismäßig rasch. Das NSU-Motorrad-Fabrikationsprogramm umfaßte Typen von 100 bis 600 cm³. Die Neukonstruktionen erfolgten im Rahmen der angeordneten Normungsmaßnahmen und Typisierung und entsprachen der Anordnung des „Generalbevollmächtigten für das Kraftfahrwesen".

Getreu der NSU-Linie besaßen alle Modelle Einzylindermotoren. In den Klassen bis 200 cm³ wurden Zweitakt-, darüber hinaus Viertakt-Motoren verwendet. Meist waren es die aus den Vorjahren her bekannten Modelle, technisch jedoch verbessert: Die „NSU Quick", das 100-cm³-Motorfahrrad und „Pony 100", das Kleinmotorrad. Völlig neu war das Modell „125 ZDB". Der Zweitakt-Blockmotor leistete 4 PS und gab der Maschine eine Höchstgeschwindigkeit von 70 km/h, Werte, wie sie bislang nur bei den größeren 200-cm³-Maschinen angetroffen wurden. Dreigang-Getriebe, Lichtbatterie-Zündanlage mit Scheinwerfern, Schlußlicht und elektrisches Horn sowie Geschwindigkeitsmesser im Scheinwerfer gehörten zur Ausstattung. Ein 11 Liter fassender Kraftstoff-Tank mit großem Verschluß und ein neuer Schwingsattel mit Doppelzugfeder, der erstmals zur Verwendung kam, rundete das Bild dieser Neukonstruktion ab. Mit der größeren „NSU 201 ZDB" schloß man die Serie der Zweitakt-Motorräder während der Kriegszeit ab.

Die Viertaktmaschinen bestanden aus der bewährten OSL-Reihe. Auch diese kopfgesteuerten

Modelle waren zwischenzeitlich verbessert worden. Sie besaßen nun einen gekapselten Leichtmetall-Zylinderkopf, der die Maschinen autobahnfest machte. Besaßen die NSU-Motorräder bislang eine Hand- oder Fußschaltung, so setzte sich nun die Fußschaltung restlos durch, ebenso das Viergang-getriebe. Die Hinterradkette war nun durchweg gegen Schmutz und Wasser gekapselt. Außerdem besaßen Vorderrad und Hinterrad als bemerkenswertes Detail Steckachsen. Den Schluß im Motorrad-Programm von NSU während der Kriegsjahre bildete die schon seit 1930 gebaute 601 TS, eine robuste Tourenmaschine mit Satteltank, die sich vor allem als Seitenwagengespann in langen Jahren bewährt hatte. Der Vierganggetriebe-Blockmotor leistete bei 87,5 mm Bohrung und 99 Hub 16 PS. Die Höchstgeschwindigkeit betrug 105 km/h.

Auch in der Konstruktion und Ausstattung des Fahrrads brachten die Kriegsjahre eine wesentliche Vereinfachung. Es kam das sogenannte „Normrad“ auf, das sowohl als Herren- wie auch als Damenrad eingesetzt werden konnte. Die Verbindung zwischen Steuerkopf und Tretlager bestand aus zwei geraden Rohren. Die blanken Teile des Fahrrades waren ungeschliffen, schwarz und teilweise matt verzinkt. Doch bald darauf erhielt das ausgesprochene Herrenrad wieder ein oberes, waagerechtes Rahmenrohr.

Speziell für den Einsatz in der Holz- und Waldwirtschaft entstand als neuer Fabrikationszweig die NSU-Handmotorsäge „Ural“, die ein völlig neues, auf die Anforderungen einer Baumsäge abgestimmtes Aggregat erhielt. Bei dem luftgekühlten Zweizylinder-Motor von 400 cm^3 waren die beiden Zylinder einander gegenüber angeordnet (Boxer). Die Leistung betrug 10 PS bei einem Gesamtgewicht von ca. 30 kg. Damit war es möglich, einen Baumstamm von 90 cm Durchmesser in etwa 1 1/2 Minuten durchzusägen.

Ein Jahr später, ab 1940, baute man speziell für den Heereseinsatz das NSU-Kettenkraftrad Typ HK 101. Diese kleinste deutsche Zugmaschine der Wehrmacht konnte seine Abstammung vom „Kraftrad“ nicht leugnen. Das Vorderrad, seine Aufhängung in einer Parallelogrammgabel und den Lenker leitete man aus der eigenen Motorrad-Entwicklung ab. Fahrwerk und Aufbau mit den Gleisketten, Antriebs-, Lauf- und Leiträder entsprachen jedoch jenen Bauformen, wie man sie von den großen Wehrmacht-Zugmaschinen her kannte. Als Kraftquelle fand der bekannte 36 PS starke, 1,5-Liter-Opel Olympia-Motor Verwendung, da NSU wegen der Stillegung des Automobilbaues seit dem Jahre 1932 kein entsprechendes Triebwerk mehr zur Verfügung hatte. Als Besonderheit wies der hinter dem Fahrersitz installierte Vierzylinder-Mittelmotor ein Sechsganggetriebe auf, das die Motorkraft über Differential und Seitengetriebe auf die beiden Antriebsräder übertrug.

Bei der Motorkühlung – der Olympia-Motor war ja wassergekühlt – gab es bei der Konzipierung des Kettenkrades große Probleme. Da der Kühler aus konstruktiven Gründen nicht durch den Fahrtwind gekühlt werden konnte, entwickelte die Süddeutsche Kühlerfabrik Behr in Stuttgart eine sogenannte Zwangskühlung mit Gebläse, eine Lüfteranlage mit einem relativ kleinen Wasserkühler. Zur Regulierung der Kühlwassertemperatur diente eine Kühlerklappe, zur Kontrolle ein Fernthermometer. Im Bedarfsfall konnte man die vom Kühler austretende Warmluft auch zur Heizung des Fahrerraumes verwenden – oder vielmehr jene Wanne, in der die Beine des Fahrers steckten.

Verblüffend war die Manövrierfähigkeit des Kettenkrades. Der Wendekreis betrug nur drei Meter, was man dem Fahrzeug zumindest auf den ersten Blick nicht ansah. Das Geheimnis lag in einer Lenkung, die nicht allein durch den Einschlag des Motorradlenkers betätigt wurde: vielmehr wurde bei einem Lenkeinschlag von mehr als fünf Grad die jeweilige Gleiskette abgebremst. Auf normalen Straßen genügte der knappe Lenkeinschlag des

Für den Heereseinsatz, doch auch für die Forst- und Landwirtschaft baute NSU das Kettenkrad. Ausgestattet war es mit einem 1,5-Liter-Opel-Olympia-Motor von 36 PS. Das NSU-Kettenkrad, ein robustes und zuverlässiges Gefährt, kam vor allen Dingen als kleinste deutsche Zugmaschine der Wehrmacht in Afrika zum Einsatz.

Vorderrades, um wie jedes andere Fahrzeug zu manövrieren. Die Federung der an Schwingarmen aufgehängten Lauf- und Leiträder erfolgte durch Drehstäbe, die dem NSU-Kettenkrad besonders bei hoher Geschwindigkeit auf der Straße eine feste seitliche Führung und eine ruhige Straßenlage verliehen.

Das NSU-Kettenkrad hatte einen für diesen Fahrzeugtyp beachtlichen Geschwindigkeitsbereich. Auf ebener Straße war es immerhin bis zu 80 km/h schnell – je nach Belastung. Und da die Kettenglieder mit dicken Gummipolstern belegt waren, hielt sich das Fahrgeräusch in erträglichen Grenzen. Das Kettenkrad erreichte bei weitem nicht die Lautstärke eines mittleren Lastkraftwagens. Im Gelände konnte man natürlich im Kriechtempo schleichen, und es gab kaum ein noch so unwegsames Terrain, durch welches sich die kleine Zugmaschine nicht durchgefressen hätte. Auf festem Boden konnte man Steigungen bis zu 90 Prozent erklimmen, Wasserdurchfahrten bis zu 50 Zentimeter Wattiefe stellten auch nichts Ungewöhnliches dar. Das Triebwerk war gegen Nässe, Schlamm und Sand außerordentlich gut geschützt. Engste Passagen bewältigte das Kettenkrad durch seine Spurweite von nur 83 und einer Gesamtbreite von 100 Zentimetern – kein Kübelwagen kam da mehr mit. In Eis und Schnee und überall dort, wo andere mit Schneeketten bewährte Radfahrzeuge stecken blieben oder versanken, bewährte sich dieses Universalfahrzeug und wurde bald zum „Mädchen für alles“. Ein Bericht von der Ostfront weiß eindrucksvoll darüber zu berichten:

„Als wir kürzlich mit unseren Paks vor K. in Stellung gehen sollten, waren unsere geländegängigen Protzen nicht in der Lage, die Geschütze über den aufgeweichten Acker zu ziehen. Sie hatten Mühe, sich selbst hindurchzulotsen. Da erschienen als unsere Retter die uns von einer anderen Einheit zur

Verfügung gestellten NSU-Kettenkräder. Mit ihren Gleisketten zogen sie nicht nur die Pakgeschütze, sondern auch kästenweise Munition und außer dem Fahrer drei Mann von der Bedienung über den Akker, als sei das gar nichts. Hut ab vor dem Kettenkrad".

Nach dem Krieg wurde das NSU-Kettenkrad noch für die Forstwirtschaft weitergebaut und erreichte während seiner achtjährigen Bauzeit die Produktionszahl von 7 813 Stück. Ein Exemplar war bis in die 60er Jahre hinein bei der NSU-Werksfeuerwehr aktiv im Einsatz und demonstrierte bei unzähligen Einsätzen seine universelle Verwendbarkeit.

Die Ausweitung des Fertigungsprogrammes erstreckte sich auch auf neu eingerichtete Spezialabteilungen, in denen Flugzeugaggregate, Teile für Untersee-Boote, Fahrgestelle für Gebirgsgeschütze, ferngesteuerte Sprengstoffträger, Kartuschen, Granaten und Zünder in beachtlichen Stückzahlen gebaut wurden. Die Herstellung von Motorrädern und Fahrrädern wurde zugunsten dieser Kriegsfertigung eingeschränkt. Trotzdem wurde es notwendig, in Weißwasser/Tschechoslowakei und in Mühlhausen/Elsaß Tochtergesellschaften zu gründen. In Mühlhausen wurde vor allem das Sechsganggetriebe für das NSU-Kettenkrad hergestellt. Doch im Oktober 1944 erfolgte bereits die Rückführung dieses Zweigbetriebes nach Neuenstein/Kreis Öhringen.

Die dramatische Zuspitzung des Kriegsverlaufs machte umfangreiche Verlagerungen von Materialien, Ersatzteilen und Zubehörteilen in ca. 30 Ortschaften der näheren Umgebung von Neckarsulm notwendig. Die Hauptverwaltung verlegte ebenfalls die wichtigsten kaufmännischen Büros außerhalb Neckarsulms. „Zweigbüros" der Hauptbuchhaltung mit wichtigen Karteien und wertvollen Büromaschinen befanden sich in Erlenbach, Obereisesheim und Offenau. Die Hollerith-Abteilung wanderte nach Duttenberg ab. Luftschutzeinrichtungen wurden gebaut, und als Tarnmaßnahme bei Luftangriffen entstand beim NSU-Ledigenheim auf der Viktorshöhe eine Nebelanlage, mit der man die ganze Stadt, einschließlich der Fabrikanlagen, in kurzer Zeit einnebeln konnte. Doch was bereits kurz vorher auf die großen Städte wie Stuttgart und Heilbronn niederfiel, traf auch Neckarsulm: Durch Bombenangriffe und Artilleriefeuer wurde die Stadt Neckarsulm und somit auch die NSU-Werke zum größten Teil zerstört, Demontagen besorgten dann den Rest: Deutschland im Jahre 0. Das Werk wurde an die amerikanische Besatzungsmacht übergeben. Die Tagebuchaufzeichnungen des damaligen Hauptportiers Josef Belz, der das Kriegsende bei NSU miterlebte, geben ein lebendiges Bild aus jener Zeit (1945):

1. April (Ostersonntag). Als Feuerwehrmann Dienst im Werk. In der Gegend hört man Bombeneinschläge und vom Odenwald her die Abschüsse von Geschützen. Feindliche Flugzeuge kreisen über Neckarsulm. Um 18.00 Uhr war für mich Feierabend, aber es kommt keine Ablösung. Immer wieder kommen deutsche Offiziere und wollen Fahrräder und Motorräder beschlagnahmen. Wir weisen sie zurück. Sie drohen mit der Pistole, aber wir lassen uns nicht ängstigen. Offiziere der hiesigen Kaserne holen später mit dem Lastauto die ordnungsgemäß bereitgestellten Fahrräder. Wir bekommen Befehl, im Luftschutzraum (Befehlsstelle) zu bleiben. Immer neue Hiobsbotschaften treffen ein. Wimpfen ist von den Amerikanern besetzt. Der Volkssturm ist aufgerufen. Deutsche Offiziere kommen zu Besprechungen in den Luftschutzraum.

2. April (Ostermontag). Schnelle feindliche Kampfflugzeuge überfliegen unsere Gegend. Die ersten Granaten schlagen in nächster Nähe des Werkes ein. Deutsche Soldaten gehen in voller Auflösung zurück. Am Fabriktor fragen sie nach Fahrrädern oder Zivilkleidung. Da die auswärts wohnenden Wächter nicht mehr kommen können, erhalte ich den Befehl, als Wächter und Feuerwehrmann zu bleiben und die Fabriktore I und II besetzt zu halten.

3. April (Dienstag). Von Westen her Kanonendonner. Überall sieht man in der Gegend Feuer und Rauch aufsteigen. Feindliche Jagdflieger und Ari-Beobachter zeigen sich den ganzen Tag. v. F. geht abends nach Wimpfen und kommt gegen vier Uhr morgens in das Werk zurück. Der Übergang über den Neckar läßt sich nur noch mittels Nachen bewerkstelligen. Die Pförtner B. und Schn. wechseln sich im Nachtdienst ab.

4. April (Mittwoch). Es fehlt sehr an Nahrung. Morgens 5.00 Uhr wird im Fischel's Baumgarten Wasser geholt. Tee und Kartoffeln werden gereicht, Brot ist nicht zu bekommen. Vom Luftschutzraum bringt man eingedünstete Erbsen, die Schn. kocht. Viel Granatfeuer und Fliegertätigkeit. In der Nacht fährt v. F. wieder nach Wimpfen. Vor dem Tor II gerät er mit dem Fahrrad in ein Granatloch und verstaucht sich den rechten Fuß. Über v. F. krepiert eine Granate, die ihn zu Boden wirft. Pförtner Schn. vom Tor II kommt ebenfalls mit dem Schrecken davon.

5. April (Donnerstag). Täglich wird es schlimmer mit Flieger- und Artilleriebeschuß. Um 9.00 Uhr werden wir von Jabos angeflogen. Zwei davon schwenkten auf die Fabrikanlagen ab. Die fallenden Bomben treffen die Befehlsstelle und den Werkzeugbau. Auf der Fabrikstraße ist durch den Schutt kein Durchgang mehr möglich. Ein Brand ist durch das eingetretene Chaos nicht entstanden. v. F. befindet sich noch unter der Befehlsstelle. Ohne Staubschutz ist es nicht möglich, dorthin zu kommen. Auf Umwegen gelange ich in den Raum und begleite v. F. zur Türe.

6. April (Freitag). Wir bekommen ein warmes Mittagessen. Ein Junge H. O. bittet um Kartoffeln. Wir kriegen ihn satt. Gegen 10.00 Uhr fliegen uns wieder Jabos an und werfen Brandbomben auf das Kasino. Obwohl die Mehrzahl der Bomben auf der Straße landete, fing doch der Dachstuhl vom Kameradschaftshaus zu brennen an. Wer anwesend war, wurde zum Löschdienst eingesetzt. Zwischendurch wurden wir immer wieder von den Fliegern verjagt. Manche Werksangehörigen zeichneten sich durch besonderen Mut aus. Der Brand wurde rasch gelöscht. Um 14.00 Uhr gab es Kartoffeln mit Sauerkraut ohne Fett und als Getränk Tee.

7. April (Samstag). Schlechte Nacht am Tor I. Mußte viel in den Ein-Mann-Bunker gehen. Licht konnte keines gebrannt werden; dagegen brannten viele Häuser in Heilbronn und Umgebung und die gaben hell genug. An die Fabriktore kommen immer wieder Soldaten wegen Kleidern. Außer dem Wachhabenden T. waren wir nur noch drei Wachleute für die ganzen Werksanlagen. Obereisesheim wird in Brand geschossen, sämtliche Brücken in der Umgebung werden gesprengt. Stündlich kommen Offiziere der deutschen Wehrmacht und wollen Motorräder oder Kettenkrafträder mitnehmen. Wir haben keinen Sprit mehr. – Die Natur steht im Frühlingskleide. Alles grünt und blüht. Nur die Menschen hassen und verbreiten nichts als Feuer, Mord, Tod und Not um sich. Im Stollen am Hungerberg sind 4 000 – 5 000 Menschen in fürchterlichster Enge und schlechtester Luft zusammengepreßt und harren der Dinge. Zwei Granaten krepieren in der Zentral-Abteilung. Es fängt zu brennen an. Der Brand wird von mir und H. O. gelöscht. Der Junge hat Schneid, wo es gefährlich ist, ist er dabei. Er drückt sich nie.

8. April (Weißer Sonntag). Gottesdienst im Hungerberg-Bunker durch einen Pater mit kurzer Predigt. Alles ist glücklich, ein Trostwort zu hören.

5 000 Menschen freuen sich. Man spürt, es kommt die Befreiung. Oder wird es noch schlechter, wenn der Amerikaner da ist? – Außer Fliegertätigkeit und ein bißchen bumm-bumm ist es ruhig. Auch in der Nacht ereignet sich nichts besonderes. Zum Mittagessen gab es Suppe, Kartoffeln mit Ei und Kopfsalat, ein Festessen.

9. April (Montag). Heute ist wieder überall der Teufel los. Schwerer Beschuß aus allen Kalibern. In der Fabrik entstehen verschiedene Brände. Im Fahrradbau, in der Vernickelei sowie im Werkzeugbau und in dem Gebäude A 4 werden sie im Entstehen gelöscht. Auch in der Nacht dauert das Störungsfeuer an. An Schlaf ist nicht zu denken. Wir sind alle zum Umfallen müde.

10. April (Dienstag). Die Wasserquelle steht unter Feuer. Trinkwasser kann nicht geholt werden. In der Lammgasse brennt es in allen Winkeln. Durch Brandgeschosse verursacht, steigen aus dem Gebäude des Oberamtes schwarzer Rauch und Feuer auf. Ich will bei den Löscharbeiten behilflich sein, komme aber nur bis zur Neckarschule. Infolge des starken Beschusses durch feindliche Artillerie lege ich mich an die Ostseite des Gebäudes. Als es stiller wurde, zog ich mich zurück. Ich kam heil in der Fabrik an. – Um 9.45 Uhr fielen Brandbomben gleichzeitig in das Kasino, den Werkzeugbau und in das obere Stockwerk der Härterei. Ich ging zur Meldestelle. Unterwegs traf ich v. F., dem ich Meldung machte und um Hilfe bat. Er ging mit mir zum Luftschutzraum und alarmierte im Flüsterton (mit Rücksicht auf die anwesenden Frauen und Kinder) die ganze Mannschaft. Das Feuer fand im Zentral-Lager reiche Nahrung. Im Kasino sah es nicht besser aus. Die Hauptsache war, die Wohnungen und das Proviantlager zu retten; letzteres war in der Kegelbahn untergebracht. Die Männer gaben ihre letzte Kraft her. Während des Löschens kamen immer wieder Jabos und schossen mit MG auf uns. Wir flüchteten jedesmal in den Keller und ein Imbiß mit einem Gläschen Schnaps gab Anlaß zu einer eng verbundenen Freundschaft. Mit Stolz blickten wir auf das Ergebnis des Tages: Das Kasino-Wohngebäude war gerettet.

11. April (Mittwoch). 5.00 Uhr früh Wasser holen, immer eine gefährliche Angelegenheit. Auch heute starke Fliegertätigkeit. Von deutschen Fliegern war überhaupt nichts zu sehen und zu hören. Viel Artillerie-Beschuß auf Neckarsulm und die Fabrik. Gegen Abend eine Stunde lang Jabo-Beschuß aus allen Ecken und Enden.

12. April (Donnerstag). 5.00 Uhr früh Wasser holen. Heute ist es ruhig, wie an einem Sonntag. Es ist auch Zeit, meine Brandwunden an Händen und Füßen zu versorgen. Fliegertätigkeit wie üblich. Gegen 10.00 Uhr erfolgt ein dumpfer Knall. Der Amerikaner schoß Flugblätter ab, in denen zur Übergabe der Stadt aufgefordert wird mit der Drohung, wenn nicht, schießt er alles in Grund und Boden. Im Stollen am Hungerberg wurde die weiße Flagge gehißt, aber von einigen immer noch Siegesgewissen entfernt. Eine Viertelstunde später stand der Stollen unter schwerstem Artilleriefeuer. Um 12.00 Uhr kam Bürgermeister V. Er klagte sehr, daß er die Stadt nicht übergeben dürfe und sagte wörtlich: Er gäbe gern sein Leben, wenn er die Stadt retten und dem Leid der Bevölkerung ein Ende setzen könne.

13. April (Freitagmorgen). Wachmann Schn. soll wieder das Tor I besetzen. Er traut sich nicht, da von der Nähe Infanterieschüsse fallen, und zwar nicht von deutschem Kaliber. Wir trinken gerade Tee im Häuschen von Tor II. v. F. gibt Schn. Befehl, nach dem Fabriktor I zu gehen. Ich gehe freiwillig mit. Jeder von uns beiden hat eine Tasse Tee in der einen und ein Stück Kommißbrot in der anderen Hand. Als wir durch den Fahrradbau auf die Fabrikstraße kommen, werden wir von einem Trupp Amerikanern gefangen genommen. Wir werden nach Waffen untersucht und beim Tor I unter Bewachung von drei Mann mit einer MP an die Wand gestellt. So standen wir volle zwei Stunden dort mit unserem Tee in der Hand und mußten manchen Puffer einstecken. Endlich kam ein Offizier und fragte mich, wo der Käptn der Fabrik sei. Ich antwortete: Im Turm. Weiter fragte er: Ob deutsche Soldaten im Werk seien. Ich verneinte. Er bedeutete mir, daß, wenn ein Schuß falle, ich eine Leiche sei und forderte mich auf, ihm zu folgen. Ich führte ihn nach dem Luftschutzturm. Unterwegs sah ich W. Ich rief ihm zu, ob er englisch spreche, was bejaht wurde. Ich bat W. näherzukommen. Er stellte uns vor als Wächter und Feuerwehrmann. Nachdem ich meinen Werkskittel mit den Buchstaben NSU ausgezogen hatte, war ich frei. Das Werk wurde besetzt. Wir wurden anständig behandelt und abends um 5.00 Uhr entlassen.

14. April (Samstag). Um 9.00 Uhr vormittags durften wir wieder unser Tor II und III besetzen. Haupttor I war vom Amerikaner belegt, dieses durften wir nicht betreten. An diesem Tag setzten die Plünderungen ein. Wir können nicht mehr abwehren.

15. April (Sonntag). Um 14.00 Uhr müssen auch die letzten NSU'ler das Werk verlassen. Der Amerikaner mit seinen Verbündeten schaltet und waltet wie er es für richtig findet. Das schöne Werk sinkt dahin. Was übrig bleibt, sind Bruchstücke an Gebäuden und Maschinen.

KAPITEL III

Mut zum Neuen (1945 – 1984)

NEUER ANFANG MIT WALTER E. NIEGTSCH

Der 8. Mai 1945 brachte die Kapitulation Deutschlands. Das Kommando führten die vier Besatzungsmächte. Über allem stand der „Morgenthau-Plan", jene Absicht eines Amerikaners, Deutschland in das Agrarland zurückzuverwandeln, das es in seiner Frühgeschichte einmal war. Dieser Plan wurde erst zu den Akten gelegt, als die Ost-West-Spannungen zunahmen und die Westmächte erkannten, daß diese Lösung doch nicht in die sich abzeichnende neue politische Landschaft paßte. Die Zeit der „Fragebogen" begann und die der Kalorien. 1 200 Kalorien pro Tag und Person, die zumeist nur auf dem Papier standen, schützten kaum vor dem Verhungern. Dennoch erwachte der Wille zum Wiederaufbau, zum Neubeginnen.

Ohne Absprache und doch wie auf ein von unsichtbarer Hand gegebenes Zeichen, wurde in den einzelnen Besatzungszonen begonnen, den Schutt wegzuräumen und die darunter zum Vorschein kommenden Maschinen und Drehbänke wieder instandzusetzen. Das sprach sich herum. Schlosser, Arbeiter, Werkmeister und Ingenieure, die in früheren Jahren zur Stammbelegschaft gehörten und das Glück hatten, frühzeitig aus der Kriegsgefangenschaft entlassen worden zu sein, meldeten sich in den einzelnen Betrieben und wollten wieder arbeiten. Freitags erhielten sie einen Wochenlohn, für den es auf dem „Schwarzmarkt" kaum ein Pfund Butter zu kaufen gab. Eine Inflation wie nach dem Ersten Weltkrieg gab es zwar nicht, dennoch war der Wert der Reichsmark schwach wie damals und die „Zigaretten-Währung" war die allein bestimmende. Auch NSU mußte seinen Preis bezahlen.

Während des Krieges wurden die NSU-Werke zweimal bombardiert, das erste Mal im April 1944, das zweite Mal im März 1945, wenige Wochen vor dem Einrücken der Amerikaner. Der Schaden aus beiden Angriffen war glücklicherweise verhältnismäßig gering. Beim Angriff 1944 fielen im wesentlichen nur Brandbomben, die größtenteils bekämpft werden konnten. Im März 1945 wurden das Hauptverwaltungsgebäude, die Finanzabteilungen, die Reparaturabteilungen und ein Teil des Ersatzteillagers zerstört oder schwer beschädigt. Die meisten Bomben des zweiten Angriffs, die zweifellos der Industrie in Neckarsulm gegolten haben, fielen in die Stadt Neckarsulm, deren Kern zerstört wurde.

In den Apriltagen 1945 lag Neckarsulm etwa 12 Tage lang unter schwerem Artilleriebeschuß. Durch Artillerietreffer verloren die NSU-Werke das Werkzeugkonstruktionsbüro, einen Teil des Werkzeugbaues, das Zentrallager und den großen Saal des NSU-Kasinos. Wenn auch die Schäden schwer waren, so beeinträchtigten sie die Wiederaufnahme der Fertigung nach der Besetzung nur unwesentlich, denn Werkzeugmaschinen, Materialien, Ersatzteile und all die Dinge, die man zum Bau von Fahrrädern und Motorrädern brauchte, waren rechtzeitig

Der dunkelste Tag in der Geschichte von Neckarsulm war der 1. März 1945. Um die Mittagszeit flogen jeweils 36 Bomber in vier Wellen einen Luftangriff auf die Stadt. Die Werksanlagen von NSU wurden, wenn auch nicht ganz zerstört, so doch gründlich getroffen. Nach dem Einmarsch der Amerikaner, die um Mitte April die Neckarlinie überschritten, war für NSU die Stunde Null gekommen: Das Werk wurde an die amerikanische Besatzungsmacht übergeben.

nach auswärts verlagert worden.

Trümmer und Schutt wurden abgeräumt und Angeschlagenes ausgebessert. Ende 1945 fing man bereits wieder mit 843 Arbeitern und Angestellten an zu arbeiten. Vor allem wurden die NSU-Werke für die Reparaturarbeiten an amerikanischen Heeresfahrzeugen in steigendem Maße eingeschaltet und waren in diesen ersten Nachkriegstagen nicht nur das einzige Reparaturwerk in Europa für Motorräder und Luftkompressoren, sondern reparierten au-

1947 hatte man sich in Neckarsulm wieder hochgerappelt. Bei der Ehrung der Rennfahrer Böhm/Fuchs, Nitschky und Bodmer, die in jenem Jahr siegreich bei einem der ersten Nachkriegsrennen auf NSU gestartet waren, hielt Generaldirektor Niegtsch seine erste Ansprache.

ßer GMC-Trucks auch die Super-Transportfahrzeuge der US-Army. Die Reparaturarbeiten und Fabrikationseinrichtungen fanden anläßlich eines Inspektionsbesuches von General Ford und seines Stabes höchste Anerkennung.

Finanziell jedoch außerordentlich geschwächt, stand NSU Mitte 1946 vor einer ernsten Krise, als das Unternehmen, bedingt u. a. auch durch die Personalbesetzung (Treuhänder), wegen fortgesetzter Verluste und aus Mangel an Barmitteln geschlossen werden sollte. Doch mit Walter E. Niegtsch übernahm am 1. Juli 1946 ein Mann die Gesamtleitung der arg angeschlagenen NSU-Werke-Aktiengesellschaft, der bereits ca. zwanzig Jahre in leitender Position bei General Motors/Opel, beim Henschel-Konzern und zuletzt für die AEG in Amerika tätig war. Zu ihm gehörten Dipl. Ing. Viktor Frankenberger als stellvertretender Vorstand – er war in den letzten zehn Jahren nacheinander Leiter der verschiedenen Betriebs- und technischen Abteilungen bei NSU –, Walter Wertheim als Leiter der Finanz- und Personalabteilungen, der ehemalige NSU-Generalvertreter für Südwestdeutschland, Carl G. Lang, der die Verkaufsabteilung leitete und als Chefkonstrukteur und Leiter des NSU-Konstruktionsbüros Albert Roder.

Diese neue Direktion meisterte die anstehenden Kernprobleme und schuf somit eine wesentliche Verbesserung der wirtschaftlichen Lage von NSU. Die bereits aufgenommene Produktion von Fahrrädern, Motorfahrrädern und Ersatzteilen wurde ge-

Mit Walter E. Niegtsch übernahm am 1. Juli 1946 ein Mann die Gesamtleitung, der den angeschlagenen NSU-Werken erste entscheidende Impulse gab.

Walter Wertheim, ein „Mann der ersten Stunde", leitete von 1948 bis 1959 das Finanz- und Personalressort des Unternehmens.

Albert Roder: Seine Konstruktionsideen beeinflußten die NSU-Fahrzeuge entscheidend.

steigert und die Reparatur-Abteilungen für die amerikanische Armee weiter ausgebaut. Darüber hinaus lief auch die Fertigung von stationären Motoren für die Landwirtschaft an und auch die Fertigung der für die Forstwirtschaft wichtigen NSU-Kettenkräder wurde wieder aufgenommen.

Diese Entwicklung schuf somit die Grundlage, um NSU als weitaus größte Motorrad- und Fahrradfabrik für den ungeheuren Bedarf der in- und ausländischen Verbraucher voll zum Einsatz zu bringen. Zwar waren anfangs die Produktionsziffern für Motorräder, Motorfahrräder, Fahrräder, Kettenkräder, stationäre Motoren etc. aus naheliegenden Gründen noch sehr niedrig, doch fand die Bedeutung von NSU bei den maßgebenden Stellen volle Anerkennung, so daß in der Materialkontingentierung der nächsten Zukunft eine erhebliche Besserung erwartet werden konnte.

„Leider", so wurde das NSU-Fabrikationsprogramm 1946 vorgestellt, „können wir Sie nicht frei beliefern, denn NSU-Fahrräder, -Motorfahrräder und -Motorräder sind bewirtschaftet; ohne Bezugsschein geht es nicht. Die Schwierigkeiten in der Materialverbesserung machen es uns außerdem nur unter Umständen möglich, jene Fabrikationsziffern einzuhalten, die wir uns vorgenommen haben. Die NSU-Fertigung umfaßt einstweilen nur eine Auswahl solcher Modelle, die vor dem Kriege schon gebaut wurden und die sich in Hunderttausenden von Exemplaren in aller Welt bewährt haben. Neue, überraschende Konstruktionen befinden sich in Vorbereitung."

Das NSU-Fahrrad mit Freilaufbremsnabe, das beliebte NSU Quick-Motorfahrrad, das seiner Genügsamkeit wegen jetzt besonders an Boden gewann, und auch die stärkeren Maschinen, die NSU-Motorräder 125 ZDB und 251 OSL standen wieder auf dem Programm und von Werbeleiter Arthur Westrup vortrefflich in Szene gesetzt: „NSU-Fabrikate verlassen wieder das fließende Band . . . Hoffen wir, daß auch Sie bald glücklicher Besitzer eines NSU-Fahrzeuges sind."

Jeder packte zu. Und hunderte von „Veteranen" erwiesen sich schließlich als das beste Stammkapital, sie wogen die 13 Millionen Mark Schuldenlast auf, indem sie gleich nach Kriegsende zupackten und es erreichten, daß NSU wieder auferstand. Diese Leistung setzte den „Männern der ersten Stunde" ein unvergeßliches Denkmal. So konnten im Laufe des Jahres 1946 nicht weniger als 73 NSU-Werksangehörige ihr 25-, 40- und sogar 50jähriges Arbeitsjubiläum begehen, an der Spitze Heinrich Seufer mit 50 Dienstjahren. In einer harmonischen Feier wurden diese Jubilare im Saal des NSU-Kasinos geehrt, an der außer der Direktion und dem Betriebsrat zahlreiche Ehrengäste, wie Bürgermei-

Trug wesentlich zum Wiederaufbau der NSU-Werke nach dem Krieg bei: Das NSU-Fahrrad, von dem allein im Jahre 1949 insgesamt 135 480 Stück gebaut und verkauft werden konnten.

„Rädchen" für alles: NSU-Gepäck-Fahrrad.

Das Millionending: Die NSU-Bremsnabe, von der nahezu 2,5 Millionen Exemplare bis 1960 gebaut wurden.

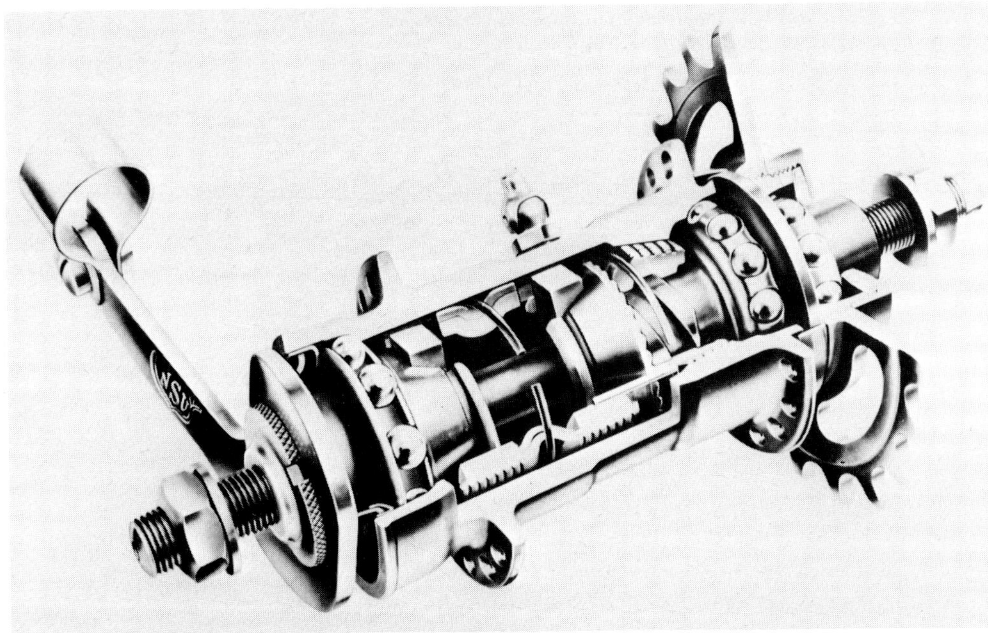

ster Häußler, Major Potter, Major Moomaw und Gewerkschaftsvorsitzender Banzhaf teilnahmen.

Wie die Fahrrad- und Motorrad-Produktion, so kamen auch die sportlichen Aktivitäten schnell wieder in Gang, denn kaum war der Krieg zu Ende, erschienen die ersten Rennfahrer in Neckarsulm, um dort zu hören, wie es mit Rennen, Rennmaschinen und Ersatzteilen aussieht. So kamen auch, schneller als die Bundes-Verfassung, schon zu Beginn des Jahres 1946 die ersten Rennen zustande. All die alten bewährten Kämpen waren wieder vertreten, an der Spitze die NSU-Fahrer Böhm, Nitschky, Ernst, Werner, Bodmer, die Brüder Rührschneck und Metzmaier. Auf ihren bewährten NSU-Königswellen-Rennmaschinen beteiligten sie sich erfolgreich als Privatfahrer an den ersten Motorradrennen in Neuwied, Karlsruhe, München und bei den Bergrennen bei Baiersbronn und Bludenz. Erfolgreichste Fahrer des Jahres 1946 waren Hermann Böhm aus Nürnberg, der zusammen mit Beifahrer Fuchs auf dem NSU-Seitenwagengespann beim „Großen Preis von Bayern" in München sowie in Neuwied, Baiersbronn, Bürseberg und in Garmisch-Partenkirchen jeweils in der schnellsten Zeit der Seitenwagen siegte sowie Solofahrer Kurt Nitschky, NSU-Sieger beim Rennen „Quer durch Neuwied" in der Halbliterklasse, beim Ruhestein- und Bürseberg-Rennen und beim Rundstreckenrennen in Garmisch-Partenkirchen.

In Neckarsulm ging es wieder aufwärts. 1947 konnte die Zahl der Beschäftigten mit über 2 000 auf das Doppelte gesteigert werden; die Bänder liefen wieder häufiger und regelmäßiger. Wenn trotzdem noch immer NSU-Fahrzeuge sehr knapp und kaum zu haben waren, so lag dies daran, daß die maßgeblichen Stellen auch von NSU in erster Linie Export verlangten. Denn Export bedeutete die Sicherung der Ernährung und ermöglichte die Aufnahme einer Großserienproduktion, die schließlich auch die steigende Bedarfsdeckung des Inlandes erleichtern würde.

Dem deutschen Export kam eine besondere Bedeutung zu. Da NSU schon vor dem Krieg ein weit verzweigtes Netz namhafter Auslandsvertreter besaß, wurden ihre Exportbemühungen in dieser schweren Zeit sehr erleichtert. So bemühte man sich mit allen Kräften vor und während der Hannoverschen Exportmesse wie auch bei der Exportmusterschau in Stuttgart Auslandsaufträge hereinzubringen, wo man zum erstenmal wieder nach vielen Jahren mit den altbewährten Auslandsrepräsentanten in Berührung kam. Das Ergebnis: Bei Abschluß dieser Exportmessen waren NSU-Aufträge in Höhe von 3 Millionen Dollar mit 11 europäischen und 9 Übersee-Ländern abgeschlossen.

In absehbarer Zeit sollten nun NSU-Fahrzeuge der Nachkriegsproduktion auf den Straßen von Beirut, Santiago und Teheran laufen, kurzum in der ganzen Welt. Um einen Bremsnaben-Exportgroßauftrag realisieren zu können, wurde die neue Fabrikhalle nach modernsten Gesichtspunkten mit einer Monatskapazität von 50 000 Stück errichtet.

Mitte 1947 waren die Zeitungen voll von Meldungen über die erste deutsche Motorrad-Neukonstruktion nach dem Kriege, die NSU-Fox, jenes 100-cm³-Motorrad, das in so mancher Richtung neue Wege gehen sollte. Denn man scheute sich bei NSU nicht, trotz aller Warnungen, die außergewöhnlichen Konstruktionsmerkmale und Leistungsdaten des von Chefkonstrukteur Albert Roder geplanten Viertakter-Motorrades im voraus bekanntzugeben und die Öffentlichkeit über alle Phasen der weiteren Entwicklung zu unterrichten. Diese Entwicklung war weitgehend durch den Industrieplan beeinflußt, wonach im Jahre 1947 zunächst ein 60-cm³-Motorrad, getauft auf den Namen Fox, entwickelt und erprobt werden mußte, bis erfreulicherweise die ursprüngliche Stärkebegrenzung Ende 1947 aufgehoben wurde, so daß ein fast in allen Teilen neues Motorrad mit 100 cm³ konstruiert und gebaut werden konnte. Wenn auch zu diesem Zeitpunkt noch nicht klar anzugeben war, wann die NSU-Fox in Serie lieferbar sein würde, so konnte die clevere NSU-Werbung eines voraussagen: „Fixe Fahrer fahren Fox".

RENNSPORT MIT KOMPRESSOR-TECHNIK

Viele Jahre motorsportlicher Aktivitäten wurden vom Kompressor beherrscht. Von einem Gerät, dessen Aufgabe es ist, die Ansaugkraft des Kolbens durch Druck zu ergänzen, um die Zylinder stärker mit dem brennbaren Luft-Kraftstoff-Gemisch zu füllen, also aufzuladen, um wiederum den Druck der Verbrennung zu steigern. Vor allem die deutsche Motorradindustrie hatte in der Kompressor-Technik vor dem Krieg einen hohen Stand erreicht, so daß es unmittelbar danach angebracht erschien, dieses Mittel der Aufladung wieder aufzugreifen, obwohl im Motorradrennsport Kompressormotoren unmittelbar nach dem Krieg durch einen Beschluß der Federation Internationale Motocycliste (FIM) von allen internationalen Veranstaltungen ausgeschlossen wurde. Allein Deutschland war in der Dachorganisation zunächst noch nicht vertreten – so kamen in der zweiten Hälfte 1947 erstmals wieder Kompressor- und Ladepumpenmaschinen an den Start.

Auf diesen Zeitpunkt hatte auch der Lampertheimer Wilhelm Herz hingearbeitet. Denn als einer der Ersten kam er bereits im August 1945 in die zerbombte Stadt nach Neckarsulm, um bei seinem Freund und Meister der Rennabteilung, Otto Mack, vorzufühlen. „Ob da wohl noch einer der Kompressor-Motoren liegt?" meinte Wilhelm Herz. „Brauchst gar nicht zu gucken, nix isch mehr – 'n Haufen Eisen und Steine – alles!"

Wilhelm Herz fuhr nach Lampertheim zurück, vergrub sich in seine Zeichnungen, und als es Frühjahr 1946 wurde, als man bei NSU die Arme hochgekrempelt und aufgeräumt hatte, da fand Otto Mack nun doch noch so einen Kompressor, eine ganze, wenn auch ein wenig angebeulte Rennmaschine, und da das Ding ja keinen interessierte, stellte er es

Wilhelm Herz auf seiner NSU-Zweizylinder-Kompressormaschine. Der schnelle Lampertheimer hatte seine Fußrasten nach oben gestellt, um bei höchster Fahrt, wenn er flach auf dem Tank lag, möglichst wenig Luftwiderstand zu bieten.

in sein Häusle in Kochendorf. Als Willi wiederum nach Neckarsulm fuhr, da sagte Otto Mack zu ihm: „Du, Willi, das Ding da, das kannscht mitnehme, das hab i mir angesehe, das kannscht in dei Museum stelle, hascht doch dei Freud' dran. Hano – das ware noch Zeite, als das Motörle noch g'brummt hat! Ach weg damit, mit der Rennerei ischt's sowieso vorbei!"

Otto Mack konnte nicht ahnen, daß „das Ding" noch einmal zu hohen Ehren und er selbst in höchste Aufregung versetzt werden sollte. Er konnte auch nicht ahnen, daß er noch einmal auf riesig schnellen Versuchsmaschinen sitzen und eines Tages durch einen Verkehrsunfall, ganz ohne seine geliebte Rennerei, auf dem Weg zur Arbeit ums Leben kommen sollte.

Wilhelm Herz indessen stellte diese Kompressormaschine keineswegs in „sei Museum". In Lampertheim angekommen, zerlegte er sie in alle ihre verrosteten Einzelteile. Tag und Nacht schuftete er, keinen roten Pfennig brachte das ein, doch in seinem Kopf rumorte eine ganz große Sache. Der Kompressor hatte es ihm angetan, jenes Maschinen-Aggregat, das aus seiner „geballten Ladung auf engstem Raum" ungeheure Kraft herausholte und auf die Räder übertrug. Dieser alte englische Kompressor, der 1938 so blendend lief und der 1939 ebenso plötzlich versagte, weil man irgendwie an ihm herumgebastelt hatte, war die Ausgangsbasis aller seiner Versuche.

In Zusammenarbeit mit dem Motoreninstitut der Technischen Hochschule in Stuttgart wurden immer neue Versuche gemacht, Tag und Nacht gearbeitet, Berechnungen angestellt, feinste Materialbearbeitungen vorgenommen. Fahrversuche wurden auf der Autobahn und auf der Rennstrecke von Hockenheim unternommen, die Maschine auseinandergerissen, wieder von vorn angefangen.

Hamburger Stadtparkrennen 1947. Wilhelm Herz führte seine Kompressor-NSU an den Start (bei NSU in Neckarsulm selbst interessierte der werkseigene Rennsport zu dieser Zeit noch nicht und man überließ ihn ausnahmslos den Privatfahrern). Zwei Runden, dann platzte der Kompressor-Schlauch – aus! Auf dem Nürburgring orgelte und heulte der Kompressor-Motor sein unheimliches Lied, da ging ein Vorderradreifen in die Brüche. Wer konnte es sich damals schon leisten, Rennreifen herzustellen?

Winterarbeit in der Werkstatt, noch mehr Leistung in den Kompressor hineinpumpen! Unheimlich schnell drehten sich die Flügel im Gehäuse des Aufladers und – platzten dann ebenso schnell weg, einer nach dem anderen, der ganze Kompressor flog auseinander. Wilhelm Herz begann von vorn. Es war immer noch die Zeit, da man nichts kaufen konnte, da die alte Reichsmark so gut wie überhaupt keinen Handelswert mehr hatte. Wilhelm Herz fand in der Schreinerwerkstatt seines Vaters einige Sägeblätter, aus hochvergütetem, wertvollsten Schwedenstahl hergestellt. Wo könnte man zu dieser Zeit wohl in Deutschland Schwedenstahl bekommen? Vater Herz wunderte sich vielleicht, daß seine Sägeblätter unverständlich schnell abnahmen. Wilhelm aber meinte, daß sie in einem Kompressor seiner Rennmaschine viel größere Dienste leisten könnten.

So nahm er diese Sägeblätter und fertigte aus ihnen Kompressorflügel. Jetzt ging nicht der Stahl, den er bearbeitete, jetzt gingen die Werkzeuge zu Bruch. Aber dann waren diese Flügel nach mühevoller Kleinarbeit fertig, und wieder wurde der Kompressor über tausende von Touren gejagt. Er hielt! Und der Motor hielt, und das Getriebe streikte nicht, und die Maschine war geradezu nervenaufpeitschend schnell, wie der Ton, mit dem sie singend über den flachen Hockenheim-Ring zog. Mit einem Schnitt von 171 km/h machte die 350er das, und dann stellte sich im Frühjahr 1948 der großen Mühe erster Erfolg ein:

Wilhelm Herz gewann mit dieser von ihm aufs höchste entwickelten 350-cm^3-NSU-Kompressor-maschine das Hockenheim-Rennen. Er gewann ein Rennen nach dem anderen und wurde Deutscher Meister der 350-cm³-Klasse.

Doch das genügte Wilhelm Herz noch nicht, er hatte sein Ziel noch nicht erreicht. In seinem Kopf spukte mehr. In Neckarsulm fand er alte Modelle, ließ sich Abgüsse machen, machte neue Kompressor-Versuche, neue Berechnungen. Er fand einen alten Motor von 385 cm³, und seine Gedanken sprangen über ein paar Kubikzentimeter hinweg, bis zu 500 – zunächst war aber noch die gute, schnelle 350er da, und mit der, meinte er, ließe sich noch viel mehr anfangen. Was er damit anfangen wollte, das war zunächst sein Geheimnis, in das er nur wenige Menschen einweihte, denn das Projekt war doch so groß, daß er es allein nicht schaffen konnte.

In den Direktionszimmern bei NSU aber begann man, sich wieder für den Motorsport zu interessieren, und Albert Roder, der Chefkonstrukteur, hatte mit Wilhelm Herz so manche Besprechung. Es ging nicht nur um jenes „Geheimnis", es ging um den Rennsport überhaupt, und Ende 1948 beschloß man bei NSU in Neckarsulm, wieder eine Renn-

Der Liebling der Zuschauer: Das Seitenwagenpaar Böhm/Fuchs auf NSU-Kompressormaschine. In tollkühner Kurvenfahrt jagten die beiden dem Ziel zu. Beim Rennen auf dem Grenzlandring 1949 erzielten Böhm/Fuchs einen Durchschnitt von 168 km/h.

mannschaft zu bilden. Verpflichtet wurden Wilhelm Herz für die Klasse bis 350 cm³, Heiner Fleischmann für die Klasse bis 500 cm³, und der Seitenwagenmeister von 1947, Hermann Böhm, mit seinem hervorragenden Beifahrer Karl Fuchs für die Gespann-Klasse bis 600 cm³. Für dieses und das kommende Jahr, für 1948 und 1949, wurde der geheimnisvolle Herz-Plan zurückgestellt, die Werksmannschaft mußte erst ihre Maschinen bekommen. Die 350er lief das ganze Jahr 1949 hindurch wie eine Schwarzwälder Präzisionsuhr. Doch Herz hatte einen schweren Gegner bekommen, den DKW-Fahrer Siegfried Wünsche, der Deutscher Meister wurde.

NSU WIRD 75

Allen Grund zum Optimismus hatten die 3 000 NSU-Werksangehörigen am 26. Mai 1948 anläßlich einer Betriebsversammlung, als sie in einer schlichten Betriebsfeier das 75jährige Jubiläum ihrer „Fahrrad" feiern konnten. Dabei gab Generaldirektor Walter E. Niegtsch einen Rückblick auf die Geschichte der NSU-Werke, die mit Strickmaschinen und Hochrädern begann, schilderte die mit der politischen Lage weitgehend gekoppelte Auf- und Abwärtsentwicklung während der letzten Jahrzehnte und stellte den NSU-Mitarbeitern eine erfolgreiche

Beim 75jährigen NSU-Jubiläum Ende Mai 1948 wurde das Nachkriegs-Fabrikationsprogramm von der neuen NSU Fox angeführt, die den damaligen Bedürfnissen jener Zeit genau entsprach. Die 350-cm³-Zweizylinder-Kompressor-Rennmaschine demonstrierte NSU-Leistung auf Europas schnellen Bahnen.

Zukunft in Aussicht. Denn die NSU-Werke besäßen die schwäbischen Facharbeiter, deren Arbeitsleistung in aller Welt geschätzt sei. 648 Jubilare mit 25–50 Jahren Dienstzeit seien heute im Werk tätig und bildeten somit den Stamm bewährter Tradition. Seine Jubiläumsansprache beendete der NSU-Chef mit folgenden Schlußworten:

„Unser Ehrgeiz geht aber weiter, als nur gute Geschäfts- und Produktionsergebnisse zu erzielen und eine bestmögliche Sozialbetreuung zu gewährleisten. Unser Ehrgeiz geht dahin, bei NSU eine Keimzelle zu bilden für ein besonderes Deutschland. Wir wollen nicht mit Trommelwirbel, Fanfarengeschmetter und zackigen Kommandoworten einen militaristischen Heldenmut hochzüchten, sondern wir wollen in unserem Betrieb mit Vernunft, Toleranz und sozialem Verständnis alle Probleme der Belegschaft lösen. Wir wollen nicht mit politischen Schlagworten arbeiten, sondern die harten Realitäten des Lebens und der Wirtschaft anerkennen. Nur ein Beispiel dafür: Während sich anderswo die Betriebe die Köpfe erhitzen und die Handhabung des Mitbestimmungsrechtes des Betriebsrates, haben wir hier seit zwei Jahren weit mehr als dieses getan, in dem unser Betriebsratsvorsitzender als Beirat des Aufsichtsrates über alle, auch die geheimsten Probleme des Unternehmens bestens informiert wird, und ferner dieser in enger Zusammenarbeit zwischen Betriebsrat und Direktion über alle laufenden Fragen unterrichtet ist. So wird also bei uns das Mitbestimmungsrecht nicht verstanden als ein Dreinreden in Fragen, für welche die maßgeblichen Instanzen allein nur verantwortlich sein können, sondern in der bestmöglichen Zusammenarbeit und Information über alle lebenswichtigen Fragen der Belegschaft und des Betriebes."

Zum 75jährigen Firmenjubiläum war es NSU möglich, eine Jubiläumsgabe von etwa 100 Mark an jeden Mitarbeiter auszuzahlen, dazu für jeden, als Sachspende, einen Schal und eine Krawatte und, zur weiteren Freude der Mitarbeiter in jenem kargen Jahr, noch eine kleine Wein- und Bierspende.

FIXE FAHRER FAHREN FOX

Die Aufwärtsentwicklung hielt an. Im Jubiläumsjahr 1948 produzierte NSU in einem Monat schon wieder ca. 4 500 Fahrräder und ca. 600 Motor- und Motorfahrräder. Und auf der Hannoverschen Exportmesse 1948 lüftete NSU jenes Geheimnis, das man ja in der Presse vor Jahresfrist bereits angekündigt hatte: Die NSU Fox. Nicht nur Mittelpunkt des NSU-Standes, sondern der ganzen Fahrzeughalle, brachte diese erste Neuentwicklung im Motorradbau nach dem Kriege das Kunststück fertig, aus dem anspruchsvollen Niveau dieser wichtigen Messe herauszuragen. Von der deutschen und internationalen Fachpresse als die sensationelle Schöpfung bezeichnet, die berufen sei, eine neue Entwicklung im Motorradbau einzuleiten, löste die NSU Fox bei den ausländischen Importeuren große Begeisterung aus, die sie mit harten amerikanischen Dollars besiegelten.

Mit der NSU Fox beschritt Albert Roder mit großartigem konstruktiven Schwung neue Wege. Sie enthielt alle Merkmale, die die Fachwelt seit Jahr und Tag von einer fortschrittlichen Konstruktion forderte und eine Anzahl richtungsweisender Ideen. Für die Wahl eines kopfgesteuerten Viertaktmotors waren zwei Gedankengänge entscheidend: der Motor wurde im Rahmen des ersten Industrieplanes für 60 cm³ ausgelegt, und die für ein Kleinkraftrad erforderliche Leistung war bei der Begrenzung nur durch einen Doppelkolben-Zweitakter mit Drehschieber-Einlaßsteuerung oder Ladepumpe oder aber durch einen kopfgesteuerten Viertakter zu verwirklichen, und es lag nahe, daß NSU die in seinen Renn- und Sportmaschinen gesammelten Erfahrungen auch einmal für den Kleinmotor auswertete.

Ein zweiter Gesichtspunkt war zweifellos der noch immer unerreicht niedrige Verbrauch des

Am neuen Camping-Platz Mainz: Mit der NSU Fox ins Wochenende.

kopfgesteuerten Viertakters. Durch eine besonders formschöne Kapselung des gesamten Ventiltriebes, bei der auch die Stoßstangen in einer Bohrung des Blockes laufen und von dem Wald von Kühlrippen verdeckt werden, war der Motor äußerlich von einem Zweitakter kaum zu unterscheiden. Er arbeitete mit einer breitgelagerten Stirnkurbelwelle und mit einer sinnreich durchgebildeten Tauchschmierung ohne Ölpumpe.

Der Zentralpreßrahmen, wie er erstmals als Rohrträgerrahmen – seiner Zeit weit vorauseilend – in den zwanziger Jahren gezeigt wurde, fand hier als Kreuzrahmen mit vorbildlicher Pfostenführung des Schwingsattels und mit einer Hinterradfederung seine Vollendung. Die Hinterradfederung war als Schwingrahmen ausgebildet und stützte sich auf eine Druckfeder im Rahmenrückgrat ab. Der Sattel war anatomisch richtig an einem langen Dreharm aufgehängt, neigte aber durch die Pfostenführung trotzdem nicht zum seitlichen Schwimmen. Der Motorblock mit dem fußgeschalteten Dreiganggetriebe wurde von dem kräftigen Knotenstück des Rahmenkreuzes aufgenommen und hing frei im kühlenden Fahrtwind. Die Vordergabel nahm in formschö-

Lob aus berufenem Munde: Die Konstruktions-Prinzipien der neuen NSU Fox fanden auch bei den „Vätern“ des Volkswagens Lob und Anerkennung. Von rechts: Professor Ferdinand Porsche, Erwin Komenda, Karl Rabe.

nen, feststehenden Stahlblechscheiden die untenliegenden Schwinghebel auf, die in Taschen hinter den Scheiden gelagert waren und so übersetzt auf die Schraubendruckfedern wirkten. Die Federungswirkung konnte durch einstellbare Reibscheiben gedämpft werden. Ein versteifender Bügel verband die Lagerstellen. Die Gabel besaß besonders leichte ungefederte Massen und hatte aufrichtende Wirkung beim Bremsen, nahm aber gegenüber einer reinen Teleskopgabel Gelenke in Kauf.

Die sportlich wirkende NSU Fox leistete 6 PS bei 5 800/min, verbrauchte bei 55 km/h 1,5 Liter und bei 85 km/h Höchstgeschwindigkeit 2,1 Liter auf 100 Kilometer. Natürlich war die Fox soziusfest. Chef-Konstrukteur Albert Roder hatte eine neue Bauweise eingeführt, die typisch für NSU werden sollte.

Die Währungsreform 1948 machte dann die NSU-Fahrräder, Motorfahrräder und Motorräder nicht nur bezugscheinfrei, sondern auf dem deutschen Markt zu einem großen Verkaufsrenner. Denn von der nun beginnenden Konjunktur unterstützt, trat eine große Nachfrage nach den NSU-Erzeugnissen ein und brachte gleichzeitig den Slogan „Wart' auch Du auf NSU“ auf die Werbeplakate.

Als im Herbst 1948 die 100-cm³-Fox produktionsreif war, hätte man normalerweise mit der Serienfertigung beginnen können. Doch ließ man sich bei NSU durch den ungeheuren Druck auf Produktionsbeginn nicht beirren, sondern entschloß sich zu dem ungewöhnlichen und kostspieligen Schritt, zunächst 15 Maschinen in monatelangen Zerreißproben und Versuchsfahrten über insgesamt 30 000 Kilometer zu unterziehen. Damit wollte man die wie bei allen Neukonstruktionen selbstverständlichen Kinderkrankheiten auf eigene Kosten beheben, anstatt auf Kosten der ersten Käufer bei einem zu früh gewählten Produktionsbeginn.

Und dann war sie da, die Fox. Und so ungewöhn-

Auf der Höhe ihres Ruhmes waren die Fox-Fahrer Heiner Fleischmann, Robert Dollmann, Hermann Böhm und Wilhelm Herz, als sie die Furkapaßhöhe mit 2432 Meter erreicht hatten. Die vier Fox-Maschinen wurden der allerersten Fox-Serie, die Ende Mai 1949 anlief, entnommen und hatten die Fahrgestell-Nr. 1 600 001, 023, 026, 027.

lich wie das Motorrad selbst, so wurde sie auch auf ungewöhnliche Weise erstmals der Presse und Öffentlichkeit vorgestellt. Um zu zeigen, welcher Leistungen diese Neukonstruktion fähig war, gingen die Fabrikrennfahrer Wilhelm Herz, Heiner Fleischmann, Hermann Böhm und Robert Dollmann auf eine Zuverlässigkeitsfahrt über 12 Schweizer Pässe, um diese vier, aus der allerersten Fox-Serie entnommenen Maschinen am Vorabend des großen Automobilrennens der Schweiz, des Grand Prix, in Bern der deutschen und ausländischen Presse vorzustellen.

Dann waren die Fox-Fahrer wieder in Deutschland und brausten mit vollem Dampf von Konstanz nach Neckarsulm, wo sich das Werk zum Empfang seiner Fahrer bereit gemacht hatte. Sogar die Geschwindigkeitstafeln in den Fabrikstraßen, die normalerweise nur 15 km/h gestatteten, waren dem großen Ereignis (Höchstgeschwindigkeit der Fox) auf 85 km/h angepaßt worden. Tausende von Werksangehörigen begrüßten die erfolgreiche Fox-Mannschaft, die vor einer kritischen internationalen Öffentlichkeit bewiesen hatte, daß man in Neckarsulm gute Motorräder baut.

Sämtliche vier Fox-Maschinen standen diese Zerreißprobe über die schwersten Alpenpässe einwandfrei durch. Es gab keinen einzigen Schaden am Motor oder am Fahrwerk. Geringfügige Aufenthalte von wenigen Minuten hatte Hermann Böhm, der eine Zündkerze mit höherem Wärmewert einschrauben mußte, weil bei der ungeheuren Belastung (206 Pfund) Glühzündungen aufgetreten waren. Bei einer anderen Gelegenheit mußte er den Vergaser säubern und den Gasdrehgriff, der sich festgesetzt hatte, demontieren. Der Kraftstoffverbrauch wurde unter Zeugen genau kontrolliert. Er betrug bei der Pässefahrt, die überwiegend mit Vollgas in den kleinen Gängen ablief, 2,64 Liter/100 km. Ein Zweitaktmotor der gleichen Größe hätte wahrscheinlich das Doppelte gebraucht.

WART AUCH DU AUF NSU

Die Frühjahrsmesse 1950 in Frankfurt wurde zum Treffpunkt all derer, die sich anschauen wollten, was die deutsche Zweiradindustrie auf die Beine – oder besser gesagt – auf die Räder stellte. Vor allem der 200 Quadratmeter große NSU-Stand wirkte wie ein Magnet, denn NSU hatte einige Überraschungen zu bieten: Für die jungen Nachwuchsfahrer, die sich an Rennen beteiligen wollten, entwickelte NSU aus der Serienmaschine die 100 cm^3-Sportfox. Denn das in der Nachkriegszeit zum weitaus größten Motorradhersteller entwickelte Unternehmen sah sich nicht nur moralisch verpflichtet, sondern wollte, weitsichtig planend, auch für die Schulung und Weiterentwicklung der Nachwuchsfahrer sorgen, für die in der ersten Nachkriegszeit bislang noch nichts getan wurde. Während ursprünglich nur der Plan bestand, 30 Maschinen leihweise zur Verfügung zu stellen, wurde durch die Reaktion der Fahrer – NSU erhielt hunderte von Bestellungen – das Unternehmen geradezu gezwungen, eine größere Serie von ca. 750 Stück aufzulegen.

Die schnelle Ausgabe der Fox, die Sportfox, leistete nun 7,5 PS bei 7 000/min, die Höchstgeschwindigkeit lag bei 100 km/h. Durch weitgehende Verwendung von Leichtmetall wurde das Gewicht der Sportfox auf 65 kg verringert (Gewicht der serienmäßigen Fox 80 kg). Die Sportfox war mit einem Vierganggetriebe ausgerüstet und aluminiumfarbig lackiert.

Zum Blickfang dieser im März 1950 stattgefundenen Frankfurter Messe geriet jedoch der NSU-Roboter, der auf seiner Fox sitzend unermüdlich schaltete, vom ersten auf den zweiten, vom zweiten auf den dritten Gang, dann bremste und fehlerfrei zurückschaltete. Er machte seine Sache ebenso gut wie der beste Fahrer. Kritische Messe-Besucher warteten auf einen Fehler, aber sie warteten vergeblich. Nie vergaß er, sorgfältig auszukuppeln, denn das Rezept seiner Gründlichkeit war einfach:

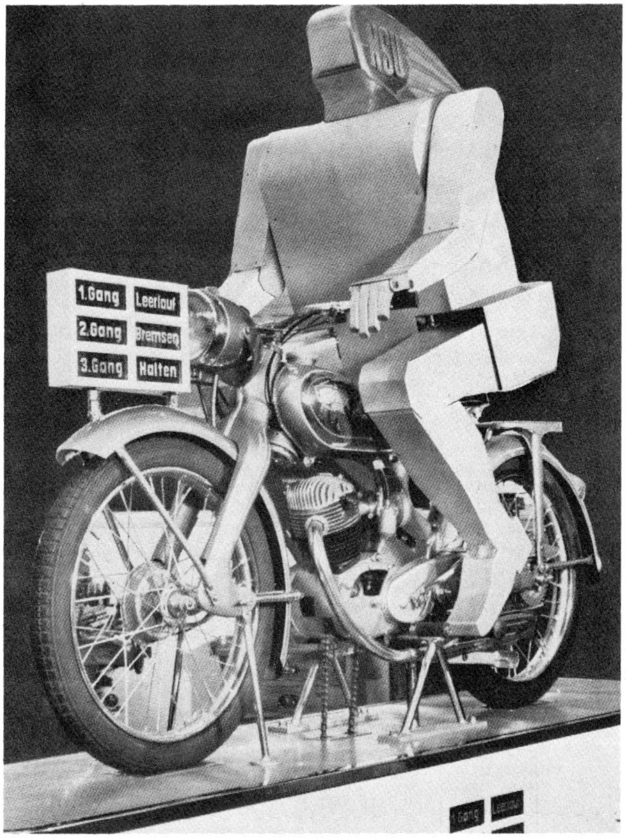

Der NSU-Roboter auf der neuen NSU Fox bildete die Sensation der Frankfurter Messe 1950. Der künstliche Mensch machte seine Arbeit ebenso gut wie der beste Fahrer.

Mit der Serienfertigung der neuen NSU Fox ging die Motorrad-Produktion in Neckarsulm steil nach oben. Bis Ende 1950 verließen über 25 000 Fox-Maschinen den NSU-Versand. Wie alle anderen Modelle, so wurde auch die Fox für den Versand speziell eingepackt.

Sein Herz war eine Walze mit vielen Kontakten. Mit diesem NSU-Roboter schuf man bei NSU nicht nur eine Vorrichtung, die den echten Motorradbetrieb weitgehend nachahmte, sondern für die Messebesucher auch einen optischen Anziehungspunkt.

NSU-LAMBRETTA, FÜR GUT ANGEZOGENE LEUTE

Neben dem von allen Seiten viel bestaunten NSU-Fahrzeugprogramm – die schmucken Fahrräder, das treue Motorfahrrad Quick, die Fox, 125 ZDB und 251 OSL – avancierte ein Fahrzeug zur kleinen Messe-Sensation, das NSU in Frankfurt erstmals zeigte und neu in sein Serienprogramm

Die Dame von einst fuhr auf der eigenen Achse. Sie lagen damit nicht schief, denn der NSU-Autoroller hatte, wie man wußte, beste Straßenlage. Man bekam ihn in hellblau, grün und beige – passend für jedes Kleid.

aufzunehmen gedachte: der Lambretta-Autoroller. Das hellblaue Mobil entzückte die Männer und – noch mehr – die Damen.

Als Anfang 1950 im Zuge des Abbaues der Besatzungskosten auch für die NSU-Rebuild-Plant plötzlich der Schließungsbefehl erging, schien die Entlassung von 700 Mann unvermeidlich, denn der Normalsektor von NSU war mit über 4 000 voll besetzt. Sofort setzten energische Bemühungen um zusätzliche Arbeitsmöglichkeiten ein, und nach wenigen Wochen war erreicht, daß der größte Teil der Belegschaft für NSU weiterarbeiten konnte. Denn im Serienbereich brachte das neue Jahrzehnt eine umwälzende Idee: In Deutschland faßte der Motorroller Fuß.

Die neuen, puppigen Fahrzeuge mit den kleinen

Sie kam aus Italien und erfüllte einen deutschen Traum: Die NSU Lambretta war ein Fahrzeug für „gut angezogene Menschen“.

Rädern kamen aus Italien. In Neckarsulm baute man 1950 nach einer Lizenz die Innocenti-Lambretta. Der Wunsch des Publikums nach etwas mehr Komfort führte sehr bald dazu, den Lambretta-Motorroller voll zu karossieren, um den deutschen Hosenbeinen Wind- und Wetterschutz zu bieten. Der NSU Lambretta-Autoroller, wie ab 1951 die eigene Konstruktion genannt wurde, war gegenüber dem italienischen Vorbild in zahlreichen Punkten verbessert worden:

Formschönes Armaturenbrett mit beleuchtetem Tachometer und Zeituhr, abschließbarer Handschuhkasten, ein Gepäckhaken, ein Sicherheits-Lenkschloß und ein Reserverad gehörten jetzt zur serienmäßigen Ausstattung. Der NSU-Lambretta-Autoroller besaß einen steifen Rahmen aus gezogenem Stahlrohr. Voll karossiert und die Karosseriebleche klapperfrei in Gummi gelagert, bot das hoch heraufgezogene Vorderteil Schutz gegen jeden Straßenschmutz. Scheinwerfer, Horn und die Armaturen waren organisch eingebaut, das Vorderrad steckte unter einer tiefen Haube. Die Räder wurden auf Achsschenkeln in Schwingarmen gelagert und auswechselbar wie Autoräder. Beide Achsen waren gefedert, die Reifengröße betrug 4 × 8 Zoll und dadurch wurde ein ungewöhnlich weiches Fahren auch auf schlechter Straße gewährleistet. Die Anordnung des Motors vor dem Hinterrad und der nach vorn gerückte Sitz des Fahrers verbürgten eine hohe Vorderradbelastung, die der guten Straßenlage entgegenkam. Die Bremsen entsprachen in ihrer Wirksamkeit dem Motor und der erzielbaren Geschwindigkeit, sie waren sehr steif und stark verrippt und hielten auch längste Belastung aus.

Der Motor, ein NSU-Flachkolben-Zweitakter, 125 cm^3 mit 4,5 PS Leistung, Mischungsschmierung und Gebläsekühlung, war ausgesprochen anspruchslos, genügsam und besaß eine gute, flach verlaufende Leistungskurve. Das bedeutete große Elastizität und ersparte allzu häufiges Schalten. Normverbrauch 2 Liter/100 km. Die Kupplung war eine Stahllamellenkupplung, die wie üblich vom Lenker aus betätigt wurde. Die linke Hand des Fahrers bediente auch – durch Verdrehen – die Dreigang-Getriebeschaltung; man schaltete den Autoroller buchstäblich „aus dem Handgelenk". Der Tankinhalt – 6 Liter – reichte für annähernd 300 Kilometer, mit Reserve 30 Kilometer mehr. Die Höchstgeschwindigkeit lag bei ca. 70 km/h

Die Kraftübertragung vom Motor über das Getriebe zum Hinterrad wurde zwar fabrikatorisch kostspielig, dafür aber sehr elegant gelöst; eine Kardanwelle, die im geschlossenen Gehäuse lag, trieb über Kegelräder das gefederte Hinterrad an. Das gesamte Motor- und Antriebsaggregat lag innerhalb der Karosserie. Eine kleine Motorklappe gestattete Zugang zum Treibstoffhahn und Vergaser. Und weil man es vom Auto her gewohnt war, möglichst viele Farben zur Auswahl zu haben, wurde auch der NSU-Lambretta-Autoroller in vier verschiedenen Farben geliefert: Lindgrün, Beige, Mittelgrau und Hellblau.

DUELL DER GIGANTEN

Die Rennsaison 1949 brachte es an den Tag: Deutschlands bester Motorradrennfahrer, Schorsch Meier, hatte in Heiner Fleischmann und dessen Vier-Zentner-Kompressor-NSU einen gleichwertigen Gegner gefunden. Drei Jahre konnte Meier ungehindert von Sieg zu Sieg eilen, konnte er die deutliche Überlegenheit seiner Kompressor-Königswellen-BMW der gesamten Halbliterklasse beweisen. Den Höhepunkt brachte gegen Ende der 49er Saison das Grenzlandringrennen. An einem Freitag fuhr Meier 208,0 km/h, Fleischmann 208,5 km/h. Beim darauffolgenden Samstagstraining erreichte Meier sogar 215 km/h. Am Renntag lieferten sich die beiden Stars ein Duell: Heiner Fleischmann im Windschatten von Schorsch Meier. „Licht und Schatten" jagten über den Grenzland-

Nürburgring 1950. Sekunden vor dem Start: Heiner Fleischmann mit seiner NSU-Zweizylinder-Kompressor allein gegen die Übermacht aus Bayern.

ring, bis bei Fleischmann die Lauffläche des hinteren Reifens abriß. Meier erreichte dann im Alleingang den höchsten bis dahin in Europa gefahrenen Schnitt im Motorradsattel: 216 km/h.

Auf weiterhin schnellen Rädern ging es dann in die, wie sich herausstellen sollte, letzte Kompressor-Saison 1950. Mit der über die Wintermonate 1949/50 vorangetriebenen Weiterentwicklung der Kompressormaschinen konnte man sich sehen lassen. Der 350 cm^3-NSU-Kompressormotor leistete nun 68 PS und der 500 cm^3-NSU-Kompressormotor beachtliche 98 PS. Durch den Ausfall von Wilhelm Herz für die Saison 1950, der beim Training zum letzten Rennen des vergangenen Jahres stürzte und sich einen komplizierten Unterarmbruch zuzog, ging die NSU-Fabrikmannschaft mit zwei Fahrern

Duell der Giganten: Schorsch Meier auf BMW und Heiner Fleischmann auf seiner Kompressor-NSU waren die großen Stars der Jahre 1949/50.

und drei Maschinen an den Start: Heiner Fleischmann in der 350 cm³- und 500-cm³-Klasse und Hermann Böhm mit Beifahrer Karl Fuchs bei der 600-cm³-Beiwagenklasse. Und was Anfang 1950 Fachleute prophezeiten, trat ein: Die neue Rennsaison wurde ein großer Wurf.

Mit 36 Punkten wurde Heiner Fleischmann auf der 350-cm³-NSU Deutscher Meister. Dabei siegte er neunmal, einmal wurde er Zweiter und einmal Dritter. Mit ebenfalls neun Saisonsiegen und zwei zweiten Plätzen beherrschten Böhm/Fuchs überlegen die Seitenwagenklasse. Schon beim Rennen in Hamburg hatten die in ihren blauen Kombinationen fahrenden Böhm/Fuchs die Meisterschaft tief in der Tasche und beendeten die Saison auf dem schnellen Grenzlandring mit einem Durchschnitt von 165,8 km/h.

Zu einem „Duell der Giganten" geriet die Deutsche Meisterschaft in der Halbliter-Kompressor-Soloklasse. Beim ersten Saisonstart, dem Eilenriede-Rennen, startete Meier mit einer BMW-Motorenversion, deren Treibstoff einen Alkoholgehalt von

Startnummer 11: Heiner Fleischmann auf der Kompressor-NSU.

33 Prozent aufwies und eine Leistung von 67 PS erbrachte. Im NSU-Motor von Heiner Fleischmann steckten gar 98 PS. Es war ein gewaltiges Rennen; Meier wehrte sich verzweifelt. Doch diesmal gewann die NSU mit nur wenigen Metern Vorsprung.

Dann kam das Duell von Hockenheim. Im Training setzte Meier eine weiterverbesserte BMW-Kompressor-Maschine ein, deren Motor mit 70 Prozent Alkohol lief und 74 PS leistete. Doch die Eigenart des Zweizylinder-Boxermotors, eines „Querläufers“, ließ nun deutlich die Grenzen des Fahrwerkes erkennen. Deshalb trat Meier zum eigentlichen Rennen mit einer schwächeren Version an. Heiner Fleischmann drehte zwar mit 186 km/h die schnellste Trainingsrunde, was aber dem Optimismus im BMW-Lager keinen Abbruch tat, wußte man doch, daß der Kraftstoffverbrauch der NSU ihrer PS-Stärke entsprechend hoch war: pro Betriebsminute verbrauchte sie einen Liter.

Indessen verpaßten beide Meisterfahrer den Start. Die Startflagge senkte sich, und der „ewige Zweite“, Ludwig „Wiggerl“ Kraus auf BMW übernahm durch einen Blitzstart die Führung. Doch schon nach der ersten Runde lag Meier vor Kraus und Fleischmann. Nach der zweiten Runde drängte Fleischmann vor Kraus auf die zweite Position, und wenig später, nach einer weiteren Runde, fuhr er bereits im Windschatten des Münchners. 400 000 Zuschauer tobten – im Vorjahr hatte Meier den Rundenrekord bei 179,5 km/h festgesetzt, jetzt drehten die beiden Runden mit 176, 179 und 183 km/h.

Doch der spannende Kampf um Sieg und Rekord nahm in der 13. Runde ein jähes Ende. Meier ging die Ostkurve offensichtlich zu schnell an und setzte infolge der starken Schräglage mit dem linken Zylinderkopf auf. Seine BMW drehte sich wie ein Kreisel, und er stürzte. Der herannahende Fleischmann sah den Unfall, konnte aber nicht mehr rechtzeitig ausweichen und wurde vom Hinterrad der BMW zu Fall gebracht. Der NSU-Fahrer prallte gegen einen Pfosten und zog sich eine Gehirnerschütterung und einen Beckenriß zu. Schorsch Meier überstand den Unfall unverletzt. Lachender Dritter war Wiggerl Kraus, der dieses Rennen schließlich mit einer Runde Vorsprung vor dem jungen Norton-Fahrer Peter von Löwis und dem Triumph-Fahrer Siegfried Fuß gewann.

Wenn ihn auch körperlich diese Unfallfolgen die ganze Saison über behinderten, so stand Heiner Fleischmann als einziger NSU-Fahrer am Start der nächsten Rennen. Links und rechts und hinten, umzingelt von einem ganzen Aufgebot der lieben Konkurrenz aus Bayern. Schorsch Meier, Wiggerl Kraus, Walter Zeller ...

Auf der Solitude, in Hohenstein Ernstthal und in Nürnberg schüttelte er seine Verfolger ab und jagte mit neuen Rekordrunden einem umjubelten Sieg entgegen. Auf dem Grenzlandring schaffte Heiner Fleischmann trotz Sturm und Drang einen Durchschnitt von 187,2 km/h. Damit war er der schnellste Straßenrennfahrer 1950 und absolvierte zum Abschluß der Saison 1950 am Grenzlandring mit seinem Doppelsieg – er gewann ja auch die 350er Klasse – gleichzeitig die Abschiedsvorstellung für die Kompressormaschinen, die nun nach der internationalen Zulassung Deutschlands in der FIM durch neue Saugmotoren ab 1951 ersetzt werden sollten.

MIT HERZ BEI DER SACHE

Einen schwarzen Tag erwischte Wilhelm Herz ausgerechnet beim letzten Saisonrennen 1949 in Köln. Noch vor Beginn des eigentlichen Rennens, im letzten Training, warf ihn ein Sturz so unglücklich von seiner NSU-Kompressor-Maschine, daß er mit einem komplizierten Bruch des linken Unterarms sofort ins Krankenhaus eingeliefert werden mußte. Das war ohne Zweifel ein schwerer Schlag, eine bittere Angelegenheit für einen Sportler mit großen Plänen. Denn der Gedanke, schneller, immer noch schneller, der Schnellste zu sein, ließ Herz nicht mehr los. Er setzte alles auf die Karte „Weltrekord", jener Plan, jenes Geheimnis, das Wilhelm Herz seit Jahr und Tag hegte und pflegte, das nun auch zu einem solchen der NSU-Werke geworden war.

Nun begann die Geschichte eines Mannes, der nicht nur um seinen Arm kämpfte, sondern mit ihm auch um seinen Beruf als Rennfahrer, der die Sehnsucht und die Hoffnung, den Weltrekord anzugreifen, tief in sich trug. Er trug zwar einen eingegipsten Arm, den er nicht bewegen konnte, doch sonst war er kein kranker Mann.

Herz liebte keinen Müßiggang, er begann zu zeichnen, er studierte Konstruktionen aller möglichen Fahrzeuge, er rechnete und rechnete, und er fuhr hin und wieder nach Neckarsulm, um mit Generaldirektor Walter E. Niegtsch, Viktor Frankenberger, Heiner Sußner, Walter Froede, Albert Roder und Ewald Praxl manches zu besprechen und noch mehr zu probieren. Dort hatte nämlich das „Unternehmen Weltrekord" längst den Boden der Theorie verlassen und begann, ganz konkrete „Formen" anzunehmen, eine Form, ein Modell, in das sich Wilhelm Herz an einem Novembertag des Jahres 1950 hineinzwängte und – begeistert war: Maßarbeit!

Das konnte er nun wiederum nicht von seinem gebrochenen Arm sagen, denn als man ihm den Gipsverband abnahm, stellte er fest, daß der Arm alles andere als in Ordnung war. Auch nach tagelangem, geduldigen Probieren und Üben wurde es nicht besser. Es ließ sich nicht leugnen: Der Arm war falsch behandelt worden. So konnte er keine Rennen mehr fahren. Schleunigst mußte nun etwas getan werden, denn mittlerweile war die Entwicklung der Weltrekordmaschinen in Neckarsulm weiter vorangeschritten.

Erfahrene Sportärzte der orthopädischen Klinik

Heidelberg wurden zu Rate gezogen. Herz mußte eine Operation nach der anderen über sich ergehen lassen. Das erforderte Geduld, sehr viel Geduld und Nerven. Es fiel sogar das schreckliche Wort „Amputation". Daß es wieder zurückgenommen wurde, dafür weiß Wilhelm Herz einem treuen Besuch Dank: dem Rennleiter Gustav Germer. Herz brachte einen eisernen Willen auf, gesund zu werden und trieb nun ganz systematisch Heil- und Kräftigungsgymnastik. Das dauerte mehr als zwei Monate, und dann kam jener große Tag im Februar 1951, an dem er zum erstenmal wieder auf einer Rennmaschine sitzen durfte.

Herz trainierte auf dem Hockenheimring, und diese Kontrolle seiner Leistungsfähigkeit war ein voller Erfolg. Mit einem Wort: Er war fit und der 500er-Kompressormotor war es auch. Beide strotzten vor Kraft und Energie. Schließlich hatte Herz ja eine Pferdekur hinter sich, und der Motor, nach seiner PS-Zahl zu schließen, noch viel mehr an komprimierten Roßkuren. Die Stromlinien-Verkleidung saß windschlüpfrig aufreizend über der Maschine, und somit waren alle Faktoren gegeben zum baldigen „Strecke frei".

Aber die Suche nach einer geeigneten Strecke machte mehr Kopfzerbrechen, als sich alle träumen ließen. Zunächst dachte man an die alte Rekordstrecke von Bernd Rosemeyer, aber sie war längst nicht mehr so in Schuß, wie es nötig gewesen wäre. Die einzigen Ansprüche, die sie noch erfüllte, waren die internationalen Bedingungen: Einen Kilometer vor und nach der Meßstrecke durfte das Gefälle oder die Steigung nicht mehr als ein Prozent betragen. Ein ganz Schlauer schlug sogar den Salzsee in den USA vor. Doch zum Trip an den Salzsee fehlten die Devisen. Die Strecke dort war freilich ideal, denn hier war es dem Engländer John Cobb 1947 gelungen, die damals unvorstellbare, absolute Höchstge-

Schnelle Männer: 14 Jahre lang, seit 1937, hielt Ernst Henne (2. von rechts) auf BMW den absoluten Motorradweltrekord. 1951, auf der Autobahn München – Ingolstadt war dann NSU mit Wilhelm Herz und Hermann Böhm an der Reihe. Roder, Böhm, Henne und Herz (von links), gehen nochmals gemeinsam die Rekordstrecke ab.

schwindigkeit für ein Rennauto mit 634 km/h zu erzielen. Aber alle diese Erwägungen nützten nichts, über den großen Teich fahren konnte die NSU-Equipe nicht.

Schließlich empfahlen die Autobahn-Experten die Autobahn München – Ingolstadt, jenen Abschnitt unmittelbar vor den Toren Münchens, auf dem beim Abschluß der ADAC-Deutschlandfahrt 1950 die Teilnehmer ihre Geschwindigkeitsprüfung absolvierten.

Die ersten Trainingsfahrten auf dem Kurs begannen, die Ergebnisse waren gut. In Neckarsulm stieg der Optimismus. Täglich gab der Wetterdienst Wettermeldungen und peilte schließlich auf Tag und Stunde zwei ideale Termine an: den 11. und 12. April.

Nun war es soweit: 11. April 1951. Ab vier Uhr morgens war das Wetter ideal, und es blieb auch so. Alles war startklar. Herz tauchte in die Verkleidung, der Kompressor heulte auf, donnerte los, verschwand in der Ferne. Am Ende der Strecke wendete er, kam zurück. Es war nur eine „Warmlauffahrt". Sekunden, Minuten vergingen bis zum wirklichen Rekordstart. Das Warten zerrte an den Nerven, bis die Mitteilung kam: Abbruch der Versuche, das elektrische Lichtmeßgerät ist nicht in Ordnung.

Wilhelm Herz fuhr auf der 500 cm³-NSU-Zweizylinder-Kompressor-Maschine am 12. April 1951 den absoluten Geschwindigkeits-Weltrekord für Motorräder mit 290 km/h.

Es war wie beim Theater: Eine mißglückte Generalprobe. Dafür sollte aber die Premiere um so besser gelingen.

24 Stunden später brach ein neuer Rekordmorgen an: Der 12. April 1951. Wilhelm Herz auf NSU wollte den absoluten Weltrekord, den Ernst Henne auf BMW mit 279,5 km/h im Jahre 1937 aufstellte, übertreffen, jenen absoluten Motorrad-Weltrekord, der rund 14 Jahre alt war. In diesen 14 Jahren hatte es manchen mißglückten Versuch gegeben. Natürlich stand Ernst Henne – das war für ihn Ehrensache – unter den vielen Menschen an der Strecke. Um 6.05 Uhr wurde es dann ernst: Etwa zwei Kilometer lang war die Anlaufstrecke, dann begann die eigentliche Meßstrecke über einen Kilometer und über eine Meile.

Herz schaltete schnell auf Höchsttouren. Wie von einem Katapult geschossen, flog der weiße Pfeil die Betonbahn entlang und verschwand im Nu als weißer Punkt in der Ferne. Bald wurde auch schon der Durchfahrtswert für diese erste Fahrt bekanntgegeben. 12,36 Sekunden für den einen Kilometer. Das entsprach ungefähr einem Durchschnitt von über 290 km/h.

In guten Händen: Obermeister Otto Mack (vorn) und Richard Horch (hinten) waren für Weltrekordfahrer Wilhelm Herz der Garant für das Gelingen des Unternehmens „Weltrekord".

Arthur Westrup war von 1934 an für die NSU-Presse- und Werbearbeit verantwortlich. In den 50er Jahren trug seine Pressearbeit wesentlich zur Popularität des NSU-Motorsports bei. Seine Wortprägungen, Slogans machten die NSU-Modelle zu Verkaufsrennern. In den 60er avancierte die NSU-Pressearbeit zum Vorbild der gesamten Branche. 1972 begann Arthur Westrup seine erfolgreiche, journalistische auto-press-Arbeit für das Volkswagenwerk, die er auch noch 1984, 50 Jahre nach seiner ersten Begegnung mit Fritz von Falkenhayn, mit Engagement und den typischen „Westrup-Wortprägungen" umzusetzen verstand. Der NSU-Werbe- und Pressechef hat, wie kein anderer, den Produkten aus Neckarsulm seinen ganz persönlichen Stempel aufgedrückt.

6.10 Uhr. Die Freude wich der gespannten Erwartung. Herz befand sich auf der Rückfahrt, denn nach internationaler Bestimmung mußte die Meßstrecke innerhalb einer Stunde in beiden Richtungen durchfahren werden. Herz ließ sich wenig Zeit. Da war er schon – ruhig, wie auf einer unsichtbaren Schiene liegend, sauste das schnellste Motorrad der Welt durch die Meßstrecke und rollte am Startplatz aus.

Als einer der ersten eilte Ernst Henne auf Wilhelm Herz zu, klopfte ihm anerkennend auf die Schulter und gratulierte ihm herzlich. Denn gleich darauf klang die Stimme von Pressechef Arthur Westrup aus dem Lautsprecher. Man merkte ihm die Freude und Erregung an: „Wilhelm Herz fuhr auf NSU einen neuen, absoluten Geschwindigkeits-Weltrekord. Auf der Hinfahrt erreichte er 294, auf der Rückfahrt 286 km/h. Der neue Weltrekord für den fliegenden Kilometer, in 12,42 Sekunden zurückgelegt, steht nun auf 290, für die fliegende Meile auf 288 km/h. Fünfzehntel Sekunden schneller als der alte Weltrekordträger Ernst Henne auf BMW durchraste Wilhelm Herz die Kilometerstrecke."

Kaum war Wilhelm Herz von seiner Rekordfahrt zurückgekehrt, als auch Hermann Böhm auf Rekordjagd ging und mit seiner teilverkleideten Seitenwagenmaschine eine neue Bestmarke fixierte: 202 km/h. Am Nachmittag des 12. April wurde die Rekordjagd fortgesetzt. NSU griff die Rekorde auch in der 350cm³ Solo- und Seitenwagenklasse an und setzte auch hier neue Bestwerte. Mit insgesamt acht Weltrekorden wurde NSU im Motorradbau zum Maß aller Dinge und Neckarsulm zur Weltrekordstadt.

Zu jener Zeit, da Herz und Böhm einer technischen Entwicklung mit ihren Rekorden die Krone verliehen, stand das Unternehmen mitten im Umbruch, genau genommen war er eigentlich schon vollzogen. Mehr als zwanzig Jahre motorsportlicher Aktivitäten wurden mittlerweile vom Kompressor beherrscht. Das hatte man zu einem so hohen Maß erreicht, daß es angebracht schien, dieses Mittel der Aufladung auszuschalten, neue Wege zu gehen, oder eigentlich zu dem zurückzukehren, was der Verbrennungsmotor in Millionen von Gebrauchsmaschinen stets geblieben war: ein Saug-

Hermann Böhm schrieb sich ebenfalls in die Rekordliste ein. Am Nachmittag des 12. April 1951 holte er zwei Weltrekorde in der Seitenwagen-Klasse mit 185 km/h.

motor. Nun sollte nicht mehr der Überdruck, sondern der Unterdruck allein die Zylinder hinreichend füllen und in weiteren Entwicklungen zu neuen Höchstleistungen gelangen. So wollte es die Sportkommission der FIM, nachdem Deutschland nun wieder Anschluß an das internationale Sportgeschehen gefunden hatte. Man mußte mitziehen und mit neuen Saugmotoren an den Start gehen.

WO NSU FÄHRT, IST DIE SPITZE

Bei NSU in Neckarsulm verfolgte man zu dieser Zeit – zur Jahreswende 1950/51 – gleich ein ganzes Bündel schwungvoller Ideen, deren erste, die Kompressor-Weltrekorde, sich ja sehr schnell verwirklichten. Die 350 cm³- und 500 cm³-Vorkriegsmodelle oder Rennmaschinen ohne Kompressor neu aufzulegen und auf höhere Leistung zu trimmen, schien weder Chefkonstrukteur Albert Roder, noch der Leiter der Rennabteilung, Dr. Walter Froede, zu wollen. Das ginge vielleicht noch eine Weile gut, dann aber müßte man doch von vorn anfangen!

Daher entschied man sich zunächst für die Entwicklung eines quer zur Fahrtrichtung eingebauten und leicht nach vorn geneigten Vierzylinders, bei dem die beiden obenliegenden Nockenwellen durch eine in Motormitte angeordnete Kette angetrieben wurden. Ein 500 cm³-Vierzylinder-Viertakter mit bulliger Leistung, – jedoch die NSU-Renningenieure dachten wirtschaftlich. Man sagte sich, erst einmal einen Zylinder durch die Torturen der

Durch das 1950 ausgesprochene Kompressor-Verbot entstand 1951 ein gewaltiger Vierzylinder-Rennmotor, der vor allem in der Seitenwagenmaschine von Böhm/Fuchs zu seinen ersten Einsätzen kam. Seine Konstruktionsidee übertrug sich nicht nur auf die kleinen Ein- und Zweizylinder-Rennmotoren Anfang der 50er Jahre, sondern auch auf den sportlichen Vierzylinder, mit dem NSU in den 60er Jahren den Anschluß an die Automobil-Mittelklasse suchte.

Überlastung zu jagen, bevor man mit vier Zylindern anfing. Das geschah auch, bis man mit ihm zufrieden war. Und als man dann alle vier zu einem Aggregat verband, zu einer neuen Vierzylinder-NSU-Rennmaschine, da wurde wieder neu überlegt, den Vierzylinder vorläufig doch nicht weiterzuverfolgen.

Es hatte sich natürlich gezeigt, daß die „kleine Maschine" im Begriff war, das große Verkaufsobjekt zu werden, und gerade darum hatten die NSU-Werke ja ihre „Fox" herausgebracht. „Fixe Fahrer fahren Fox" schrie es von den Plakaten – warum sollten Fox-Fahrer nicht noch „fixer" werden? Man hatte Rennfahrer, man hatte im neuen Fox-Rahmen ein brillantes Fahrgestell für eine Rennmaschine und es fehlte eigentlich nur – nein, gar nichts fehlte: Man hatte auch den Motor dazu, nämlich einen der vier Teile des 500er-Vierzylinders. So wurde aus vier eins!

NSU entschloß sich also, in einer Klasse zu starten – in jener der 125 cm^3-Maschinen – mit der man sich bislang noch nicht beschäftigt hatte. Es dauerte erstaunlich geringe Zeit – fünf oder sechs Wochen – da war eine ganz neue Rennmaschine fertig, die „Rennfox"! Auch war sofort überzeugende Leistung da, auf dem Prüfstand ebenso wie auf der Versuchsstrecke. Man hatte natürlich Vergleiche, man wußte, – wenn auch nicht haargenau – was die Konkurrenz aus Italien leistet. Die NSU-Leute fuhren schnell noch einmal nach Hockenheim.

Die Leistung der neuen, kleinen Maschine war verblüffend, sie überstand die Hockenheim-Runden ohne Schwierigkeiten. Nun war es beschlossene Sache: Beim Ingolstädter Rennen 1951 würde zum erstenmal eine 125 cm^3-NSU starten, die Rennfox. Das Geheimnis war gelüftet, die Öffentlichkeit neugierig. NSU auf neuen Wegen!

Noch im gleichen Jahr zeigte die neue Rennfox eine vielversprechende Leistung und konnte beachtliche Teilerfolge verbuchen. Insbesondere zeigte sich der kleine, quadratisch ausgelegte Motor mit Höchstdrehzahlen bis zu 11 000/min und noch dar-

Mit der neuen 125 cm³-NSU-Rennfox gelang NSU 1952 der Anschluß an die Weltspitze.

über sehr entwicklungsfähig, was NSU dann auch mit der Winterarbeit 1951/52 unter Beweis stellte. So hatte sich damit die neue Linie herauskristallisiert und als richtig erwiesen. Nun konnte der problematische Vierzylinder getrost ad acta gelegt werden.

Die Leistung der Rennfox, die bei ihrem Debut etwa 11 PS betragen hatte, konnte durch einen wesentlich verbesserten Zylinderkopf auf etwa 14 PS gesteigert werden. Auf die Geschwindigkeit bezogen, sah das so aus: Während die Rennfox 1951 ca. 142 km/h Spitze hatte, lief sie im Jahr darauf 155 km/h.

So präsentierte sich die Rennfox in Hockenheim 1952 in erheblich verbesserter Form und war auf den Geraden einwandfrei schneller als die Mondial von Weltmeister Carlo Ubbiali und H. P. Müller. Doch war die Federabstimmung noch nicht optimal, so daß dieser Vorteil in den Kurven wieder verloren ging. Beim Eifelrennen auf dem Nürburgring am 25. Mai 1952 erhielten die Rennföxe dann hinten zwei Federbeine, deren Federn man der Beschaffenheit der jeweiligen Rennstrecke leichter anpassen konnte. Das Ergebnis war verblüffend: Die drei Rennföxe von Roberto Colombo, Otto Daiker und Wilhelm Hofmann ließen H. P. Müllers Weltmeister-Mondial, die in Hockenheim noch vor der NSU lag, klar hinter sich. Die Rennfox hatte ihr Examen bestanden.

Man schrieb den 13. Juni 1952. Der DMW führte im Taunus sein Feldbergrennen durch, ein nationales, aber wichtiges Rennen, hatte man doch Gelegenheit, einmal den Nachwuchs kennenzulernen, der stets im Schatten der Großen zu kämpfen hatte. Das Rennen der 125er Maschinen endete mit einem Dreifach-Sieg durch Otto Daiker, Wilhelm Hofmann und Hubert Luttenberger. Vierter im Klassement und erster Privatfahrer wurde der junge Werner Haas aus Augsburg, der seine selbstfrisierte Puch ins Ziel steuerte. Nach jenem Feldbergrennen waren sich die NSU-Verantwortlichen darüber einig, daß man künftig diesen jungen Puch-Fahrer im Auge behalten müsse. Denn was Haas den NSU-Leuten vorgemacht hatte, das gefiel ihnen.

Zwei Tage vor dem Solitude-Rennen am 20. Juni 1952, dem ersten überhaupt nach Deutschland vergebenen Motorrad-Weltmeisterschaftslauf, machten die NSU-Leute unfreundliche Gesichter, denn drei ihrer besten Fahrer stürzten beim Freitag-Training. Roberto Colombo, Fritz Kläger und Wilhelm Hofmann. Obwohl ihre Verletzungen nicht schwer waren, konnte man mit ihnen nicht mehr rechnen. Nie hatte bisher in der Nachkriegszeit ein Rennen eine solche Star-Besetzung erfahren wie bei der „Solitude“ 1952. Doch mindestens einen Fahrer mußte NSU sich ganz schnell noch verpflichten – zwei Tage vor dem Rennen. Doch alle guten und berühmten Leute waren „in festen Händen“. Da erinnerte sich der NSU-Rennleiter Gustav Germer an das, was er beim Feldbergrennen gesehen hatte, ging ins Rennfahrerlager und verpflichtete Werner Haas, bei diesem Solitude-Rennen probeweise eine NSU-Rennfox zu fahren.

Am Sonntag mußten die Programme berichtigt werden, und wo bisher der Name Roberto Colombo stand, da hieß es nun: Werner Haas. Und dieser Naturbursche aus Augsburg, der nun zum erstenmal von einer „Boxen-Organisation“ dirigiert wurde, der bislang seine Rennmaschine selbst zu betreuen hatte, nutzte die ihm hier gegebene Chance. Nach 10 Runden war die Sensation perfekt. Werner Haas schlug auf der NSU-Rennfox die Weltelite und gewann dieses Rennen vor Carlo Ubbiali-Italien auf Mondial, Cecil Sandfort-England auf MV-Augusta, Alfredo Copeta-Italien auf MV-Augusta und vor seinem Stallgefährten Hubert Luttenberger, der mit 1 Minute 30 Sekunden Abstand an fünfter Stelle ins Ziel kam.

NSU hatte den ersten internationalen Sieg, hatte die ersten Weltmeisterschafts-Punkte errungen. Der Name Werner Haas erschien fettgedruckt in der Presse der ganzen Welt, und daneben stand NSU!

Beim Weltmeisterschaftslauf 1952 auf der Solitude-Rennstrecke bei Stuttgart überraschte der junge Augsburger Haas als NSU-Fahrer die gesamte Fachwelt, als er in der Klasse bis 125 cm³ die hoch favorisierten Mondial- und MV Agusta-Maschinen mit Weltmeister Carlo Ubbiali und Cecil Sandford besiegte. Eine Sportkarriere nahm ihren Anfang.

Werner Haas bekam seinen „Werksvertrag".

Der Anschluß an die Weltspitzenklasse war geschafft, denn auch die neue 250-cm³-Zweizylinder-NSU-Rennmaschine – die Rennmax – erregte die Gemüter und die Motorrad-Experten in aller Welt. Im Januar 1952 konstruiert und entwickelt, startete sie in Hockenheim zu ihrem ersten Rennen. Bei dem AVUS-Rennen in Berlin gelang dann der große Wurf: Die neue Parallel-Zweizylinder mit ihren zwei Königswellen und zwei obenliegenden Nockenwellen schlug Thorn-Prikkers Moto-Guzzi. Mit seiner 250er NSU fuhr Wilhelm Hofmann erstmals einen überzeugenden Sieg heraus. Und dann kam das dramatische Rennen in Hamburg, wo Bill Lomas und Werner Haas auf der NSU-Rennmax gleich einen Doppelsieg errangen.

Das Rennen auf dem Grenzlandring folgte, und was dort geschah, war bislang einmalig: Werner Haas gewann mit der Rennfox in der 125-cm³-Klasse nicht nur sein zweites Rennen, sondern siegte auch auf der Rennmax ganz überlegen in der 250er-Klasse. Da halfen auch die Drehschieber nicht mehr, mit denen sich die Zweitakter ausgestattet hatten. Und als dann das 350-cm³-Rennen gestartet

In allen Sätteln gerecht: Werner Haas auf der 250 cm^3-Rennmax.

wurde, ging Haas mit seiner 250-cm^3-Zweizylinder, die schon ein siegreiches Rennen hinter sich hatte, noch einmal an den Start: Nach wenigen Runden lag er in Führung vor sensationellen Neuentwicklungen, denen auch mehrere Zylinder nichts mehr nützten. Mit 180,1 km/h fuhr Werner Haas die absolut schnellste Runde der 350-cm^3-Klasse. In der fünften Runde schied er dann wegen Motorschadens aus.

Als die Saison 1952 zu Ende ging, blickte man in Deutschland voller Stolz auf die Leistungen von NSU. Denn in einem Siegeszug, der bislang ohnegleichen dastand, hatte es die NSU-Rennfox geschafft: Sie wurde unter Otto Daiker Deutscher Meister. Gleichzeitig avancierte in kürzester Zeit die neue Zweizylinder-NSU zur schnellsten deutschen 250-cm^3-Rennmaschine. Große Zeiten kündigten sich an.

Als NSU in den ersten Monaten des Jahres 1953 den Entschluß bekanntgab, sich mit den Fahrern Werner Haas und Bill Lomas an den kommenden Weltmeisterschaftsläufen zu beteiligen, da gab es in der Öffentlichkeit viele skeptische Gesichter. Auch in Neckarsulm selbst beurteilte man diesen Plan sehr zurückhaltend. Zwar wußte man, daß die Maschinen gut sind, doch es gehörte schon eine beträchtliche Portion Unbekümmertheit dazu, an große Siege bei Weltmeisterschaftsläufen zu glauben. Hauptzweck, so sagte man in Neckarsulm, solle die Absicht bleiben, bei den Weltmeisterschaftsläufen zu lernen und Erfahrung zu sammeln. In der hintersten Ecke ihres Herzens hegten die Neckarsulmer natürlich doch die Hoffnung, daß es bei dem einen oder anderen Rennen klappen möge.

Was niemand, weder im In- noch im Ausland, für möglich hielt, trat schon ein halbes Jahr später ein: Auf Anhieb gelang es der Motorradmarke NSU, mit 125er- und 250er-Maschinen in die Bereiche des Weltspitzensports vorzustoßen. Bereits zu Beginn der Saison zeigte sich auf den Rennstrecken der Tourist-Trophy und in Holland eine Gleichwertigkeit, wenn nicht sogar Überlegenheit gegenüber den bis dahin dominierenden italienischen Marken der kleinsten Soloklassen, die zu schönen Hoffnungen für einen evtl. Titelgewinn berechtigten. Die weiteren Rennen in Deutschland, Ulster und in der Schweiz bestätigten den gewaltigen Formanstieg dieser beiden Konstruktionen: Die NSU-Maschinen diktierten das Tempo.

Der Große Preis der Nationen brachte dann die Entscheidung. Dem jungen NSU-Fahrer Werner Haas gelang das Unwahrscheinliche, mit seinem Endspurtsieg in der 125er-Klasse und mit einem zweiten Platz bei den 250ern gleich zwei Weltmeistertitel nach Deutschland zu holen. Schon nach dem NSU-Erfolg des Iren Reginald Armstrong in Bern stand der Titelgewinn in der Markenweltmeisterschaft der Viertelliter-Klasse fest, und der wiedererstandene deutsche Motorsport hatte im dritten Jahr seiner internationalen Zugehörigkeit drei WM-Titel gewonnen.

Wenn es auch im abschließenden Rennen in Spanien nicht gelang, auch noch den Markentitel der kleinsten Soloklassen zu sichern – eine Entscheidung, die nur mit Sekundendifferenz zugunsten der italienischen Firma Mondial ausfiel –, so war doch der erzielte Erfolg weit größer, als die kühnsten Optimisten es jemals zu hoffen wagten.

Und Werner Haas tat ein übriges: An den wenigen freien Sonntagen, die ihm die Weltmeisterschaftsläufe ließen, beteiligte er sich an den Läufen zur Deutschen Meisterschaft. Nach dem AVUS-Rennen in Berlin, im August 1953, stand für Werner Haas die Deutsche Meisterschaft in der 125-cm^3-Klasse bereits fest. Erst beim letzten deutschen Rennen der Saison 53, auf der Eilenriede, fiel die Entscheidung über die Deutsche Meisterschaft der 250-cm^3-Klasse – für Werner Haas auf NSU. Einen solchen Erfolg, wie ihn Werner Haas mit einer vierfachen Meisterschaft und die Marke NSU mit der Rennfox und Rennmax erreichten, hatte es im deutschen Motorsport noch nicht gegeben.

Seltene Begabung und Einfühlvermögen in der Leistungskraft seiner Maschinen paarten sich bei Werner Haas mit ungewöhnlichem fahrerischen Können und Schneid. 1953 krönte der junge Augsburger seine Laufbahn bereits mit den Weltmeistertiteln in den Klassen bis 125 cm³ und 250 cm³. Auch 1954 führte er seine 250er NSU zur Weltmeisterschaft. Außerdem war er 1953 und 1954 in den Klassen 125 cm³ und 250 cm³ Deutscher Meister. Am 13. November 1956 fiel der 29jährige Motorrad-Weltmeister einem tragischen Flugzeugunfall zum Opfer.

1953 startete Werner Haas insgesamt 22 mal, bei 12 Weltmeisterschaftsläufen und 10 Läufen zur Deutschen Meisterschaft. Kein einziges Mal während der ganzen Saison schied er mit Motorschaden aus. Zwölfmal war der NSU-Fahrer Sieger, fünfmal Zweiter, einmal Dritter, zweimal Vierter und einmal Sechster. Nur ein einziges Mal – in Barcelona – mußte Haas aufgeben, als er durch Sturz eine Fußraste abbrach.

Diese Erfolge kamen nicht von ungefähr. In sorgfältiger Arbeit in den Wintermonaten 1952/53 wurden die technischen Eigenschaften der Rennfox 1953 weiter verbessert. Der Motor erreichte zum Beginn der Rennsaison über 13 PS, blieb jedoch in seinem Grundaufbau unverändert. Doch von Hokkenheim ab versuchsweise und vom Feldbergrennen 1953 ab ständig, erhielt die Rennfox eine neue Motorversion, bei der die Königswelle nun auf der linken Seite angeordnet war. Ursprünglich wollte Chefkonstrukteur Roder einen Einnocken-Zylinderkopf vorsehen, doch entschied er sich für den bewährten Zweinockenantrieb. Der neue Motor leiste-

NSU-Kraftwerk: Der 250 cm³-Zweizylinder-Twin-Rennmax.-Motor hatte 1954 den Königswellenantrieb auf der linken Seite und leistete mittlerweile 39 PS bei 11 500/m.

te nun an die 16 PS und erhielt an Stelle des bislang eingesetzten Vierganggetriebes ein Sechsganggetriebe, ein Merkmal, das man bis Ende der Saison 1953 geheimhalten konnte, um die Konkurrenz nicht vorzeitig auf diese Besonderheiten der Rennfox aufmerksam zu machen.

Besaß bei ihren ersten Rennen im Jahre 1952 die NSU-Rennmax einen Doppelrohrrahmen und eine Teleskopgabel, so erhielt die Rennmax 1953 die konstruktiven Baumerkmale der Serienmax. Zentralpreßrahmen und Vorderradschwinge ermöglichen nun eine erhebliche Verbesserung der Straßenlage. Der Tank hatte eine aerodynamische Fortsetzung nach vorn gefunden, wobei die Verkleidung der NSU-Rennmax ständig weiterentwickelt wurde. Am Ende der Saison 1953 umfaßte sie den Lenker und damit auch die Arme des Fahrers. Der Parallel-Zweizylinder-Viertaktmotor mit zwei V-förmig angeordneten Königswellen, durchgehenden Nockenwellen, offenen Haarnadelventilen, dreifach gelagerter Kurbelwelle und linksseitigem Stirnradpaar zur Kupplung, leistete gegen Ende der Saison 1953 bei 11 000/min ca. 32 PS. Dabei blieb er unempfindlich und zuverlässig und demonstrierte deutlich die Überlegenheit des Viertakters, da die Gasführung infolge der Ventilsteuerung exakt und gleichmäßig funktionierte.

Mit 45 Jahren war „Renntiger" H. P. Müller einer der ältesten, aber auch erfolgreichsten deutschen Rennfahrer, als er 1954 erstmals auf den NSU-Rennmaschinen um WM-Punkte fuhr. Im Jahre darauf, 1955, wurde er als Privatfahrer mit seiner NSU Sportmax Weltmeister in der Viertelliter-Klasse.

Für das Jahr 1954 hatte sich NSU viel vorgenommen, denn nun galt es, die großen Sporterfolge vom Jahr zuvor zu wiederholen. Außer dem Motorrad-Doppelweltmeister von 1953, Werner Haas, gab es in der NSU-Mannschaft von 1954 ausschließlich neue Namen.

Mit 45 Jahren der Senior im neuen NSU-Team war H. P. Müller, der es in seiner bisherigen Rennfahrerlaufbahn zu nicht weniger als 191 Siegen gebracht hatte. Sechs deutsche Meisterschaften, den zweiten Rang in der Europa-Meisterschaft für Motorräder der 500-cm^3-Klasse und auch den gleichen Platz bei den Grand-Prix-Rennwagen, zierten die umfangreiche Liste seiner Erfolge. Das Schicksal wollte es, daß sich H. P. Müller als Privatfahrer in den letzten Jahren mit Maschinenmaterial herumplagen mußte, das nicht immer seinem fahrerischen Können entsprach. Daraus ergab sich für den Menschen H. P. Müller eine ungeheure nervliche und seelische Belastung, die zu überstehen er nur seiner Zähigkeit und Härte gegen sich selbst verdank-

1954 kam Hans Balitsberger neu in die NSU Rennmannschaft. Nachdem der NSU-Rennstall Ende 1954 aufgelöst wurde, kaufte er sich eine NSU Sportmax. Mit dieser Maschine, die er zusammen mit seinem Mechaniker selbst betreuen mußte, bewies er überzeugendes Fahrer-Format. Seine Leistungen wurden 1955 wie auch 1956 mit der Deutschen Meisterschaft in der 250 cm³-Klasse belohnt. Wenige Tage vor seinem 34. Geburtstag verunglückte Hans Baltisberger, in Führung liegend, beim Rennen in Brünn 1956 tödlich.

Rupert Hollaus, zweifellos der erfolgreichste österreichische Motorrad-Rennfahrer, bewies mit den NSU-Rennmaschinen sein großes Fahrkönnen besonders auf regennasser Bahn. Wie Werner Haas im Jahr zuvor, so fuhr Rupert Hollaus 1954 souverän die Weltmeisterschaft in der Klasse bis 125 cm³ heraus. Als erster von den erfolgreichen NSU-Fahrern wurde er im September 1954 beim Training zum Großen Preis der Nationen in Monza ein Opfer des Motorsports.

te. 1954, nachdem er einen Werksvertrag bei NSU in der Tasche hatte, sagte er wörtlich: „Endlich kann ich doch wieder einmal auf einer Maschine sitzen, bei der ich weiß, daß sie schnell ist und hält. Es ist schlimm, wenn man schon vor dem Start weiß, daß man entweder langsam fahren muß oder daß der Motor nach wenigen Runden auseinanderfliegt."

Direkt von BMW stieß Hans Baltisberger zur neuen NSU-Rennmannschaft, wo er nun, wie der Österreicher Rupert Hollaus, auf der schnellen Rennfox und Rennmax für NSU an den Start gehen sollte. Das große Fahrertalent des damals 24jährigen Hollaus war den verantwortlichen Männern bei NSU schon längst aufgefallen und sie gaben dem Benjamin in der NSU-Mannschaft bereits Ende der Saison 1953 eine Chance, die er auch gut zu nutzen wußte. In Barcelona belegte er hinter den beiden MV Augusta-Fahrern Copeta und Sandfort in der 125er Klasse den dritten Platz, und in der 250er Klasse führte er im strömenden Regen bis zur Hälfte des Rennens das Feld an. Die kurvenreiche Strecke von Barcelona lag ihm, wie er selbst sagte, viel mehr als ein schneller Geradeauskurs.

Wie die neue NSU-Rennmannschaft, so gingen auch die erfolgreichen Rennföxe und Rennmäxe gestärkt aus den Wintermonaten hervor, denn die Männer der NSU-Rennabteilung hatten ganze Arbeit geleistet. Selbstverständlich behielt man das Prinzip und die wesentlichen Merkmale bei: Bei beiden Typen verwendete NSU auch 1954 den bekannten Zentralpreßrahmen, der sich ja als besonders verwindungsfrei erwiesen hatte, und den sprichwörtlichen zuverlässigen obengesteuerten Viertakt-Motor.

Die Verbesserungen der neuen NSU-Rennmaschinen 1954 konzentrierten sich vor allem auf eine Leistungssteigerung des Motors und auf die Stromlinien-Verkleidung des Fahrgestells, erkannte man doch schon im Laufe der Saison 1953, daß eine gut gewählte Verkleidung einen erheblichen Geschwindigkeitszuwachs brachte. Gleichzeitig wurde das Gewicht der Maschine verringert und die Bremsen verbessert. So präsentierte sich die NSU-Rennfox 1954, deren obengesteuerter Viertaktmotor nun 16,8 PS leistete, in einer „Delphin"-Stromlinien-Verkleidung, die einen glatten Luftablauf gestattete und Arme und Beine des Fahrers völlig einschloß.

Auch die 250-cm³-Rennmax erhielt dieses Stromlinien-Kleid. Völlig neu entwickelt, präsentierte sich dagegen der 250-cm³-Zweizylinder-Rennmax-Motor. In Verbindung mit der einzelnen Königswelle, nun auf der linken Motorseite, wurden die Zylin-

1954 erhielten die NSU-Rennmaschinen eine „Delphin"-Stromlinienverkleidung, die die Arme und Beine des Fahrers vollständig umfaßte. Die Leistung des Rennfox-Motors wurde von 15,5 PS im Jahre 1953 auf 16,8 PS gesteigert. Wie die Serienmaschinen von NSU besaß auch die Rennmaschine einen verwindungsfreien Zentralpreßrahmen mit Vorder- und Hinterradschwinge.

derköpfe ebenfalls stark verändert und in mancher Hinsicht der Ausführung des Einzylinders angeglichen: jeder Zylinderkopf enthielt auf der Ein- und Auslaßseite eine gemeinsame Nockenwellen- bzw. Ventilkammer, in der der gesamte Mechanismus einschließlich der Haarnadelfedern vollgekapselt arbeiteten. Der dreiteilige Zahnradsatz im separaten, angeflanschten Gehäuse unterschied sich vom Einzylindertriebwerk im wesentlichen nur dadurch, daß an Stelle des mittleren Zwischenrads das Zahnrad der Einlaßnockenwelle mit dem großen Kegelrad kombiniert war. Auch die Flachstößel wurden wieder durch Schlepphebel ersetzt, in deren Achsen je eine Öldüse mündete. Ihre kugeligen und drehbaren Druckstücke konnten zur Einstellung des Ventilspiels ausgetauscht werden. Die Nockenwellen selbst waren für den rechten und linken Zylinder unterteilt und zum Ausgleich von Achsabweichungen und Temperaturdehnung mit Oldhamkreuzen gekuppelt.

Fixe Fahrer fahren Fox: NSU-Werbung am Rande der Rennstrecke.

Wo NSU fährt, ist die Spitze! So orientierten sich die Zuschauer bei den unvergeßlichen Rennen des Jahres 1954. Schon beim Mai-Pokal-Rennen in Hokkenheim am 9. Mai 1954 hatte sich NSU keinen besseren Auftakt zur Meisterschaftssaison wünschen können. Vor 150 000 Zuschauern zeigte sich Doppelweltmeister Werner Haas in prächtiger Form. In der 125-cm³-Klasse siegte Haas mit fünf Metern Vorsprung vor seinem NSU-Stallgefährten Baltisberger, und NSU belegte auch die beiden folgenden Plätze. Der Augsburger ging von der dritten Runde an in Führung, nachdem zuerst Baltisberger an der Spitze gelegen hatte. H. P. Müller brachte seine Maschine offensichtlich nicht auf die volle Drehzahl. Exweltmeister Ubbiali konnte auf der unverkleideten MV-Augusta mit hochgelegten Beinen das NSU-Quartett nicht gefährden, vermied aber als einziger die Überrundung.

Haas erwies sich bereits 20 Minuten später auf der 250er-Rennmax wieder als kluger Taktiker. Er kam mit einem Vorsprung von mehr als 400 Metern aus der ersten Runde und baute ihn vor H. P. Müller mit dem 53er-Motor – der vier PS weniger leistete – auf 18 Sekunden aus. Dabei fuhr der Doppelweltmeister auf dem verbesserten Hockenheim-Kurs mit 170,4 km/h eine bessere Zeit als der 350-cm³-Sieger Fergus Anderson auf Moto Guzzi. Doch Müller kam immer mehr an Haas heran und lag am Schluß nur noch 7,8 Sekunden zurück.

Der Große Preis von Frankreich für Motorräder auf dem schnellen Kurs von Reims – es war der erste von neun Läufen zur Motorrad-Weltmeisterschaft – war lediglich für die 250er-, 350er- und 500er-Soloklasse ausgeschrieben und entsprach von der Besetzung her eigentlich nicht ganz dem eines Weltmeisterschaftslaufs. Nur Gilera und NSU waren mit der kompletten Werksmannschaft vertreten. Zum einen wollten sich wohl manche Werke ganz auf die Vorbereitungen zur Tourist Trophy konzentrieren, zum anderen bestanden Unklarheiten wegen des zugelassenen Brennstoffes.

So kamen erfreulicherweise einige Privatfahrer auf gute Plätze. Ohne die Guzzis fuhren die vier NSU-Maschinen in der 250er-Klasse konkurrenzlos an der Spitze einher und überrundeten bald das gesamte übrige Feld. Haas kam wenige Meter vor H. P. Müller ins Ziel. Dritter Rupert Hollaus, Vierter Hans Baltisberger. „Immerhin war es vielleicht die bedeutendste Leistung dieses Großen Preises, daß Werner Haas einen Schnitt von fast 163 km/h erreichte – das waren über 8 km/h mehr als der Durchschnitt, auf den der 350er-Sieger Pierre Monneret mit der Dreinocken-AJS kam, und nur 22 km/h weniger als die Geschwindigkeit der neu durchkonstruierten Vierzylinder-Gilera bei den 500ern. Und doch hatten Haas & Co. dabei noch eine 53er-Ausführung des NSU-Motors gefahren; die neuen Maschinen sollten nämlich für die weit anstrengendere TT aufgehoben werden ...“ So schrieb es Cyrill Quantrill, der Berichterstatter der großen englischen Motorradzeitung „Motor Cycling“.

Die Geschichte der englischen Tourist Trophy kannte seit den dreißiger Jahren zwei große Spielmacher des Geschehens: Norton und Moto Guzzi. Selbst der Gewinn der Motorradweltmeisterschaft der 250er- und 125er-Klasse durch NSU 1953 vermochte die konservativ denkenden Engländer nicht zu einer Revision ihres Gesamturteils zu veranlassen, daß der Motorsport von 1954 ein drittes Hauptgewicht erhalten hatte. Denn durch ihren 1954 erstmals in der Geschichte dieses Rennens erzielten TT-Doppelsieg hatte die deutsche Marke NSU die letzte und endgültige Sprosse der absoluten Gleichwertigkeit zu Englands und Italiens beherrschenden Maschinen erreicht. Der Sieg von Rupert Hollaus über Exweltmeister Ubbiali und über die italienische MV-Augusta in der 125-cm³-Klasse und nicht zuletzt die 1-2-3-4er Durchfahrt der 250er NSU-Rennmax-Piloten Haas, Hollaus, Armstrong und H. P. Müller hinterließen den gewaltigen Eindruck, daß NSU seine Karten richtig und wohlüber-

Mit einem Kopf voller Zahlen dirigierte NSU-Rennchef Ewald Praxl die Rennmaschinen von Start zu Start. In der NSU-Versuchs- und Rennabteilung, deren Leiter Ewald Praxl Mitte der 50er Jahre war, entstanden jene Maschinen, die überall hohe Anerkennung fanden.

legt ins Spiel zu bringen wußte.

Der Ulster Grand-Prix in Irland war der 3. Motorrad-Weltmeisterschaftslauf, ausgefahren am 24. und 26. Juni 1954 auf dem 11,875 km langen Dundrod Kurs bei Belfast.

125er-Klasse: 12 Runden = 142,5 km. Bei teilweise strömendem Regen und Sturm lag zunächst Exweltmeister Ubbiali (MV) vor Hollaus und H. P. Müller, Haas erst an 7. Stelle. Ubbiali und Hollaus lieferten sich einen erbitterten Zweikampf. Der Italiener fuhr mit 5 : 37 = 127,5 km/h neuen Rundenrekord, stürzte aber dann, ohne sich ernsthaft zu verletzen. Damit war der Weg frei zum Sieg für die vier NSU-Maschinen.

250er-Klasse: 13 Runden = 154,4 km. In Abwesenheit der Guzzi-Werksmannschaft gab es einen Start-Ziel-Sieg von Werner Haas, 2. Baltisberger, 3. H. P. Müller.

Bewährte sich bislang die „Delphin"-Verkleidung der NSU-Rennmaschinen mit gutem Erfolg, so startete NSU beim „Großen Preis von Holland" für Motorräder am 10. Juli 1954 in Assen erstmals mit einer vollverkleideten neuen Version.

In der Klasse bis 250 cm^3 führte von den vier NSU-Fahrern allein Werner Haas die neue „Blauwal"-Maschine an den Start. Von der ersten bis zur letzten der zehn Runden war Haas stets um 1 – 3 km/h schneller als der Zweite Hollaus auf einer teilverkleideten „Delphin". Dritter wurde Baltisberger. Damit hatte nach diesem eindeutigen und überlegenen Sieg Werner Haas bislang alle vier Weltmeisterschaftsläufe – Frankreich, England, Irland und Holland – gewonnen, besaß 32 Punkte, die Höchstwertungsziffer, und war somit Weltmeister. Denn kein anderer Konkurrent konnte, da nur noch drei Läufe ausstanden, Haas erreichen. Damit gewann zum zweiten Male hintereinander NSU und Werner Haas die Viertelliter-Weltmeisterschaft.

In der 125-cm^3-Klasse setzte Rennleiter Gustav Germer gleich zwei neue „Blauwale" mit den Fahrern Hollaus und H. P. Müller ein. Baltisberger und Haas fuhren die halbverkleideten „Delphin". Hier zeigte sich die Bedeutung der NSU-Stromlinie noch stärker, und die starke Konkurrenz der MV-Augusta wäre wohl ohne diese Weiterentwicklung bei NSU nicht so einfach abzuschütteln gewesen. So aber gab es einen überlegenen Doppelsieg durch Hollaus und H. P. Müller, der deutlich machte, daß die

Schrieben NSU-Sportgeschichte: Werner Haas (120) und Rupert Hollaus (122).

Welt-Konkurrenz in dieser Klasse sich ausschließlich zwischen NSU und MV-Augusta abspielte. Hollaus hatte bisher alle drei Meisterschaftsläufe gewonnen, für den Titel reichte es aber nicht. Eine Entscheidung mußte also beim kommenden Weltmeisterschaftslauf auf der Solitude fallen.

Schon am ersten Trainingstag hatte Hollaus mit einem Rundenschnitt von 126,8 km/h die Solitude-Rekordrunde des Vorjahressiegers Haas deutlich verbessert, und damit bewiesen, daß er nach den Siegen auf der TT, in Ulster und Assen erster Anwärter auf den Weltmeistertitel war. Diese Chance ließ sich der junge Österreicher dann nicht nehmen und fuhr von der Spitze weg ein souveränes Rennen. Mit großem Vorsprung vor Haas und Ubbiali, die sich wie im Jahr zuvor einen harten Kampf lieferten, ging Rupert Hollaus in die letzte Runde. Und groß war der Jubel, als der Österreicher mit seinem Sieg zugleich die Weltmeisterschaft in der Klasse bis 125 cm^3 errang.

Beim großen Preis der Nationen für Motorräder in Monza am 12. September 1954 geriet der Sinn und Zweck des Motorrad-Rennsports für kurze Zeit zum heiklen Thema: Rupert Hollaus, der Motorradweltmeister in der Klasse bis 125 cm^3 wurde ein Opfer des Motorsports. Sein tragischer Tod warf die Frage auf, ob bei solch hohen Geschwindigkeiten eine vollverkleidete Maschine noch hundertprozentig zu beherrschen sei. Denn durch immer neue Verbesserungen an Fahrwerk und Motor, aber auch vor allem durch eine immer günstigere Verkleidung, stießen die 125er- und 250er-NSU-Maschinen in Geschwindigkeitsbereiche vor, die man kurz zuvor für unerreichbar hielt. Durch den Tod von Hollaus verzichtete NSU dann auf den Start in Monza, der ohnehin Abschluß der Saison war.

24 mal war der NSU-Werkstall 1954 am Start, und 24 mal stellte er den Sieger. Somit errang NSU innerhalb von zwei Jahren in den Klassen bis 125 und bis 250 cm^3 vier Weltmeisterschaften und dazu eine Markenweltmeisterschaft, außerdem in den Klassen von 125 bis 350 cm^3 fünf deutsche Meistertitel. Werner Haas und der Österreicher Rupert Hollaus, zusammen mit H. P. Müller, waren die erfolgreichsten Fahrer und die leuchtenden Stars jener Jahre, deren Namen die Pistenränder Europas mit begeisterten Menschen füllten. Doch wie eine Bombe platzte zum Ende des Jahres 1954 die Nachricht des NSU-Vorstandes, daß das Werk 1955 keine Rennen mehr fahren und sich auf unbestimmte Zeit vom Rennsport zurückziehen und die offizielle Fabrikmannschaft auflösen werde. Den Motorsport werde man trotzdem nach besten Kräften unterstützen.

ZENTRALPRESSRAHMEN UND „BERUHIGTE LUFT“

Als Albert Roder 1947 die NSU Fox entwarf, leitete er mit dem Rückgratrahmen und dem freitragenden Motor eine Entwicklung ein, die nicht nur künftig die neue NSU-Linie festlegen sollte, sondern den Motorradbau weit über die Grenzen Deutschlands hinaus beeinflußte. Dieses kräftige, verwindungsfeste Rahmenrückgrat, das aus zwei symmetrischen Hälften in einem Arbeitsgang geschweißt wurde, bewährte sich nicht nur in den in großer Stückzahl gebauten Fox-Maschinen, sondern bildete ja auch das Tragwerk der NSU-Rennfox, die Werner Haas bzw. Rupert Hollaus 1953 und 1954 zur Weltmeisterschaft führte.

In das gleiche Fahrwerk der Viertakt-Fox baute NSU 1951 einen 125-cm^3-Zweitaktmotor ein. So brachte die Zweitakt-Fox die lange Tradition der 125 ZDB in neue Bahnen. Wenn nicht am Geräusch – dem hellen Singen gegenüber dem dumpfen Schlagen eines Viertaktmotors – so war die Zweitakt-Fox von der normalen Fox äußerlich nur am Auspuffrohr zu erkennen, das den Zylinder ja unten verließ. Der wesentliche Unterschied lag naturgemäß in der Anspruchslosigkeit eines Zweitaktmotors und damit in einem unvermeidbaren Abstrich an Spitzenleistung. Doch erreichte der 125-cm^3-Flachkolben-Zweitaktmotor mit 5 PS bei 5 300 /min die gleiche Leistung wie sein viertaktender Bruder. Die handliche kleine Maschine zeichnete sich durch einen sehr flachen Drehmomentverlauf aus, der sich fahrtechnisch in guter Beschleunigung und ausgezeichnetem Bergsteigevermögen ausdrückte und auch durch die für eine 125er erstaunlich ruckfreie Mindestgeschwindigkeit von 20 bis 25 km/h im direkten Gang unterstrichen wurde. „Ein Motorrad für den Alltag, für kleine und große Reisen. Narrensicher, mit offensichtlich unverwüstlichem Motor.“ So lautete damals das Testurteil eines neutralen Motorrad-Experten.

Die schweren Hirsche der NSU-Werke hörten 1951 auf den Namen Konsul. Wenn auch ein „Konsul“ sich normalerweise nicht durch besondere Schnelligkeit auszeichnet, so entschied man sich in Neckarsulm dennoch für diesen Namen, weil er die Buchstabengruppe NSU enthält. Abgeleitet aus den erfolgreichen NSU-Sportmaschinen vor dem Krieg besaß die Konsul I mit 350 cm^3 und 18 PS wie auch die Konsul II mit 500 cm^3 und 22 PS einen kopfgesteuerten Stoßstangen-Viertaktmotor mit vollgekapseltem Ventilantrieb und Leichtmetallkopf. Das getrennte, fußgeschaltete Vierganggetriebe

Wer den Luxus der NSU Lux damals noch steigern wollte, der kaufte sich einen schnittigen Beiwagen, den die 200 cm³-NSU ohne Murren durch die Lande zog. Mit dem gut abgestuften Vierganggetriebe hatte man immer den richtigen Gang.

wurde durch eine Doppelwelle angetrieben und übertrug die Leistung über eine vollgekapselte Kette auf das Hinterrad. Die Konsul I und Konsul II besaßen das gleiche Fahrgestell mit geschlossenem Brückenrahmen und ölgedämpfter Teleskop-Vorder- und -Hinterradfederung. Die Hinterradfederung konnte bei Soziusbetrieb vorgespannt werden, um so unter allen Bedingungen größere Bequemlichkeit zu sichern.

Für den Wettbewerbsfahrer entwickelte NSU einen Sport-Satz, der den Umbau der Serien-Konsul in eine Hochleistungsmaschine ermöglichte. Durch einen neu durchgebildeten Leichtmetall-Zylinderkopf mit einem Auspuffkanal, offenliegenden Haarnadelfedern und größeren Ventilen, einer neuen Nockenwelle und einem größeren Vergaser, konnte die Leistung der Konsul II auf 33 PS gesteigert werden. Zusammen mit dem sparsamsten Kleinstmotorrad Quick und der unverwüstlichen 251 OSL – beide Maschinen stammten ja aus der Zeit vor dem Krieg und man konnte es sich leisten, sie ohne konstruktive Neuerung weiter zu produzieren – waren die schweren Konsul-Maschinen die letzten Vertreter der klassischen Motorradtechnik und wurden Mitte der fünfziger Jahre durch neue, modern produzierte Maschinen abgelöst.

Denn bereits 1951 setzte NSU mit der Lux konsequent die einmal eingeschlagene Linie fort. Die neue 200er verkörperte das moderne Motorrad jener Jahre, war komfortabel beim Fahren und luxuriös in der Ausstattung und setzte das Zeichen einer neuen Epoche im Motorradbau: Die NSU Lux besaß eine entscheidend verbesserte Federung durch den Einbau von Ölstoßdämpfern und durch die gefederte Unterbringung des Beifahrers auf dem als tragendes Rahmenteil ausgebildeten Hinterschutzblech. Der Roder'sche Zentralpreßrahmen, der in pausenlosen Versuchen im Gelände zu höchster Formsteifheit entwickelt wurde, war zudem unbedingt beiwagenfest. Die Stoßdämpfer für die Vorderradschwinge waren mit den langen Druckfedern in die Gabelscheiden eingebaut, und auch die kräftige, hydraulische Stoßdämpfer- und Hinterradfederung hatte in der zentralen Druckfeder im Rahmenrückgrat Platz gefunden. Der Sattel wurde durch zwei ineinanderliegende, gekapselte Druckfedern wirksam abgestützt und neigte durch die Abstimmung der beiden Federn nicht zum Aufschaukeln.

Der Einzylinder-Zweitaktmotor der NSU Lux leistete bei 62 mm Bohrung und 66 mm Hub 8,6 PS bei einer Drehzahl von 5 200 /min. Schon das auffallend niedrige Verdichtungsverhältnis von 1 : 6 zeig-

NSU-Werbung 1954: Der Verbrennungsraum des neuen NSU-Superlux-Motors erinnerte in seiner Form an eine Sportmütze, wie sie die Jockeys vorzugsweise tragen. Der Vergleich machte sich gut, denn Jockeys sind ja an den Umgang mit (vielen) Pferden gewohnt.

NSU-Motorrad-Montage. Die NSU Lux erhielt 1954 Vollnabenbremsen und mehr Leistung. Insgesamt wurden 78 845 NSU Lux Motorräder in der Zeit von 1951 bis 1956 hergestellt.

te, daß dieser gepflegte Motor nicht auf hohe Leistung, sondern auf ruhigen, geräuscharmen und disziplinierten Lauf entworfen war.

Ein besonderes Kennzeichen des Motors war die „beruhigte" Luft, die der Vergaser aus dem Stauraum des Rahmens unter dem Sattel bezog. Gerade der Zweitakter, bei dem das Gasgemisch zunächst einmal durch das Kurbelgehäuse streicht, war ja mit Rücksicht auf die Lager für eine gründliche Filterung der Ansaugluft besonders dankbar, und die großen Zuverlässigkeitsfahrten hatten gerade in den Jahren zuvor bewiesen, welche Bedeutung eine gute Filterung für den Zylinder-Verschleiß und für das einwandfreie Arbeiten der Kerze hatte. Schließlich schleuste der Motor auf 100 Kilometer gut 40 Kubikmeter Luft durch das Kurbelgehäuse, und wenn der Staubgehalt der Luft auf guten Straßen im Schnitt bei etwa 1 mg/m³ lag, so stieg er auf Nebenstraßen leicht auf den dreifachen Wert.

Der Lux-Motor trieb das Vierganggetriebe über geräuscharme, schräg verzahnte Stirnräder und eine Mehrscheibenkupplung an. Der Antrieb des Hinterrades erfolgte über eine staubdicht gekapselte Rollenkette. Vorder- und Hinterrad waren mit Steckachsen versehen und untereinander austauschbar, wobei auf den leichten Radausbau besonders großer Wert gelegt wurde.

Weitere Einzelheiten waren die Viergang-Fußschaltung, Temperguß-Bremstrommeln mit 160 mm Durchmesser, Lenkungsdämpfer und eine 45-Watt-Gleichstrom-Lichtanlage. Keine Spielerei war der während der Fahrt verstellbare Scheinwerferkegel: er konnte auf diese Weise der jeweiligen Belastung angepaßt werden. Die Batterie saß übrigens gummigefedert in einem verschließbaren Behälter rechts am Hinterrad; auf der anderen Seite wahrte der Werkzeugbehälter die Symmetrie. Wie gesagt, das Finish, wie es der Techniker nannte, hatte wahrhaftig keinen Wunsch unerfüllt gelassen. Daß der Tank und alle anderen Blankteile verchromt waren, war für NSU selbstverständlich. So nahm die NSU Lux bei ihrem Erscheinen auf der 1. IFMA im Jahre 1951 mit Recht für sich in Anspruch, das modernste deutsche Motorrad ihrer Klasse zu sein.

Das Geschäftsjahr 1951 schloß mit einem Umsatzplus von 30 % ab, denn die „NSU-Familie" umfaßte nun acht Mitglieder: Das NSU-Fahrrad für DM 160,– bis 220,–, die Quick für DM 660,–, die Zweitakt-Fox für DM 1 135,–, die Viertakt-Fox für 1 160,–, die Lux für 1 595,–, die Konsul I und II für DM 2 350,– bzw. DM 2 560,– und die immer populärer werdende NSU Lambretta für DM 1 545,–.

Links und rechts: NSU-Fahrradprogramm: Rahmen mit profilierten Steuermuffen, NSU-Lenker mit Vorbau, 2 mm starke Speichen, Bereifung 28 × 175", Rahmen, Gabeln, Felgen und Schutzbleche geschmackvoll verziert, alle blanken Teile vernickelt.

Dr. Ing. Gerd Stieler von Heydekampf, Vorstand und Generaldirektor von 1950 bis 1971.

Dipl. Ing. Viktor Frankenberger, Vorstand und stellvertretender NSU-Chef von 1946 bis 1971.

Auch hatte sich seit dem Jahr zuvor eine wichtige Zahl entscheidend geändert: Der Anzahlungsbetrag wurde bei allen NSU-Modellen erheblich herabgesetzt. Jetzt konnte man eine nagelneue NSU, nämlich die Quick, schon für sage und schreibe DM 165,– beim NSU-Vertreter abholen. Bei den übrigen Modellen lagen die Verhältnisse ähnlich.

Insgesamt wurden 1951 über 82 000 Motorräder, Motorfahrräder und Autoroller hergestellt. Dazu kamen noch 119 328 Fahrräder und über 200 000 Bremsnaben. Die Belegschaft stieg auf 4 981 Arbeiter und Angestellte. Das Jahr 1951 brachte aber

Philipp Wesp, tennis-engagiertes Vorstandsmitglied von 1949 bis 1971. Ressort: Einkauf und Materialwirtschaft.

auch einen personellen Verlust in der Vorstandschaft des Werkes: Walter E. Niegtsch, Vorsitzender des Vorstandes und „Mann der ersten Stunde" verstarb nach langer Krankheit am 29. 5. 1951. An seine Stelle trat der seit 1. 4. 1950 dem Vorstand angehörende Dr. Ing. Gerd Stieler von Heydekampf, Heilbronn. Zusammen mit Viktor Frankenberger, Walter Wertheim und Philipp Wesp bildete Gerd Stieler von Heydekampf den Vorstand der NSU Werke AG, den er erst nach 20 aufregenden wie erfolgreichen Jahren verlassen sollte.

MIT GERD STIELER VON HEYDEKAMPF ZUR GRÖSSTEN ZWEIRADFABRIK DER WELT

Ultramax-Ventilsteuerung und Beruhigte-Luft-Filterung wirbelten im internationalen Motorradbau viel Staub auf, als NSU 1952 erstmals die Max der Öffentlichkeit vorstellte. Sie sollte marktpolitisch jenen Platz einnehmen und weiter ausbauen, der durch die robuste 251 OSL, die es in ihrer 18jährigen Bauzeit seit 1934 auf 67 442 Exemplare gebracht hatte, frei geworden war. Dabei beschritt Chefkonstrukteur Albert Roder neue Wege, denn sie sollte als Hochleistungsmaschine die alte NSU-Tradition folgerichtig fortsetzen und dabei die höchsten An-

Wer sportlich fahren wollte, fuhr die stramme Max von NSU. Mit ihren 250 cm³ war sie schneller und temperamentvoller als viele 350 cm³-Maschinen.

forderungen an mechanische Geräuschlosigkeit und Betriebssicherheit erfüllen. Nur eine obenliegende Nockenwelle mußte bei der geforderten Leistung und der dafür erforderlichen Drehzahl die Gewähr für unbedingte Betriebssicherheit geben. Die NSU-Lösung mußte also revolutionär ausfallen.

Das eigenwillige, ja genial erdachte Merkmal der NSU Max war die „Ultramax-Steuerung" zum Antrieb der obenliegenden Nockenwelle. Das Prinzip hatte sich Chefkonstrukteur Roder „vom Lokomotivbau ausgeliehen". Denn er war einerseits noch nie ein Verfechter von raschlaufenden Ketten, wie bereits die gesamte Entwicklung bei den Rennmotoren deutlich machte, andererseits wollte er auch nicht die aufwandreiche, kostspielige und auch in Montage und Wartung anspruchsvolle Königswelle für einen Serienmotor übernehmen, der trotz seiner ungewöhnlichen Leistung robust und langlebig werden sollte.

Bei der „Ultramax-Steuerung" wurde von der Kurbelwelle über ein Zahnradpaar eine Exzenterwelle mit zwei um 90 Grad gegeneinander versetzten Exzenterscheiben angetrieben und durch zwei sehr leicht gehaltene Schubstangen formschlüssig mit einer im Gleichlauf arbeitenden Doppel-Exzenterscheibe auf der Nockenwelle verbunden. Stand eine der Schubstangen im oberen oder unteren Totpunkt, so zog die zweite Schubstange am vollen Hebelarm der Exzenterscheibe und stellte so einen völlig gleichförmigen Antrieb sicher. Die Gewichte der hin- und hergehenden Schubstangen wurden durch Gegengewichte wie bei einer Kurbelwelle ausgeglichen. Die zum Massenausgleich mit herangezogene Schwungmasse war auf der Nockenwelle

NSU Max-Fahrer in Urlaubsstimmung.

so geschickt angeordnet, daß sie durch die in ihr aufgespeicherte Energie dazu beitrug, die Spitzenbeschleunigung des naturgemäß ungleichförmig arbeitenden Nockentriebs zu überwinden.

Mit einem genialen Einfall wurde das heikelste Problem jeder obenliegenden Nockenwelle, der Ausgleich der Wärmedehnung des Zylinders, gelöst. Die Nockenwelle mit den Kipphebeln war im Zylinder in einem zylinderförmigen Gehäuse schwenkbar gelagert. Dehnte sich der Zylinder im Betrieb mit steigender Temperatur aus, so nahm er das Nockenwellengehäuse mit. Das drehbare Gehäuse wurde aber auf der Schubstangenseite durch einen Stahllenker in unverrückbarem Abstand vom Kurbelgehäuse gehalten und führte daher mit wachsendem Zylinder eine minimale Schwenkbewegung aus. Der Schubstangenantrieb wurde damit von jeder Wärmedehnung befreit und sorgte daher in jedem Betriebszustand für eine spielfreie und damit geräuschlose Kraftübertragung.

Die mit äußerster Präzision bearbeiteten Zapfenlager liefen unter günstigsten Schmierungsverhältnissen und hatten eine sehr geringe Flächenbelastung, so daß man eine Abnützung kaum zu befürchten hatte. Ein besonderer Vorteil dieses Nokkenwellenantriebs lag darin, daß die Einstellung des Schubstangenantriebs bei einer Überholung durch die Werkstatt keine allzu hohen Spezialkenntnisse voraussetzte. Wie bei der NSU Fox lagen auch bei der NSU Max Kurbelwelle und Getriebe in einem gemeinsamen Gehäuse ohne Trennwand. Die Schmierung war hier aber als Druckumlaufschmierung ausgebildet, für die eine von der Kurbelwelle über ein Zwischenrad angetriebene Zahnradpumpe sorgte. Diese versorgte nicht nur die Kurbelwellen und den Schubstangentrieb, sondern auch die Nockenwelle mit Öl. Die reichlich bemessene Kapselung ließ auch Raum für die Haarnadel-Ventilfedern. Recht interessant war die Selbsteinstellung der Kipphebel, die mit einer abgeflachten Kugel auf die Ventilschäfte drückten und damit stets eine einwandfreie Flächenberührung statt der üblichen Linienführung sicherstellten – eine Lösung, die der Herabsetzung des Verschleißes ebenso dienlich war, wie der Verminderung des Geräusches.

Der interessante Hochleistungsmotor der NSU Max war mit einer Bohrung von 69 mm und einem Hub von 66 mm als Kurzhuber anzusprechen. Er leistete bei einem Verdichtungsverhältnis von 1 : 7,4

NSU-Motorenmontage. Der NSU Max-Motor auf dem „kreuzungsfreien“ Montageband. Nahezu 100 000 Exemplare wurden während seiner 12jährigen Bauzeit gefertigt.

und einer Drehzahl von 6 500/min gut 17 PS und brachte die Maschine auf ein Leistungsgewicht von 9,2 kg/PS. Das kräftige Drehmoment des Motors fand auch darin seinen Ausdruck, daß die Kupplung als Trockenkupplung ausgebildet wurde, um mit geringem Anpreßdruck und somit geringen Betätigungskräften auszukommen.

Die Entwicklung der NSU Max wurde mit äußerster Sorgfalt durchgeführt. 60 Versuchsmaschinen fuhren erst monatelang über Straße und Gelände, bis die Serie freigegeben wurde. Und dabei entstand auch das System der „beruhigten" Luft, das die Lux dann übernahm. Die staubhaltige Ansaugluft mußte erst den Zentralpreßrahmen durchstöbern, verlor dort schon einen erheblichen Teil des Staubes, um schließlich in dem großen Filter fein gereinigt zu werden. Der Verschleiß des Motors wurde hierdurch ganz wesentlich verringert. Die langen Saugwege trugen dabei noch zur schwingungstechnischen Abstimmung des Ansaugvorganges bei.

Zur wirtschaftlichen Fertigung wurden Lux und Max mit wesentlichen Bauteilen völlig gleich gehalten. So stimmten die beiden Maschinen im Fahrwerk völlig überein. Lediglich die Federkennung wurde dem etwas höheren Gewicht und der höheren Geschwindigkeit der Max angepaßt. Die Familienähnlichkeit erstreckte sich aber auch auf den Motor, dessen Gehäuse auf den gleichen Vorrichtungen bearbeitet werden konnte, und auf das Vierganggetriebe. Chefkonstrukteur Albert Roder hatte mit der NSU Max, vor allem aber mit dem besonderen ohc-Antrieb, einmal mehr bewiesen, daß er zu den ideenreichsten Konstrukteuren jener Zeit gehörte.

NICHT MEHR LAUFEN – QUICKLY KAUFEN

Jahrzehntelang war der Fahrradhilfsmotor in Deutschland nur wenig beachtet worden. Wohl diente er Zehntausenden zur Motorisierung ihres Fahrrades und so mancher der „FAHIMOS" – wie diese nur wenige Pfund schweren Motörchen kurz, aber wenig schön bezeichnet wurden – fuhr seinen Besitzer jahrelang über Tausende von Kilometern. Dennoch blieb der Kreis seiner Besitzer vorwiegend auf „Bastler" beschränkt. Viele wußten gar nichts von der Existenz dieses Motors und auch eine ganze Reihe von Fachleuten billigte diesem Kleinstmotor keinerlei Entwicklungsmöglichkeiten zu. Anfangs der fünfziger Jahre aber geriet dieser Motor wegen seiner einst so mitleidig belächelten Einfachheit und Anspruchslosigkeit zum Träger der Kleinmotorisierung in einem bislang noch nie gekannten Maße. Anstelle des FAHIMOS von einst trat das Moped, ein komplettes, motorisiertes Fahrrad, unter Beibehaltung der üblichen Fahrrad-Baumerkmale.

Mit der zunehmenden Auflockerung moderner Wohngebiete und ihrer stärkeren Abtrennung von Industrie-Zentren wuchsen die Distanzen, die täglich zum Arbeitsplatz, Einkauf, oder zu Zusammenkünften zurückzulegen waren, in einem Maß, das über die Möglichkeit der Verkehrsbedienung durch öffentliche Verkehrsmittel weit hinausging. Millionen waren in den fünfziger Jahren darauf angewiesen, sich selbst zu motorisieren, wenn sie ihre volle berufliche und private Wirksamkeit entfalten wollten.

Zwei Jahrzehnte lang – seit 1936 – hatte Deutschlands größtes Motorradwerk mit der NSU Quick durch die Wirtschaftlichkeit und die unbedingte Zuverlässigkeit dieses Motorfahrrades mit fast 250 000 Stück einen unvergleichlichen, wirschaftlichen Erfolg. An diese Stelle trat nun die kleinere Schwester, die NSU Quickly, die alle Merkmale eines Mopeds besaß, also einen 50-cm³-Motor, Tretkurbel, ein Gewicht um 33 Kilogramm und damit steuer-, zulassungs- und führerscheinfrei war.

Aus der NSU-Motorraderfahrung jedoch wurde die kleine Quickly mit all jenen Eigenschaften ausgestattet, die geeignet waren, die Sicherheit des

Quick-Jubiläum: 1952 lief die 200 000. NSU Quick vom Band. Das Motorfahrrad war ein großer wirtschaftlicher Erfolg und wurde 1953 von der NSU Quickly abgelöst.

Das Volksfahrzeug der 50er Jahre war die NSU Quickly. In der Blütezeit wurden 1000 Stück von ihr pro Tag produziert. Der Export ging in die fernsten Länder.

Fahrens zu erhöhen und den Verschleiß entschieden zu vermindern. So entsprach die Quickly in ihrem konstruktiven Aufbau der von der NSU Fox eingeleiteten modernen NSU-Linie mit einem formschönen, aus gepreßten Schalenprofilen zusammengeschweißten Stahlblechbrückenrahmen und der auch bei den größeren Modellen bis hin zur schnellen Rennmaschine bewährten Schwinghebelgabel für das Vorderrad. Beide Bremsen waren als Innenbackenbremsen mit Steckachsen ausgebildet. Der nach modernsten Gesichtspunkten entwickelte Quickly-Motor hatte bei einer Bohrung von 40 mm und einem Hub von 39 mm einen Hubraum von 49 cm^3 und ein Verdichtungsverhältnis von 1 : 5,5. Und nach den guten Erfahrungen bei den großen Maschinen kam auch der Quickly-Motor in den Genuß der Filterung durch „beruhigte Luft". Selbstverständlich erhielt die Quickly ein Zweiganggetriebe, um eine Anpassung an die verschiedenen Straßenverhältnisse zu erreichen. Da NSU den Motor nicht auf eine übertriebene Spitzengeschwindigkeit, sondern auf „bulliges" Durchziehen auslegte, überraschte es nicht, daß die Quickly eine Steigfähigkeit – ohne mitzutreten – bis zu 18 % besaß.

Die NSU-Leute hatten ihren Benjamin, die Quickly, gleich bei ihrem ersten Erscheinen in der Öffentlichkeit, auf der 2. Internationalen Fahrrad- und Motorrad-Ausstellung in Frankfurt 1953, mit einem Stabreim dekoriert: Leicht – lebendig – leise.

„Nicht mehr laufen, Quickly kaufen": unter diesem Motto nahm das Unternehmen dann in den folgenden Jahren den Kampf um den letzten Fußgänger auf, denn ein erster Strukturwandel in der Zweiradbranche zeichnete sich ab. Auch bei NSU hatte das Motorrad 1953 seinen Höhepunkt erreicht und war an der weiteren Umsatzsteigerung nicht mehr beteiligt. So wie der prozentuale Anteil der Fahrradproduktion sank, so rückte das Moped nun mit einer ständigen Produktionssteigerung an seine Stelle. In ähnlicher Weise bedrängte der Motorroller das klassische Motorrad. Dabei avancierte 1954 der NSU Lambretta-Roller zum meist zugelassenen Zweirad in der Bundesrepublik. Bei den Motorrädern hielt die 250-cm^3-Max mit die Spitze. Der Export-Anteil der NSU Quickly an der deutschen Moped-Ausfuhr betrug 56 %.

Unter diesem Motto versuchte NSU, den „letzten" Fußgänger zu motorisieren.

Das NSU-Fahrrad war Mitte der 50er Jahre mit allem Komfort ausgerüstet, besaß eine Dreigangschaltung und sorgte dafür, daß der Autofahrer nicht aus der körperlichen Übung kam.

Nicht nur Strukturwandel, sondern auch ein verregneter Sommer und der sich immer stärker verschärfende Saison-Charakter des Zweiradgeschäftes prägten das NSU-Geschäftsjahr 1954. Es wurde immer schwerer, die erwünschte Gleichmäßigkeit eines ganzjährigen Produktionsablaufes aufrechtzuerhalten, denn allein 70 % des Gesamtumsatzes 1954 drängten sich in die sechs Monate von Februar bis Juli zusammen. Nur durch die elastische Anpassung der Typen und Stückzahlen an den Inlandsmarkt und die über 60prozentige Steigerung des Exportes brachten trotzdem ein günstiges Ergebnis.

1954 wurden insgesamt 201 439 motorisierte

Originelle NSU-Werbung: 1954 erhielt die neue NSU Superlux und die neue NSU Max einen sogenannten Büffeltank. So schön auch diese Tankform war – man konnte den Besitzern der neuen Maschine nicht empfehlen, in den zoologischen Garten zu fahren, denn dann würde zweifellos das eintreten, was Zeichner Griffel vorausschauend im Bilde festhielt.

Zweiradfahrzeuge und 46 737 Fahrräder gebaut, nämlich 123 671 Quickly, 48 035 Motorräder und 29 733 Lambretta. Das war das Doppelte als im Jahr zuvor, wo der NSU-Ausstoß erstmals die 100 000-Grenze überschritt. In dem von Jahr zu Jahr immer schärfer werdenden Zweiradgeschäft konnte sich nur das technisch-fortschrittlich konstruierte und zeitgerecht in Form und Farbe ausgestattete Fahrzeug behaupten.

NSU wandelte diesen Zeitgeschmack in eine ganze Reihe von Modellverbesserungen um. Lux, Max und Lambretta wurden modernisiert und z. T. in ihrer Leistung verstärkt. Aus der 200-cm³-Zweitakt-Lux entstand die Superlux, die nun, wie auch ihr Viertakt-Bruder, der NSU Max, Vollnabenbremsen mit 280 cm² Bremsfläche, Büffeltank mit 14 Liter Inhalt und Diffusor-Auspufftopf besaß. Der 200-cm³-Zweitakt-Motor der Superlux leistete jetzt 11 PS, die der Maschine nicht nur eine Spitze von 100 km/h, sondern – was wichtiger war – ein Bergsteigervermögen von 45 % verlieh.

Mit einer ganzen Reihe wichtiger Verbesserungen wurde die neue Lambretta Modell 1955 ausgestattet: Der Roller erhielt einen auf 150 cm³ vergrößerten Zweitaktmotor mit einer Leistung von 6,2 PS. Die Höchstgeschwindigkeit wurde mit 81 km/h absichtlich nicht in die Höhe getrieben, weil bei einem Roller ein bulliges Drehmoment in den niederen Drehzahlbereichen weit begehrenswerter war als eine auf Kosten der Robustheit des Motors gehende Spitze. Die beruhigte Luftfilterung, wie bereits bei der Max und Superlux, kam nun auch der Lebensdauer des Lambretta-Motors zugute. Zugleich dämpfte das neue Filtersystem das bei Zweitaktern immer hervortretende Ansauggeräusch. Ebenfalls einen Dämpfer aufgesetzt bekam das Auspuffgeräusch durch den neuen, wirksamen Diffusor-Auspufftopf, der gleichzeitig die schöne Linienführung der Lambretta hervorhob. Die Lambretta war nicht nur ein Fahrzeug für „gut angezogene Leute“, sondern auch für solche, die eigentlich Auto fahren würden.

Von Deutschlands beliebtestem Motorroller produzierte NSU allein im Jahre 1954 nahezu 30 000 Exemplare, ein Jahr später waren es sogar 45 000. Die NSU-Zweiräder belebten das Straßenbild der 50er Jahre.

Aus dieser Sicht wurde Deutschlands beliebtester Roller nun auch mit zahlreichen autoähnlichen Dingen ausgestattet: Natürlich elektrischer Starter, mit dem bekannten „Druck aufs Knöpfchen" – den Kickstarter gab es ja seit 1953 nicht mehr. Auch brauchte man die Motorhaube nicht mehr zu öffnen: Getupft und die Luftklappe am Vergaser geöffnet wurde vom Armaturenbrett aus. Völlige Verkapselung der verbesserten Federelemente und Schwinggelenke, seitliche Schwenkstütze, hinten großhubige hydraulische Stoßdämpfer, 12 Volt Lichtanlage mit 45/60 Watt Leistung, Standlicht, vordere und hintere Schwinge und große Schwingsättel sorgten ebenfalls für erhöhten Fahrkomfort. Größer konnte auch beim Autokauf die Auswahl an verschiedenen Lackierungen nicht sein. Der Lambrettist der Jahre 54/55 konnte frei auswählen: Jadegrün, Beige, Mitriparot und zweifarbig Grau. Somit war den Damen die Möglichkeit eröffnet, ihre Garderobe der Lambretta – oder umge-

Im Gegensatz zu vielen anderen Motorradfabriken wurde bei NSU fast alles im Hause hergestellt. So hatte man in Neckarsulm nicht nur eine Gesenkschmiede, sondern auch eine eigene Druckgießerei, in der die bei NSU benötigten Leichtmetallgußteile hergestellt wurden.

kehrt – anzupassen.

Gegen Ende des Jahres 1954 liefen zwei NSU-Modelle aus, von denen man nicht nur insgesamt 88 696 Stück baute, sondern die auch den Beginn einer neuen Epoche sowohl bei NSU wie auch im gesamten Motorradbau einleiteten: Die NSU-Viertakt- und Zweitakt-Fox.

Die ständig größer werdende NSU-Produktion verlangte auch einen kontinuierlichen Ausbau und Modernisierung der gesamten Fabrikationsanlagen. Konnte man 1953 neben erheblichen Investitionen für Werkzeugmaschinen mit der Einrichtung einer Leichtmetall-Druckgießerei und mit dem Bau einer dreistöckigen, großen Versand- und Lagerhalle beginnen, so investierte man 1954 in einer nach dem Kriege bislang noch nicht dagewesenen Höhe. Allein mit einem Aufwand von über 3 Millionen DM errichtete NSU eine große Fabrikationshalle. Diese „Montagehalle Nord" war mit 18 000 Quadratmetern Grundfläche die größte Werkshalle von NSU. Sie enthielt mit modernsten Anlagen die Oberflächenbetriebe der Galvanik und Lackiererei und sämtliche Montagebänder für das aktuelle Zweirad-Programm. Durch den Bau dieser Halle löste sich im alten Werk die Raumfrage auch für eine Reihe anderer Fabrikationsabteilungen.

1954 gab es außerdem noch eine Menge Zahlen und Informationen aus Deutschlands größtem Motorradwerk: In Württemberg waren damals die NSU Werke AG neben Bosch und Daimler-Benz das drittgrößte Unternehmen, – das wie ein Magnet die Arbeitskräfte anzog: bei NSU arbeiteten 6 200 Arbeiter und Angestellte. Unter ihnen befanden sich 802 Frauen, 49 Meister, 96 Vorarbeiter, etwa 1 000 Flüchtlinge und 280 Schwerbeschädigte. 28 % wohnten in Neckarsulm, 12 % in Heilbronn und 60 % kamen täglich aus einem Umkreis bis zu 40 Kilometern nach Neckarsulm zur Arbeit. Zwei Kilometer nördlich von Neckarsulm befand sich die damals größte geschlossene Pendlersiedlung des Bundesgebiets: Die Amorbacherfeld-Siedlung. Bis 1954 wurden dort nicht weniger als 800 Wohnungen gebaut. Als Arbeitgeber war das Neckarsulmer Unternehmen so begehrt, daß viele Arbeiter eine sichere Stellung verließen, um bei NSU anzukommen. Das zeigten auch die Schreiben aus allen Gegenden Deutschlands, in denen nach einer Lehrstelle für den Sohn oder die Tochter nachgefragt wurde. Da die Jugend in dem großen Werk eine gute Ausbildung erhielt und auch mit sonstigen Vergünstigungen nicht zu kurz kam, war das jährliche Angebot an lernbegierigen Leuten zehnmal so groß wie der Bedarf. 1954 wurden 310 Lehrlinge in 11 Lehrberufen ausgebildet.

Wer damals bei NSU arbeitete, fuhr „Eigenbau": Dreiviertel der Werksangehörigen hatten ein eigenes Motorrad, fast jeder besaß ein Fahrrad. Über 2 000 hielten Fahrrad und Motorrad zu gleicher Zeit. Und man schaute gerne zu bei NSU. Im Jahre 1954 kamen nahezu 30 000 Besucher aus aller Herren Länder zur Besichtigung. Für eine Stadt mit damals 12 000 Einwohnern hatte Neckarsulm eine ungewöhnlich lange Liste an Weltmeistern, Deutschen Meistern und Württembergischen Meistern. Nicht nur im Rennsport machte Neckarsulm von sich reden, sondern auch die Boxer der „Motorenstadt" zeichneten sich aus. Sie konnten 1954 die Deutsche Mannschaftsmeisterschaft erringen.

H. P. WIRD MOTORRAD-WELTMEISTER

In ähnlicher Form, wie die NSU-Rennmaschinen der Jahre 1953 und 1954 einen neuen Maßstab für Leistung und Geschwindigkeit in ihren Klassen aufstellten – es war an der Tagesordnung, daß die Viertelliterklasse schneller war, als die 350er! –, tat dies die Serien-Max im Felde der Sport- und Gebrauchsmotoren. Zweifellos war es weder für die NSU-Konstrukteure noch für Renn- und Versuchsleiter Ewald Praxl ein schwieriges Problem, aus einem 250-cm^3-Einzylinder 28 PS herauszuholen. Doch änderte sich die Aufgabenstellung beträchtlich, wenn dabei die weitgehende Verwendung von Serienteilen einbezogen und der Motor jedem in- und ausländischen Privatfahrer zur eigenhändigen Wartung und Montage übergeben werden sollte. Doch zeigte sich der Max-Motor mit seiner genial erdachten, schubstangengetriebenen, obenliegenden Nockenwelle nicht nur als dankbares Bastelobjekt für eine nachträgliche Leistungssteigerung, sondern auch als solide Basis für 28 PS bei 9 000/min, wobei es allerdings verständlich war, daß für die höchst beanspruchten Triebwerksteile, wie Kurbelwelle, Pleuel, Ventile und Kipphebel, besondere Werkstoffe verarbeitet wurden, oder daß an die Stelle des auf optimale Laufruhe ausgelegten, gegossenen Serienkolbens ein geschmiedetes Exemplar mit einem auf 0,08 mm erhöhten Laufspiel trat.

Rund drei Dutzend Sportmäxe wurden in den Winter- und Frühjahrsmonaten 1954/1955 in der ehemaligen Rennabteilung von NSU gebaut. Das war eine ziemlich umfangreiche Aufgabe, denn jede einzelne Sportmax mußte von den NSU-Rennspezialisten zusammengebaut und auf Leistung gebracht werden. Der Verkaufspreis von DM 4 000,– wurde dem Aufwand, der mit jeder Maschine verbunden war, nicht gerecht. Schon kurz nach Bekanntgabe der NSU-Absichten, den Motorsport mit der NSU-Sportmax unterstützen zu wollen, setzte ein wilder Run auf die Sportmäxe ein. Von den 245 Bestellungen aus dem In- und Ausland konnten nur ganz wenige berücksichtigt werden, so daß man in erster Linie diese Maschinen an bewährte Privatfahrer verkaufte.

Bei der Sportmax handelte es sich um eine aus der Serienmaschine entwickelten Rennsportmaschine, deren Einzylinder-Viertakt-Motor 28 PS leistete. Mit dieser Maschine wurde im Jahre 1954 Walter Reichert Deutscher Meister der Privatfahrer in der Klasse 250 cm^3.

Genau wie die Serienmax besaß auch die Sportmax einen Zentralpreßrahmen, dessen Steifigkeit und Stabilität die Fachleute sehr lobten, Vorder- und Hinterradschwingachse und Vollnaben-Rennbremsen. Der Sportmax-Motor war als Viertakter thermisch wenig belastet und besonders widerstandsfähig, er vertrug Drehzahlen bis 10 000/min, ohne daß Kolben oder Kolbenringe gefährdet waren. Der Ventilantrieb erfolgte über die Ultramax-Schubstangensteuerung. Die Höchstgeschwindigkeit der NSU-Sportmax hing naturgemäß von der Übersetzung der Maschine und vom Gewicht des Fahrers und seiner Fähigkeit, sich klein zu machen, ab.

Auf dem Kurs von Hockenheim wurde die Sportmax unter günstigen klimatischen Bedingungen mit 190 km/h gestoppt und es war denkbar, daß sie mit einer Verkleidung, die in der Saison 1955 groß in Mode kommen sollte, leicht die 200-km/h-Grenze überschreiten würde. Mit dieser Leistung stand den Privatfahrern eine Maschine zur Verfügung, mit der sie sich auch auf internationalen Strecken durchaus sehen lassen konnten. Denn die Männer von NSU hatten inzwischen erkannt, daß es nicht leicht war, mehrfacher Weltmeister zu sein.

Als die Direktion der NSU-Werke AG Ende 1954 bekanntgab, das Werk wolle sich auf unbestimmte Zeit vom Rennsport zurückziehen und die offizielle Fabrikmannschaft auflösen, da ergriff jeden Motorsportler eine gewisse Resignation. Wer sollte nun weiterhin die Farben des Werkes vertreten? Wer konnte die mit der 125er NSU-Rennfox und mit der 250er NSU-Rennmax errungenen großen Erfolge verteidigen und weiter festigen? Es war einfach unfaßlich, daß der kleine, schnelle Doppelnocken-Einzylinder und die rasante und zuverlässige Renn-Twin plötzlich wieder von der Bildfläche verschwinden sollten. Rennsport ohne NSU, Rennen ohne die zur Weltberühmtheit gelangten „Blauwale“ aus Neckarsulm! Konnte sich das die schwäbische Firma denn überhaupt leisten?

Es gehörte schon sehr viel Mut, ein guter Überblick über die Sportsituation der Zukunft und ein gesundes Vertrauen in die Kontinuierlichkeit des errungenen Sport-Prestiges dazu, wenn sich die Werksleitung dennoch entschloß, den Schritt aus dem Mittelpunkt des Geschehens zu wagen. Konnte denn die neugeschaffene Einzylinder-Sportmax wenigstens einen Teil der Aufgaben – Erzielung durchschlagender Rennerfolge, Vertretung sportlicher, technischer und werbemäßiger Belange – für die abseits des Geschehens stehende Firma übernehmen? Selbst nach dem guten Abschneiden der ersten Maschinen unter dem neuen deutschen Privat-Meister Walter Reichert und durch die Fahrer Georg Braun, sowie Kurt Knopf in Bern bzw. Monza im Jahre 1954 hielten es die kühnsten Optimisten der internationalen Fachwelt für ausgeschlossen, daß schon 1955 in der auch weiterhin gut belegten 250er-Klasse mehr als ein bescheidener Abglanz der Vorjahres-Erfolge zustande kam. Wie sollte sich eine der Serien-Max entsprechende Sportmaschine, die keinerlei konstruktive Finessen einer Spezial-Rennmaschine, keinen Doppelnockenkopf, kein Fünf- oder Sechsgang-Getriebe hat, gegen die schnelle Konkurrenz behaupten?

Der auf 28 bis 29 PS gebrachten Einzylinder-Maschine standen die schnellsten und kompliziertesten Renner des Auslandes, die berühmten Moto-Guzzis und die MV-Agustas Italiens, dazu noch einige hochgetrimmte deutsche Zweitakter gegenüber. Die Moto-Guzzi beispielsweise war eine Konstruktion, die in 25jähriger stetiger Entwicklungsarbeit und ebenso langem scharfen internationalen Einsatz zu solchen Leistungen hochgetrieben worden war, daß letztlich nur die NSU-Renntwin des Werksrennstalles unter den Weltmeistern Werner Haas und Rupert Hollaus über sie triumphieren konnte. Es schien unwahrscheinlich, daß den vom Guzzi-Werk einigen italienischen und englischen Spitzenprivatfahrern überlassenen Doppelnocken-Einzylinder-Werksmaschinen so mir nichts dir nichts eine seriöse und – so möchte man fast sagen – nur so nebenbei zustande gekommene Super-Sportmaschine Paroli bieten könnte!

Die NSU-Sportmax schlug innerhalb der 55er-Rennsaison mehrfach diese Ex-Werks-Guzzi! Ja,

Auf dem Weg zur Welt-meisterschaft 1955: H. P. Müller mit seiner 250 ccm-Sportmax.

Äußerlich kaum von der NSU-Blauwal aus dem Jahr 1954 zu unterscheiden: Die NSU-Sportmax von 1955.

sie schlug selbst die neuesten Super-Werksmodelle von MV Agusta, oder hielt zumindest in jedem Fall hervorragend mit diesen Neukonstruktionen mit. Damit zeigte sich die Einmaligkeit ihrer Konstruktion, die Genialität ihrer Konzeption für Motor und Fahrwerk, ihre unglaubliche Leistung und ihre unwahrscheinliche Zuverlässigkeit!

Es war, von einem ganz neutralen Standpunkt aus gesehen, nicht zuviel gesagt, wenn man behauptete, daß das Rennjahr 1955 im Zeichen der Privatfahrer-Rennmaschinen gestanden hat. Es war dies in der 250er-Klasse die blitzsaubere, unauffällig sich darbietende, jedoch fabelhaft laufende NSU-Sportmax.

Eine gigantische Aufgabe hatte sich der siebenfache deutsche Titelträger H. P. Müller (Ingolstadt), der 1954 auf der auf 288 cm^3 aufgebohrten NSU-Rennmax-Twin noch schnell Meister der 350er-Klasse geworden war, für 1955 gestellt: Er trat als Privatfahrer mit der NSU-Sportmax zum Kampf um den Weltmeistertitel der 250-cm^3-Klasse an. „H. P." gewann den großen Preis von Deutschland! Er belegte bei der englischen TT einen achtbaren dritten Platz, er wurde Vierter bei den Wertungsläufen in

Holland und Italien und Sechster beim Ulster-Grand-Prix! Mit nur drei Punkten Unterschied unterlag er einem englischen Werksfahrer und einer italienischen Spezial-Werksrennmaschine.

Noch nie seit Einführung der Motorrad-Weltmeisterschaft gelang es einem Privatfahrer, in einer Soloklasse den Weltmeistertitel zu erringen, den H. P. Müller mit der nachträglichen Disqualifikation des Siegers von Assen erhielt. Nicht genug damit: Erfreulich viele Privatfahrer benützten 1955 teils die mit der Blauwal-Karosse verkleidete, teils die „nackte NSU-Sportmax". Aus der Vielzahl der Siege ragte der Gewinn der Deutschen Meisterschaft durch Hans Baltisberger (Reutlingen) heraus, erkämpft auf dem Nürburgring, beim Solitude-Rennen und beim Eilenriede-Endlauf. Dann war die britische Motorrad-Meisterschaft des jungen Weltklassefahrers John Surtees zu nennen, der seit Übernahme seiner NSU-Sportmax (im Frühjahr 1955) zum unangefochtenen Alleinbeherrscher der 250er-Klasse in England geworden war und zahlreiche wertvolle Einzelsiege, u. a. den Ulster-Grand-Prix, herausfahren konnte. In Frankreich wurde Pierre Monneret mit der Sportmax französischer Meister der 250-cm³-Klasse.

Daß die NSU-Einzylinder noch mehr konnte, zeigte sie in der 350-cm³-Klasse, in der einige Maschinen mit einem knapp über 250 cm³ vergrößerten Motor gegen stärkste Konkurrenz antrat. Hallmeier und Baltisberger brachten es zuwege, daß bekannte englische Spezial-Serienrennmaschinen von genau 350 cm³ mehrfach das Nachsehen hatten. Man konnte dazu ohne Übertreibung sagen, daß die im Hubraum benachteiligte NSU den Privatfahrern der 350-cm³-Klasse ein neues Leistungslimit für ihre zukünftig einzusetzenden Sportgeräte auferlegte.

GELÄNDESPORT

Die zunehmende Verkehrsdichte auf deutschen Straßen stand einer Fortführung der altbekannten Wettbewerbsarten, wie Langstreckenfahrten, Ballonverfolgungen, Fuchsjagden usw., entgegen. Die Entwicklung des Zuverlässigkeitssportes lief deshalb Anfang der 50er Jahre in stärkerem Maße als bisher, parallel zu derjenigen im Ausland. Fahrer und Maschinen wurden von der Straße weg ins Gelände verwiesen. Der Geländesport in der Form einer schweren Geländefahrt mit Einzelstart und Zeit- sowie Fahrstil-Bewertung, und das Geländerennen mit Massenstart und absoluter Zeitbewertung, das sogenannte Motocross, erlangten in dieser Zeit stärkere Bedeutung.

Da die schwerste Prüfung innerhalb des Sektors Geländesport die Internationale Sechstagefahrt ist, die klassischen Status besaß, durch das Beschikken mit National- und Silbervasen-Mannschaften offiziellen und damit praktischen Grand Prix-Charakter hatte, mußte im deutschen Geländesport das Hauptgewicht auf die Schulung der Geländefahrer und auf größtmögliche Zuverlässigkeit der Wettbewerbs-Maschinen gelegt werden. Ziel war ein internationaler Erfolg bei den Sixdays.

Aus der Serienmax abgeleitet, entstand speziell für den Geländewettbewerb die NSU-Geländemax. Sie hatte den gleichen Motor, der allerdings durch einige Kunstgriffe auf ca. 19,5 PS gebracht wurde, und den bekannten Zentralpreßrahmen, aber ein hochgezogenes Auspuffrohr, einen Unterschutz (um das Motorgehäuse vor Steinschlag zu schützen). Die ungewöhnlich hohe Beanspruchung des Fahrgestells machte vorne größere Stoßdämpfer notwendig. Selbstverständlich gab es die Geländemax auch mit Beiwagen für die Gespannklasse. Es sprach sich schnell herum, wo es gute Maschinen gab. Bei NSU meldeten sich nach den Erfolgen der Jahre 1953 und 1954 eine ganze Reihe von namhaften Geländefahrern, denen die NSU-Werke dann ihre Geländemax zur Verfügung stellten. Selbstverständlich wurden auch die Werksfahrer von NSU damit ausgerüstet. Außer den Werksfahrern Josef Ullmer, Erwin Fischer, Otto Kollmar/Gebhard Nied,

Gewaltige Sprünge machten die Geländegespanne, wenn es galt, mit Schwung eine Böschung zu nehmen. Auf der Internationalen 6-Tage-Fahrt, der härtesten Gelände- und Zuverlässigkeitsprüfung für Motorräder, bewiesen die NSU Max-Gespanne ihre Sonderklasse.

Robert Dollmann/Viktor Pfeffer, Wilhelm Hofmann/Gerd Reinhard fuhren die Geländemax u. a. Otto Haas (der Bruder von Werner Haas), Karl-Ludwig Westphal, Manfred Frey, Max Stecher und Werner Sauter/Karl-Heinz Piwon.

Die Experten waren sich darin einig: Die Internationale Sechstage-Fahrt 1955 in der Tschechoslowakei war die schwerste Sechstage-Fahrt, die jemals bislang gefahren wurde! Daß es dennoch 56 Goldmedaillen gab (von denen 22 an Deutschland und davon wiederum 6 an NSU fielen), war damit zu erklären, daß man eben den Motorrädern viel mehr zumuten konnte, als vor 15 oder 20 Jahren, ohne daß sie auseinander fielen. Es wäre aber auch wiederum gelogen, wenn jemand behauptete, daß bei diesen teuflisch harten Sixdays an den ankommenden Maschinen nichts kaputt gewesen wäre. Das wäre geradezu anomal gewesen. Denn sechs Tage schmiergelnder Staub und Dreck, sechs Tage lang Schinderei auf steil ansteigenden, aufgeweichten Wegen, 2 100 km über Baumwurzeln und Felsbrocken, durch Querrinnen und Schlaglöcher mußten ja ihre Wirkung auch auf die beste Maschine zeigen.

Max-Demonstration: Die 31. Internationale 6-Tage-Fahrt 1956 in Garmisch-Partenkirchen beendeten 9 NSU-Fahrer mit einer Goldmedaille. Außerdem gab es für beide strafpunktfrei durchgekommenen NSU-Fabrikteams zwei goldene Fabrikpreise.

Noch schwerer als diese Dauer-Beanspruchung wog bei den Sixdays in der Tschechoslowakei zweifellos die Tatsache, daß die Fahrzeiten derart knapp waren, daß die Fahrer an den Zeitkontrollen und am Abend am Ziel, sowie am Morgen vor dem Start, kaum Gelegenheit hatten, die allerdringendsten Wartungsarbeiten durchzuführen. Ein hastiger Ölwechsel, ein schnelles Nachspannen der Kette, eine Kontrolle der Reifen auf eingedrungene Nägel, mehr war einfach nicht „drin". Wohl dem Fahrer, dessen Maschine so auf diese Prüfung vorbereitet war, daß er wenigstens unterwegs nicht die Hälfte seiner Schrauben samt Kotflügeln und sonstigen Teile verlor.

Die Max-Fahrer konnten auf diese Melodie eine Lobeshymne singen. Denn es fiel allgemein auf, wie wenig an den „Mäxen" zu basteln war. Die NSU-Fahrer konnten z. B. mit geschlossenen Kettenkästen antreten, da die Geländemax mit einer Kettenschmier-Vorrichtung ausgestattet war. Das schonte die Ketten ungemein. Sie hatten dank dem „Ultramax"-Ventiltrieb auch so gut wie keine Sorge ums Ventil-Nachstellen.

Von den sieben gestarteten Werks-Mäxen fiel nur eine einzige aus. Glück im Unglück: Die Maschine von Max Stecher, die keiner der beiden Werksmannschaften eingereiht war! Die übrigen sechs: Manfred Frey, Otto Haas, Karl-Ludwig Westphal, Solo, Robert Dollmann, Heinz Marnett, Werner Sauter mit ihren Gespannen, kamen strafpunktfrei ans Ziel und holten sich die 6 NSU-Goldmedaillen. Bei den Privatfahrern sah es schon etwas schlechter aus, obgleich Rennleiter Gustav Germer mit seinen Monteuren sich alle Mühe gab, auch diesen Fahrern ihren Weg etwas zu erleichtern, starteten sie doch auf ihren eigenen Maschinen, die zum Teil schon seit zwei oder drei Jahren im Alltagsbetrieb und in Wettbewerben liefen, unter wesentlich ungünstigeren Voraussetzungen, als die Werksfahrer.

Dennoch waren auch die Ergebnisse dieser Fahrer interessant. Unter den Ausfall-Ursachen fand man nämlich nur in einem einzigen Fall ein Fragezeichen, also möglicherweise einen Maschinenschaden, während alle übrigen Fahrer wegen Sturzverletzungen bzw. Beschädigungen oder wegen körperlicher Erschöpfung aufgaben. Der durchschlagende Erfolg für NSU waren bei dieser 6-Tage-Fahrt die beiden Fabrik-Mannschaftspreise. 32 Fabrikmannschaften waren genannt worden. Engländer, Tschechen, Italiener, Österreicher, Schweden und Polen bewarben sich darum. Nur vier Fabrikmannschaften blieben strafpunktfrei, alle vier deutsche übrigens, darunter die beiden NSU-Teams.

Der Erfolg der NSU-Seitenwagenmannschaft war für die Internationale Sechstage-Fahrt etwas einmaliges. Von insgesamt 18 gestarteten Seitenwagengespannen, davon sechs in der 250-cm³-Klasse, kamen nur die drei Werks-Mäxe sowie eine 600er BMW und eine 600er Zündapp ans Ziel. Dabei konnte man auch in ausländischen Berichten lesen, daß die Maxgespanne dank ihrer Wendigkeit und Leistungsfähigkeit und dank ihrer günstigen Übersetzung von allen Seitenwagenmaschinen die geringsten Schwierigkeiten hatten, die schwere Strecke zu meistern. Was aber Fahrer und vor allem Beifahrer dieser Maschinen zu erdulden hatten, hin- und hergeworfen durch die Unebenheiten der Fahrbahn, überschüttet von Wasser und Schlamm, auf Steilauffahrten schiebend, weil die Räder einfach keinen Grund mehr fanden, das grenzte ans Heroische.

Deutscher Geländemeister 1955 der 250-cm³-Seitenwagenklasse wurde Geländemax-Fahrer Werner Sauter mit Beifahrer Karl-Heinz Piwon. Von 10 der bedeutendsten Geländesportfahrten, an denen diese beiden Fahrer teilnahmen, haben sie neun mit Goldmedaillen und eine mit Silbermedaille abgeschlossen. Gab es einen besseren Beweis für die Meisterklasse der beiden Fahrer und die Unverwüstlichkeit der Max?

GUSTAV ADOLF BAUMM UND SEIN FLIEGENDER LIEGESTUHL

Im April 1954 rüstete die Versuchsabteilung in Neckarsulm zu neuen Rekordfahrten – die Rekorde der 50- bis 100-cm³-Klasse galt es noch zu holen. Gustav Adolf Baumm, ein Grafiker von Haus aus, baute zusammen mit NSU eine sensationelle Weltrekordmaschine, die mit Abstand den niedrigsten Luftwiderstand besaß, der jemals bei vergleichbaren Fahrzeugen gemessen wurde. Ohne ein Ingenieurstudium absolviert zu haben und ohne in die wirbelnden Geheimnisse der Aerodynamik eingedrungen zu sein, fand Baumm ganz gefühlsmäßig

Überzeugt und fasziniert von seiner Idee des „Fliegenden Liegestuhls" ließ sich Gustav Adolf Baumm nicht davon abbringen, ihn auch zu verwirklichen. Doch bei einer Demonstrationsfahrt auf dem Hockenheimring verunglückte Baumm 1955 tödlich.

Unten: Mach's gut: Gustav Adolf Baumm bei der „Liegeprobe" im neuen NSU-Weltrekordfahrzeug, das 1954 erstmals auf Rekordjagd ging. NSU-Forschungsleiter Dr. Walter Froede und ein Mechaniker helfen ihm.

Um zu beweisen, daß man mit 6 Liter Benzin von München nach Berlin fahren kann, führte NSU 1956 auf dem Hockenheimring eine Dauerfahrt über eine Strecke von ca. 500 Kilometer durch, die mit einem Schnitt von 100 km/h gefahren wurde. Ergebnis: 1,13 Liter Benzin auf 100 Kilometer! Aufgestellt wurde dieser Sparsamkeitsrekord von Weltmeister H.P. Müller, der den Baumm III, eine Weiterentwicklung des Baumm'schen Rekordfahrzeuges, fuhr.

eine Form, die sich bei der Nachprüfung durch die exakten, studierten Forscher als optimal erwies.

Den Beinamen „Fliegender Liegestuhl" trug das kleine Weltrekordfahrzeug von NSU nicht zu Unrecht. Diesen Kosenamen verdankte der weißstrahlende Rekordflitzer der Position seines Fahrers, der in der Tat mit dem Sitzkomfort, den ein Liegestuhl zu bieten vermag, auf Rekordjagd ging. Den Motor dieser Weltrekordmaschine mußte man mit der Lupe suchen. Irgendwo im Heck saß im Schatten einer Batterie der kleine 50-cm³-Quickly-Motor, dessen Leistung von serienmäßig 1,4 PS nur geringfügig auf 3,4 PS erhöht wurde. Der 100-cm³-Foxmotor, der in einem zweiten, etwas größeren Fahrzeug Verwendung fand, hatte mit seinen 7 PS ebenfalls nur eine Kleinigkeit mehr als der handelsübliche serienmäßige Foxmotor mit 5,2 PS. Beide Motoren wurden mit Alkohol betrieben.

Das Unternehmen „Fliegender Liegestuhl" gelang: NSU stellte mit diesem Gefährt elf neue Weltrekorde in der Klasse 50 cm³ und 100 cm³ auf und brachte den Namen Gustav Adolf Baumm erstmals auf die Internationale Weltrekordliste. Und gleich im darauffolgenden Frühjahr, im April 1955, erschienen die NSU-Männer wiederum auf den Autobahnen, um erneut und mit Erfolg Rekorde zu jagen, diesmal in den Klassen 50 bis 250 cm³. Die Weltrekordliste 1955 war ohne Vorbild: NSU hatte sein Ziel erreicht, sämtliche Solo-Weltrekorde in seinen Besitz zu bringen, denn die Bestleistungen der 350-cm³-Klasse und der absolute Weltrekord wurden ja schon im Jahre 1951 von Wilhelm Herz auf seiner Kompressor-NSU unter Dach und Fach gebracht.

Doch wenige Monate später hatte Wilhelm Herz den absoluten Geschwindigkeits-Weltrekord für Motorräder an den Neuseeländer Russel Wright verloren. Er fuhr mit seiner 1000 cm^3 Vincent (Herz fuhr 1951 mit der 500 cm^3 Kompressormaschine) den Kilometer in 297,7 km/h, war also 7,7 km/h schneller. Auf einer Maschine gleichen Fabrikats fuhr Robert Burns (Neuseeland) einen neuen Seitenwagen-Weltrekord mit 259,1 km/h (Hermann Böhm 1951 = 248 km/h).

Doch Anfang Oktober 1955 flogen Wilhelm Herz, Dr. Walter Froede und Rennleiter Gustav Germer nach den USA, um dort „Salzsee-Studien" für evtl. Weltrekordfahrten zu treiben. Eine Autobahn wäre dafür viel zu schmal. In den USA gibt es ausgetrocknete Salzseen, die vollkommen eben sind und sich für Rekordfahrten, bei denen sehr hohe Geschwindigkeiten erreicht werden, gut eignen. Auf einem solchen See, dem Saltflats in Bonneville im Staate Utah, wurde auch der absolute Geschwindigkeitsrekord für Landfahrzeuge von John Cobb mit 633,8 km/h im Jahre 1947 gefahren.

Der Weltrekord-Ehrgeiz der Neckarsulmer war schon immer groß gewesen. Schon 1908 fuhr der bekannte Fahrer Liese auf der Hannoverschen und der Leipziger Rennbahn die ersten NSU-Weltrekorde. Er schaffte eine Höchstgeschwindigkeit von 108,5 km/h, die die Menschen damals sehr erschreckte. 1909 gelang es Otto Lingenfelder, auf der Rennbahn von Los Angeles, auf einer 7,5 PS NSU-Spezial-Rennmaschine den absoluten Motorrad-Weltrekord auf 124 km/h zu verbessern. Obwohl diese Fahrten in der Geschichte des Kraftfahrzeugs ihren Ehrenplatz haben, begannen alle offiziellen Rekordlisten erst nach dem Ersten Weltkrieg, und zwar im Jahre 1920 mit einem Mr. Walker aus den USA, der seine höchste Geschwindigkeit mit 167 km/h fuhr. Über die spektakulären Stationen, die BMW mit Ernst Henne setzte, der es 1937 bei Frankfurt auf 279,5 km/h brachte, hatte Wilhelm Herz 1951 mit seiner 500-cm^3-NSU-Kompressor-Maschine und einer Geschwindigkeit von 290 km/h triumphiert. Doch vier Jahre später, wie gesagt, nahm ihm der Neuseeländer Russel Wright den Lorbeer wieder ab.

Die Ingenieure in Neckarsulm waren sich einig, daß nur ein deftiger Abstand für die nächsten Jahre Ruhe schaffen konnte. Ebenso war man sich im klaren darüber, daß Geschwindigkeiten jenseits der 300 km/h, des starken Winddrucks wegen, nicht mehr von einem offensitzenden Motorradfahrer zu bewältigen waren. So kam es zur Vollverkleidung der Rekordmaschinen.

Wochenlang waren NSU-Ingenieure im Windkanal darum bemüht, die optimale Karosserie für die Rekordfahrzeuge zu finden. Wilhelm Herz und H. P. Müller waren die beiden Fahrer, die auf den Bonneville Saltflats das Wagnis unternahmen, eine lange Liste von Weltrekorden anzugreifen. Wilhelm Herz fuhr die große NSU-Kompressor-Maschine mit einem 500-cm^3-Zweizylinder-Motor und 110 PS Leistung. Der NSU-Delphin, wie man ihn wegen seiner Verkleidung nannte, war gut für mehr als 300 km/h. Den „Fliegenden Liegestuhl", das Baummsche Rekordfahrzeug, fuhr H. P. Müller.

Am Morgen des 29. Juli 1956 und bei einem zweiten Start am 9. August war es dann soweit: Wilhelm Herz fuhr morgens zwischen 5.27 und 6.12 Uhr amerikanischer Zeit mit dem 500- cm^3-NSU-Delphin Geschwindigkeiten, die nie zuvor jemand auf einem Zweirad-Fahrzeug erreichte. Über die Meile brachte er es auf 339 km/h! Herz durchfuhr beide Strecken mit einer unglaublichen Exaktheit, denn sowohl die Hin- als auch die Rückfahrt wurde mit genau 17,07 Sek. für eine Meile gemessen. Übrigens reiste Russel Wright, der Wilhelm Herz auf der Salzwüste den Rekord sofort wieder abnehmen wollte, nach einigen Wochen unverrichteter Dinge wieder ab, denn er erreichte mit seiner 1000-cm^3-Vincent nur 319 km/h.

NSU-Rekorde auf Salz gelegt: Wilhelm Herz fixierte 1956 mit seiner 500 cm³-Zweizylinder Kompressor-Maschine „Delphin III“ den absoluten Motorrad-Weltrekord bei 339 km/h. Heiß diskutiert: Der „unkonventionelle“ Ausschnitt seiner Stromlinien-Karosserie.

Die Rekordmacher: Viktor Frankenberger, Wilhelm Herz und Dr. Walter Froede auf der Rekordpiste des Bonneville Salt Flats.

In seinem Baumm'schen Liegestuhl zeigte H. P. Müller mit dem 125 cm³-Motor von 20 PS Leistungen, die man kaum für möglich hielt. Dabei kam der 250 cm³-Rennmax-Motor mit seinen 42 PS nicht einmal mehr zum Zuge, der sogar für den „absoluten" Rekord gut gewesen wäre.

Die von der Fachwelt am meisten bewunderten Leistungen vollbrachte H. P. Müller, der mit dem Baumm II mit verschiedenen Motoren nicht nur für unglaublich gehaltene Geschwindigkeiten erreichte, sondern auch jeweils genau die Höchstgeschwindigkeiten fuhr, die von den Technikern ausgerechnet wurden. Dabei stand ihm eine ganze Kollektion hochinteressanter Kraftstationen zur Verfügung, die NSU in den verschiedenen Typen der Salzsee-Rekordmaschine vom Typ „Fliegender Liegestuhl" einbaute.

Allein für die 50-cm³-Maschine gab es zwei verschiedene Versionen: einen Zweitakt-Motor, nach den Grundkonstruktionen des Quickly-Motors aufgeladen, mit einem Kompressor von 10 PS dann gab es einen neuentwickelten 50-cm³-Viertakt-Drehschiebermotor, der die Ingenieure nachhaltig überraschte: Dieser neue Motor drehte 16 000/min und leistete 12 PS. Der gute Wirkungsgrad dieses nach dem System NSU/Wankel funktionierenden Drehkolbenverdichters brachte bei dem kleinen Motor eine Listerleistung von 260 PS zustande. In Utah machte man nicht viel Aufhebens davon. Der unscheinbare Vorläufer aller NSU/Wankel-Motoren blühte – sorgsam verpackt in der Weltrekordmaschine – ganz im Verborgenen.

In dem größeren Typ des „Fliegenden Liegestuhl" wurde der bekannte Weltmeisterschafts-Motor, der Renn-Fox mit 100 und 120 cm³ verwendet. H. P. Müller schaffte mit dem 50-cm³-Motor

NSU-Tagesproduktion im Jahre 1954: 1000 Quicklys, 350 Roller und Motorräder und 250 Fahrräder.

196 km/h und mit einem 125-cm³-Aggregat 242 km/h. Die Fahrer Wilhelm Herz und H. P. Müller holten somit für NSU alle Geschwindigkeits-Höchstleistungen jeder Klasse und löschten 54 Rekorde aus, so daß NSU nun 62 Solomaschinen-Rekorde hielt. Wilhelm Herz holte sich mit 339 km/h den absoluten Weltrekord für Motorräder.

MOTORRADGESCHÄFT AUF DEM HÖHEPUNKT

Mit diesen Weltrekorden machten die NSU-Motorräder noch einmal von sich reden, obwohl der Höhepunkt der „Motorrad-Welle" bereits überschritten war. So bildete das Jahr zuvor, 1955, den Höhepunkt mit der Jahresproduktion von 350 000 Zweirädern (296 836 motorisierte Fahrzeuge, 45 747 Fahrräder), die damit das Werk an Sulm und Neckar zur größten Zweiradfabrik der Welt werden ließen. Auch im einzelnen gab es Superlative. Den größten Anteil innerhalb der NSU-Produktion des Jahres 1955 hielt die Quickly mit insgesamt 228 373 gefertigter Exemplare. Die Max war das meistgekaufte Motorrad Deutschlands! Die Quickly führte mit großem Vorsprung, und nicht nur in Deutschland, sondern, zum Beispiel, auch in England.

Das Nachlassen des Zweiradgeschäftes, der stetige Rückgang des Motorrad-Marktanteils seit 1953 und der Saison-Charakter dieser Zweiradbranche mit seinem Höhepunkt im Frühsommer, beantwor-

Zu einer prima Sache geriet für NSU der Motorroller Prima D. Ursprünglich nur für den Export vorgesehen, gab es 1956 die Prima auch in Deutschland für DM 1670.– zu kaufen.

Einem kleinen Roller – aber zulassungs- und führerscheinfrei – glich die NSU Quickly L mit Beinschild, denn sie verband die Vorteile des Mopeds mit denen eines Rollers.

Für Liebhaber mit kleiner Geldbörse: NSU Maxi, die etwas kleinere Ausgabe der Max, war im Anschaffungspreis und im Unterhalt billiger.

tete NSU 1956 mit einer ganzen Reihe von neuen Zweiradmodellen. Aus der Lambretta weiterentwikkelt, entstand der Motorroller NSU-Prima. Denn nach dem Auslauf des NSU-Lizenz-Vertrages Ende 1955 mit den italienischen Innocenti-Werken ermöglichte es NSU nunmehr auch Roller zu exportieren.

Den steigenden Ansprüchen der Kundschaft folgend, setzte die Quickly-L die Reihe der Quickly-Typen N und S fort. Hinterradfederung und weitgehende Verkleidung sollten dem neuen Modell zusätzliche Käuferschichten erschließen. Ganz neu bei NSU war die Maxi, eine 175-cm³-Viertaktmaschine mit den Merkmalen der Max. Die 125-cm³-Superfox war auch weiterhin im Programm. Das gleiche galt für die Superlux, die robuste Gebrauchsmaschine mit 200-cm³-Zweitaktmotor. Und schließlich hatte die so erfolgreiche und seit Jahren bewährte Max als Supermax den letzten Schliff bekommen, wobei die Erfahrungen im Gelände- und Rennsport mit ausschlaggebend waren. Ihr „offensichtlichstes“ neues Merkmal waren die Federbeine.

Zur Schönheitsparade geriet die IFMA 1956. Mit 308 000 Besuchern hatte diese internationale Fahrrad- und Motorrad-Ausstellung eine überraschend hohe Besucherzahl, denn wohl kaum jemand hatte sich träumen lassen, daß so viele Menschen nach Frankfurt kamen, um sich die dort ausgestellten Fahrräder, Mopeds, Motorräder, Roller und Rollermobile anzusehen. Zweifelsohne bot eine umfassende Ausstellung die einmalige Möglichkeit, die verschiedenen Typen zu vergleichen. Viel bewundert wurden dabei die mutigen Farbkombinationen an den verschiedenen NSU-Modellen. Denn zweifarbig lackierte Fahrzeuge gehörten nun zu den Überraschungen der NSU-Halle. Neben den Primas und Quicklys, die in munteren Farbkombinationen vorgestellt wurden, machten sich auch zweifarbige Motorräder auffallend gut. Aber der Zweirad-Boom hatte seinen Kulminationspunkt bereits überschritten. So blieb auch NSU in den nächsten Jahren nicht verschont von dem allgemeinen Trend der Menschen, komfortabler in die Zukunft zu reisen.

NSU BAUT WIEDER AUTOMOBILE

In der Wirtschaftswunderzeit mußte des Deutschen liebstes Kind Chrom und Glas vorzeigen und auf vier Rädern stehen. Es war für NSU deshalb, bei allen Erfolgen, höchste Zeit, die Spur zu verbreitern. NSU-Motorräder, wie sie im Sport und Alltag den Ruf ihres Namens seit dem Jahre 1901 in alle Welt getragen hatten, schufen dabei ohne Zweifel jenen Goodwill, mit dem die Firma NSU sich nun auf die sicheren Ufer des Automobilgeschäftes hinüberzuretten versuchte.

Das „Umschalten“ oder genauer gesagt, das Wieder-Umschalten auf eine Automobilproduktion war angesichts eines deutlichen Abschwungs der Motorrad-Welle für NSU ebenso notwendig wie fabrikationstechnisch schwierig. Darüber hinaus gab es Service-Probleme: Wie werden Motorradhändler und Motorrad-Werkstätten nicht nur mit den vierrädrigen Fahrzeugen, sondern auch mit den vierrädrig motorisierten Kunden fertig? Dr. Stieler von Heydekampf als Vorstandsvorsitzender und seine Mannschaft meisterten indessen diese Probleme mit großer Flexibilität.

Für NSU waren die Jahre 1957/58 der Beginn einer neuen Zeit. Die Zweiradepoche war vorbei; mit dem Zunehmen des Wirtschaftswunders stiegen auch die Ansprüche der Menschen an Komfort. Verregnete Sommer, aber auch die Idee, Prestige zu gewinnen und zu repräsentieren, führten vom Zweirad weg und hin zum Automobil. Zum ersten Mal seit der Übergabe der Automobilproduktion an Fiat 1929 stellte man in Neckarsulm ein Produkt wieder auf vier Räder.

Auf der Suche nach einem schönen Namen erinnerten sich die Neckarsulmer der großen Anteilnahme, die die Vorgänge in den Fürstenhäusern nach wie vor im deutschen Volke finden. Viele Illustrierten führten die wachsenden Abonnentenzahlen auf die ausführlichen Schilderungen um Fürsten und Fürstinnen, Prinzen und Prinzessinen zurück. Man betrachtete daraufhin die Adelspyramide, und es stellte sich heraus, daß ein Prinz zwar nicht der allerhöchste, aber sicher ein beliebter Titel ist.

Und so entschloß man sich in Neckarsulm, den Wagen Prinz zu nennen, wobei man allerdings davon ausging, daß dieser Prinz – im Gegensatz zum Märchen – nicht selbst verzaubert ist, sondern dies in der Aktivform mit jenen Menschen tat, die ihn fuhren. So erschien NSU mit dem Prinz im Herbst 1957 auf der Kleinwagen-Szene. Der Champion, der Kleinschnittger und der Gutbrod waren zwar schon wieder verschwunden, um so stärker aber gab es Konkurrenz von seiten der Fiat, Maico, Isetta, Zündapp, Messerschmitt, Fuldamobil und Goggomobil. Doch der Prinz war – am ehesten noch vergleichbar mit dem Fiat – ein „richtiges Auto“. 150 Versuchs-(Vorserien-) Wagen entstanden um die Jahreswende 1957/58, dann begann die Serienfertigung.

Der Prinz ist da: Das neue NSU-Automobil „Prinz“ nahm sich auf dem Markt der Kleinwagen, wie sie in jenen Jahren die Straßen bevölkerten, keck und sportlich aus. Seine kernige Gesundheit in Motor und Fahrwerk und seine außerordentliche Sparsamkeit überbrückten die schweren Jahre der Wiederaufnahme des Automobilbaus in Neckarsulm.

Der Prinz war nicht über Nacht entstanden. Eine aufwendige Entwicklungsarbeit ging der Aufnahme seiner Serienfertigung voran. Die selbsttragende Ganzstahlkarosserie, das System der Radaufhängungen an Trapezlenkern vorn und Querlenkern hinten (Einzelradaufhängung) mit hydraulischen Stoßdämpfern und Schraubenfedern, die hydraulische Vierradbremse mit Alu-Bremstrommeln und eingezogenen Stahlringen – alles verriet hohen technischen Standard. Einer der frühen Prototypen besaß jedoch eine Heckform, die den Versuchsfahrern in der Seele zuwider war. Mit allem waren sie einverstanden – nur das runde Hinterteil des Wagens war es, das sogar die an füllige Formen gewöhnten Schwabenaugen verdroß.

Eines Tages nun stieg Konstruktionschef Albert Roder zum Fahrmeister Bauder ins Auto, und man begab sich auf eine der routinemäßigen Probefahrten. Meister Bauder wußte es dabei so einzurichten, daß er immer dicht hinter seinem Vordermann herfuhr, in der Hoffnung, daß dem Verantwortlichen für Konstruktion und Entwurf das mißratene Hinterteil immer dicht und eindrucksvoll vor Augen war. Denn rund heraus zu sagen, daß ihm die Rundlichkeit nicht gefiele, das wagte der mit allen Tücken der Versuchsfahrerei vertraute Meister nicht. Aber er hatte mit seiner Demonstrations-Methode Erfolg:

Nachdem der Kilometerzähler schon eine ganz hübsche Strecke des Weges abgespult hatte, merkte Bauder am zunehmenden Räuspern und Schlucken, daß der Konstruktionschef etwas Nachhaltiges auf dem Herzen hatte. Und als er dann an einer Straßenkreuzung dem Vordermann noch einmal ganz dicht auf den runden Steiß gerückt war, da kam dann auch die an Deutlichkeit unüberbietbare Frage: „Saget Sie, Bauder, gefallt Ihnen eigentlich der A . . .“. Man muß dazu wissen, daß sich Männer gelegentlich einer sehr handfesten, aber unzweideutigen Ausdrucksweise bedienen.

Jedenfalls fiel das Wort; und ehe es noch ganz

In seiner 30 PS-Version lief der NSU Prinz vielen Konkurrenten auf und davon, die nicht selten dann nur noch den Prinz von hinten zu sehen bekamen.

verhallt war, hatte Albert Roder von seinem Fahrmeister die blitzschnelle Antwort, daß ihm das Hinterteil schon lange nicht gefalle. Der Erfolg dieses urwüchsigen, dann noch lange gewährenden Gespräches, war eindeutig: Der nächste Versuchswagen, der von der Bauhelling gehoben wurde, der hatte dann das ästhetisch befriedigende Heck, das den jungen Prinzen dann auszeichnete.

Zum Glück wurde aus dem Prinz kein Dreiradwagen, wie man dies ursprünglich vorgehabt hatte. Denn trotz aller konstruktiven Bemühungen wäre diese Max-Dreirad-Kabine mit Triebsatzschwinge immer ein Kompromiß geblieben. Zum anderen zeigten sich die fahrtechnischen Nachteile eines Dreispurers doch sehr deutlich. Und schließlich hielt man von vier Rädern von Anfang an viel mehr – und die wurden dann auch im Handumdrehen verwirklicht.

Das neue Auto war, zumal aus heutiger Sicht, kein Luxusmodell, das durch seine Schönheit bestach. Doch auf dem Markt der Kleinwagen, wie sie in jenen Jahren die Straßen bevölkerten, nahm sich der NSU-Prinz keck und sportlich aus. Der Prinz II unterschied sich vom Prinz I nur in einigen kosmetischen Details. Beide hatten sie einen 20-PS-Motor im Heck, einen luftgekühlten Zweizylinder-Viertaktmotor mit hängenden Ventilen und 583 cm^3 Hubraum. Die Motorkonstruktion lehnte sich dabei eng an den bewährten NSU-Max-Motor an, wobei auch der geniale Max-Schubstangenantrieb für die Nockenwelle übernommen wurde. Ganz bewußt hatte man die Leistung auf 20 PS bei 4 800/min mit einer Verdichtung von 7,2 : 1 gedrosselt. Damit war der kleine Viersitzer – wenn man ihn nicht bis unters Dach vollpackte – 105 km/h schnell.

Nach VW-Manier hatte der Heckmotorwagen sei-

Mit dem Prinz in den Urlaub: Der NSU-Lido bei Jeselo/Italien war ab den fünfziger Jahren das beliebteste Reiseziel der NSU-Fahrer.

nen Kofferraum vorn, wo auch Kraftstofftank und Reserverad untergebracht waren. Immerhin faßte der Tank 25 Liter, genug für einen 450-Kilometer-Aktionsradius. Für seine Dimensionen gab sich der Prinz erstaunlich geräumig, wenn man zu zweit auch komfortabler reiste als zu viert – die Rücksitze waren eher als Unterbringungsmöglichkeiten für Kinder gedacht. Die Gesamtzuladung durfte 330 kg (beim Prinz II 10 kg weniger) betragen. Alle 4 000 Kilometer empfahl das Werk einen Pflegedienst. Richtpreis: DM 11,40. Es gab ja auch nur eine Handvoll Schmierstellen am Auto.

Der NSU Prinz hatte es geschafft, daß eine Straße nach ihm benannt wurde. Ob diese Straße (in München) seinerzeit für andere Automobile gesperrt wurde, läßt sich heute nicht mehr feststellen.

Der Anschaffungspreis des Prinz I betrug DM 3 739, einschließlich „Klimaanlage" (die aber in ihrer Wirkung viele Wünsche offen ließ), den Prinz II erhielt man nur für DM 340 Aufpreis. Dafür wies dieses Auto ein paar Instrumente mehr auf, Ablagetaschen in den Türen, einen Aschenbecher, Kurbelstatt Schiebefenster in den Türen, etwas mehr Kunstleder im Interieur sowie eine Farbauswahl für die Karosserielackierung in vier Varianten. Zweifarbenlackierung kostete noch einmal zusätzlich DM 69, DM 44 berechnete man für Weißwandreifen. Den Prinz I gab es in nur einer Standardlackierung:

Mit Humor und spitzer Feder: NSU-Automobil-Werbung 1958.

Licht- oder Pescaragrün. Sogar ein Schiebedach konnte man haben (DM 206), und wer sich per Lichthupe bei bummelnden Vordermännern Platz zu machen wünschte (die nicht an die 105 km/h glaubten), erhielt damals die so beliebte Neuerung für ganze DM 14 installiert.

Die Tugenden des temperamentvollen Neckarsulmers lobten nicht nur zufriedene Kunden und enthusiastische Tester in unserem Lande, die das Auto mit Fahrzeugen ähnlicher Größenordnung verglichen, sondern auch amerikanische Fachleute. So schrieb Road and Treck: „Technisch gesehen ist der NSU-Prinz eines der faszinierendsten Fahrzeuge, die uns seit langem untergekommen sind. Es ist die beste Kleinwagenkonstruktion! Und er hat genug Leistung, es mit manchem der Big Boys aufzunehmen – er ist flink wie die Feuerwehr!“ Seine kernige Gesundheit in Motor- und Fahrwerk und seine außerordentliche Sparsamkeit halfen die schweren Jahre der Wiederaufnahme des Automobilbaues in Neckarsulm zu überbrücken.

DIE ROTIERENDE IDEE

Und noch ein zweites Ereignis kennzeichnete die Initiative jener Jahre in Neckarsulm. Auf dem Prüfstand der NSU-Forschungsabteilung wurde am 1. Februar 1957 ein Rotationskolben-Motor angeworfen. Schon nach einigen ersten Einzelzündungen folgten minutenlange Zündserien. Meßbare Leistung stellte sich ein. Der erste zukunftsträchtige Drehkolbenmotor in der Geschichte hatte zu arbeiten begonnen! Die Versuchsmotoren gaben, nach Verbesserung von Kühlung und Abdichtung, bei einer Kammergröße von 125 cm^3 als beste Leistung 29 PS bei 17 000 U/min ab. Mit Mitteldrücken bis 8,5 kg/cm^2 kamen diese Versuchsausführungen bereits den Hubkolbenmotoren nahe. Noch war der neue Motor in jenem Stadium mehr Spielerei als Zukunftsvision. Felix Wankel, der Erfinder des neuen Prinzips, hatte für die Verwirklichung seiner Idee den Partner NSU gefunden. Doch von der Idee bis zur Serienreife ist im Motorenbau, zumal bei einer völligen Neuentwicklung, bekanntlich ein mühsamer Weg.

Bei Felix Wankel, der am 13. August 1902 als Sohn des Forstassessors Rudolf Wankel in Lahr im Schwarzwald geboren wurde, zeichnete sich sein Interesse für technische Zusammenhänge früh ab. So richtete er sich 1924, also mit 22 Jahren, eine kleine Versuchswerkstatt in Heidelberg ein. Schon im selben Jahr hatte er – angesichts eines schüttelnden Einzylinder-Motorrad-Motors – Konstruktionsideen für einen ruhiger laufenden Benzinmotor – einen Motor ohne hin- und hergehende Kolben

Dr. h.c. Felix Wankel brachte im März 1954 die Idee der Grundfigur des Wankelmotors: Ein rotierendes, leicht eingesatteltes Oval mit einem darin eingepaßten, dreieckförmigen Läufer.

nach Art einer Turbine. „Ich dachte damals", so erinnert sich Felix Wankel, „an eine Art drehenden Kolben mit ausweichendem Zylinderboden."

Als er 1926 Heidelberg verließ, widmete er sich fortan nur noch dem Ziel, einen Rotationskolbenmotor zu schaffen. Da er erkannte, daß solche neuen Motorformen nur durch neue Abdichtungssysteme möglich werden können, befaßte er sich gründlich mit der Erforschung von Abdichtung und Schmierung. Seine Prinzipversuche unternahm er an selbstersonnenen, motorisch befeuerten Vorrichtungen, außerdem an Drehschiebersteuerungen, bei denen der Gaswechsel durch drehende scheiben- oder walzenförmige Teile erfolgt und nicht durch hin- und hergehende Ventile. Mit der Zeit wurde die Industrie auf seine Versuche aufmerksam. 1934 – Felix Wankel war inzwischen 32 Jahre alt, bot ihm BMW einen Forschungsvertrag zur Erprobung von Dichtteilen, Drehschiebern und Rotationskolbenmotoren an, der aber nicht zum endgültigen Abschluß kam. Felix Wankel hatte seine Versuchswerkstatt inzwischen von Heidelberg nach Lahr verlegt. Dort baute er erstmals einen Drehkolbenmotor, den er zum Laufen brachte. 1936 schaltete sich das damalige Reichsluftfahrtministerium ein, besonders im Hinblick auf Wankels Erfahrungen mit Drehschiebern. Wankel richtete nun mit Hilfe des RLM in Lindau am Bodensee einen größeren Forschungsbetrieb, die WVW (Wankel-Versuchs-Werkstatt) ein. Bald konnte die deutsche Versuchsanstalt für Luftfahrt im RLM mit Hilfe der Wankel-Dichtteile scheibengesteuerte Vollflugmotoren bauen, die sich im Flugbetrieb ausgezeichnet bewährten. Wankel selbst entwickelte eine Walzensteuerung für Flugmotoren, deren erster Einzylinder von 1940 mit besonders gutem Erfolg lief.

Aus dem Versuchsbetrieb wurden allmählich die Wankel-Versuchs-Werkstätten, die nun aus einem Forschungswerk und einem 1942 errichteten Entwicklungswerk bestanden. Selbstverständlich kam die ganze Dichtteile-Entwicklung der Drehschiebermotoren auch den Dichtgrenzen der zukünftigen Rotationskolbenmotoren zugute.

1943 erhielt Felix Wankel für seine Arbeit auf dem Abdichtungsgebiet eine Anerkennungsprämie der Lilienthal-Gesellschaft. 1944 fanden die ersten Probeläufe eines regelbaren Borsig-WVW-Drehkolbenverdichters statt. Im selben Jahr wurden Versuchsvorrichtungen mit Dichtteilen für Höchstdruckabdichtung bis 1000 atü in Betrieb genommen. Nachdem beide Werke der WVW von Besatzungstruppen 1945 demontiert worden waren, nahm Felix Wankel die Suche nach neuen, unentdeckten Formen von Rotationskolbenmotoren wieder auf. 1951 richtete er sich eine neue Versuchswerkstatt ein, diesmal in seinem Wohnhaus in Lindau, die „Technische Entwicklungsstelle Lindau", kurz TES genannt. In dieser Zeit kreuzten sich die Wege der NSU-Forschungsabteilung unter der Leitung von Dr. Ing. Walter Froede und der TES unter Felix Wankel, die sich zunächst zur Lösung anderer Aufgaben zusammenfanden. Ende 1953 zeigte sich NSU nicht nur an Drehschiebersteuerungen, sondern auch an Wankels Plänen für Rotationskolbenmotoren interessiert.

Das Jahr 1954 brachte den entscheidenden Fortschritt. Wankel erkannte, daß in der Überlagerung von zwei Drehbewegungen, die als geometrische Figur eine geschlossene Radkurve – eine Trochoide – entstehen lassen, die Konstruktion einer Maschine von (sich drehender) Arena-Raumform und einem innendrehenden Dreieckskörper enthalten ist. Er fand, daß – bei richtiger Anordnung von Dichtelementen – in dieser Maschine drei Kammern entstehen, die im Bewegungsablauf ihr Volumen wechselnd vergrößern und wieder verringern. Und die bestechendste Feststellung: Diese viertaktende Maschine wird, ähnlich einem Zweitaktmotor, ohne komplizierte Ventilmechanismen zu betreiben sein. Die bahnbrechende Idee war geboren. Ihr gingen lange Jahre der Vorarbeit mit Untersuchungen an Dichtsytemen und die systematische Durchforstung einer erstaunlichen Fülle von Prinzipentwürfen für Rotationskolbenmaschinen voraus.

War der Entwurf aber auch in der Praxis lebensfähig? Noch lag er auf der Ebene des Zeichenpapiers. In den folgenden Jahren wurden die technischen Voraussetzungen für den Bau dieses Motors geschaffen. Professor Baier von der Technischen Hochschule Stuttgart definierte die arenaförmige Kurvenform des den Läufer umhüllenden, ebenfalls rotierenden Gehäuses mathematisch als „zweibogi-

Premiere: Auf dem Prüfstand der NSU-Forschungsabteilung lief am 1. Februar 1957 erstmals ein Rotationskolben-Motor.

So sah der erste zukunftsträchtige Drehkolbenmotor aus, der 1957 bei seinen ersten Prüfstandsversuchen 29 PS bei 17 000/m abgab.

ge Epitrochoide" und lieferte die Unterlagen für den Bau einer Sonder-Schleifmaschine. Weitere Spezialmaschinen mußten für die Herstellung des Innenläufers und der Dichtteile entwickelt werden.

Die Richtigkeit des eingeschlagenen Weges wurde anhand von Modellen und ausgeführten Drehkolben-Pumpen und -Kompressoren als technische Zwischenstation bestätigt. Nach diesem System arbeitete auch das Ladegebläse, das für jenen 50-cm^3-NSU-Zweitakter im Baumm'schen Liegestuhl verwendet wurde, mit dem 1956 die Rekordfahrten auf dem Salzsee in den USA durchgeführt wurden. Dabei verhalf der gute Wirkungsgrad dieses Drehkolbenverdichters diesem Motor zu einer Literleistung von 260 PS. Das war ein vielversprechender Anfangserfolg.

Schließlich, am 1. Februar 1957, war ein Drehkolbenmotor soweit entwickelt, daß er bei NSU in Neckarsulm auf dem Prüfstand angeworfen werden konnte. Er lief! Und gab sogar auf Anhieb meßbare Leistung ab. Aber dennoch dauerte es noch 6 Jahre, bis er als Kreiskolbenmotor, wie noch zu erläutern ist, als serienreife Kraftmaschine in ein Auto – den NSU-Spider – eingebaut werden konnte. Sechs Jahre, in denen die Forschungs- und die Versuchsabteilung von NSU mit so vielen Spezialisten arbeitete, daß man eine kleine Fabrik damit beschäftigen könnte.

1958 verfolgten dann die NSU-Ingenieure bereits eine abgewandelte Idee, um die Mechanik des Drehkolbenmotors für eine spätere Serienproduktion wesentlich zu vereinfachen. Bei den ersten Rotationskolbenmotoren drehte sich Kolben- und Kolbenlaufbahn (des Gehäuses) selbständig um eigene Achsen. Die Umkehrung dieses Prinzips geschah bereits 1957 bei NSU: Durch kinematische Umkehr des Drehkolbenmotors entstand der Kreiskolbenmotor. Bei ihm steht das Gehäuse, und der

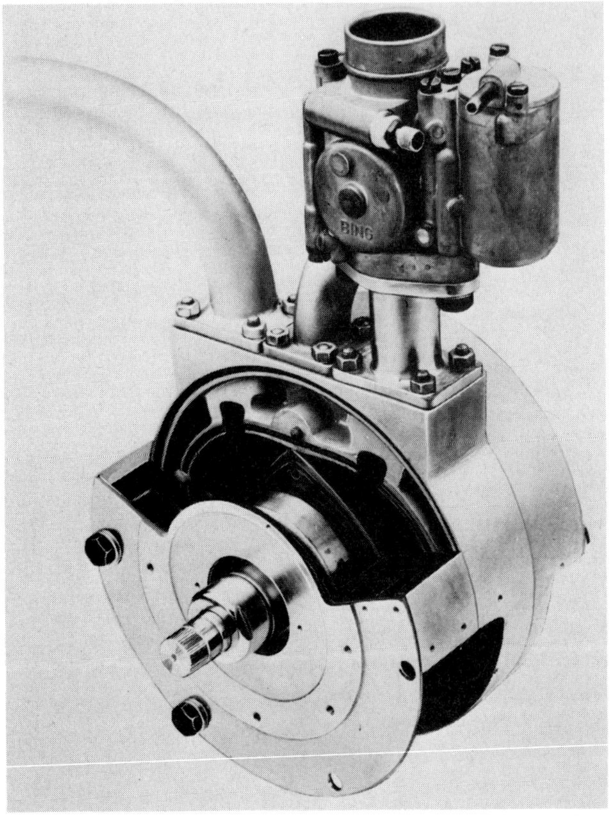

Durch die kinematische Umkehrung des Drehkolben-Prinzips entstand 1958 der NSU/Wankel-Kreiskolbenmotor.

Läufer, der die Funktion des Kolbens hat, bewegt sich. Die beiden Drehbewegungen des alten Prinzips werden im Kreiskolbenmotor durch die Exzenterwelle vereint. Der erste Kreiskolbenmotor, System NSU/Wankel, funktionierte mit wassergekühltem Gehäuse und ölgekühltem Kolben.

Zunächst entschloß man sich bei NSU, mit zwei Motortypen zu experimentieren: Mit einem Kreiskolbenmotor von 125 cm³ Kammergröße und einem anderen mit dem doppelten Volumen, 250 cm³. Im Herbst gleichen Jahres gaben beide Motoren auf dem Prüfstand schon gute Leistung ab. Zur gleichen Zeit schloß NSU einen Lizenzvertrag mit der amerikanischen Flugmotorenfirma, Curtis Wright, die sich an die Entwicklung von Kreiskolbenmotoren mit größeren Volumen machen wollte. Die ersten Motoren, die NSU als Muster nach Amerika lieferte, waren nach Plänen angefertigt, die alle Konstrukteure zauberhaft schön fanden. Die Motoren hatten nur den einen Nachteil, daß ihre Formen bestechender waren, als ihre Standfestigkeit. So gab es einen Telegrammwechsel von klassischer Prägnanz. Curtis-Wright telegrafierte „Motor kaputt!" NSU kabelte: „Welche Ersatzteile sind nötig?" Curtis-Wright morste zurück: „Bis auf den Unterbrecherhebel alle".

Auch der Weg des NSU-Wankel-Motors war bis zur Serienreife mit Dornen gespickt. Die Geometrie des Brennraums machte viele Schwierigkeiten. Es gab auf dem Gebiet der Rotationskraftmaschinen keine Vorläufer. Alles mußte neu errechnet und – vor allem – ausprobiert werden. In die Stirnflächen des Läufers, z. B. sind die Mulden gefräst, die maßgeblichen Einfluß auf das Volumen des Brennraumes auf den Verbrennungsablauf und damit auf das

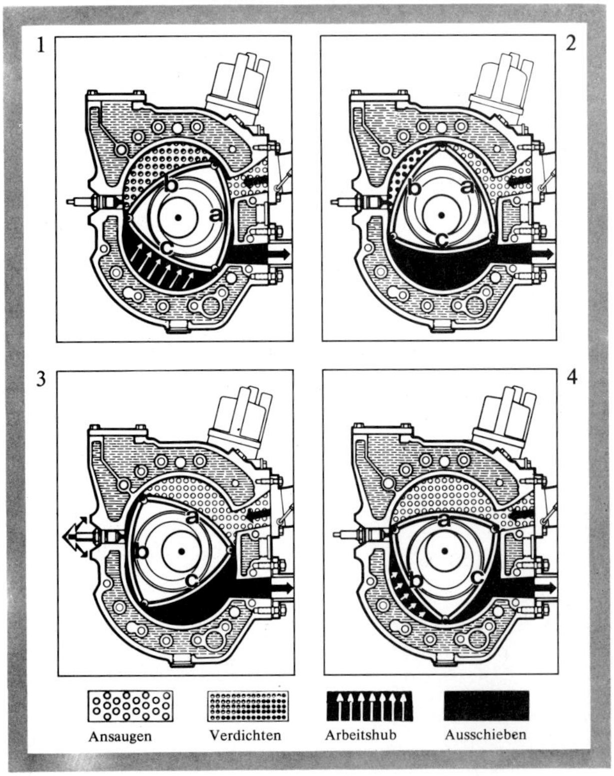

Und so funktioniert der NSU/Wankel-Kreiskolbenmotor im Prinzip. Er hat vier Arbeitstakte.

Betriebsverhalten des Motors haben. Die Größe und Form dieser Mulden hat den Versuchsingenieuren mehr schlaflose Nächte und graue Haare eingebracht, als, wie sie sagten, jemals die Grübchen einer Frau. Ein anderes Problem war die Abdichtung der eigenartig geformten, sich bewegenden Kanten und Flächen des neuen Motors. Es kostete Jahre, bis Läufer und Gehäuseform gegeneinander dicht hielten.

DER NSU-WANKELMOTOR WIRD AUTOMOBILANTRIEB

1960 war es soweit, daß man die Prüfstandmotoren probeweise in Autos einbauen konnte, und zwar in ganz normale Sportprinzen, bei denen es wohl am wenigsten auffiel, wenn sie im Renntempo über die Autobahnen jagten. Denn die Kreiskolbenmotoren liefen von Anfang an lieber schnell als langsam, und mancher Fahrer eines weitaus stärkeren Wagens hatte seinen Augen und seinem Tachometer nicht getraut, wenn ihn solch ein Sportprinz mit mehr als 150 Stundenkilometern lässig überholte. Sieben verschiedene Motortypen – mit 250, 400 und 500 cm^3 Kammergröße, und jeder Typ natürlich in mehreren Exemplaren – wurden im Laufe der Jahre auf der Straße getestet.

Wenn man neue Autotypen erprobt, so ist es bei allen Autofirmen der Welt üblich, Versteck zu spielen. Man kannte die Karosserien, wählte irreführende Kennzeichen für die Autos und artfremde Motoren für die Fahrer. Beim Testen der Kreiskolbenmotoren war das alles nicht nötig. Die Wagen waren – äußerlich – serienmäßige Sportprinzen, die Versuchspiloten bürgerlich gekleidete Herrenfahrer. Sie mußten nur acht geben, daß ihnen die Tankwarte bei Einfüllen von Benzin nicht auch, dienstbeflissen, noch die Motorhaube öffneten, um den Ölstand zu kontrollieren. Da hätten sie sich vielleicht gewundert. Die Versuchsfahrzeuge kamen nach Norden bis zum Skagerrak und nach Süden weit über die Alpen hinunter. Die Zollbeamten, die sich verpflichtet fühlten, zuweilen dienstliche Blicke unter Autohauben zu werfen, waren eingeweiht und wußten, daß manche Sportprinzen neuerdings von ganz eigenartigen Maschinen angetrieben wurden.

Auch leitende Angestellte von NSU – Generaldirektor Dr. von Heydekampf, der Technische Direktor Viktor Frankenberger, der Entwicklungschef Dr. Walter Froede – mischten sich zwanglos unters Volk der Versuchsfahrer und steuerten Kreiskolbenfahrzeuge über Land. Es fehlte nicht an kritischen Situationen. So gerieten Dr. Froede und sein Schmiermaxe bei Florenz vor einer Trattoria in einen Schwarm aufmerksamer und nicht gerade zurückhaltender Italiener, die am röhrenden Ton schnell bemerkt hatten, daß in diesem Auto ein besonderer Motor am Werke war. Autobegeistert, wie man dort zu Lande ist, tippten sie angesichts des Sportprinzen sogleich auf einen „Motore Rotative" und bestanden darauf, ihn zu fotografieren. Der Motor aber war eine Unterflur-Ausgabe, er war (was die sparsamen Abmessungen der Kreiskolbenmaschine erlaubten) unterm Karosserieboden befestigt. „Ecco!", sagte Dr. Froede und hob die Vorderhaube. Nichts! Er hob die hintere Haube. Wieder nichts! Und während die Italiener noch sprachlos dastanden, machte er ihnen – „Motore perduto!" – klar, daß der Motor wohl, leider, unterwegs verloren gegangen sei. Sprach's, setzte sich ins Auto, startete und fuhr röhrend ab.

Manche Versuchsmotoren benahmen sich ordentlich, wenn man sie ins Auto setzte. Andere zeigten sich ungezogen. Eine zeitlang hatten die Versuchsfahrer immer einen Reservemotor dabei, den sie innerhalb einer Stunde einbauen konnten. Ein Lastwagen ohne Firmenaufschrift war pausenlos zwischen Dänemark und den Abruzzen unterwegs, um liegengebliebene Versuchsfahrzeuge aufzusammeln und unauffällig in die Heimat zurückzubringen. Die Versuchsfahrer nannten ihn den „Leichenwagen".

KKM 150 – erste Serienanwendung als Bootsmotor für Wasserski-Sport. Von dem Aggregat, das den 18 PS NSU/Wankel-Motor, eine Dynastart-Anlage und den Unterwasserteil mit Winkelantrieb und Propeller umfaßte, wurden 3000 Stück gebaut.

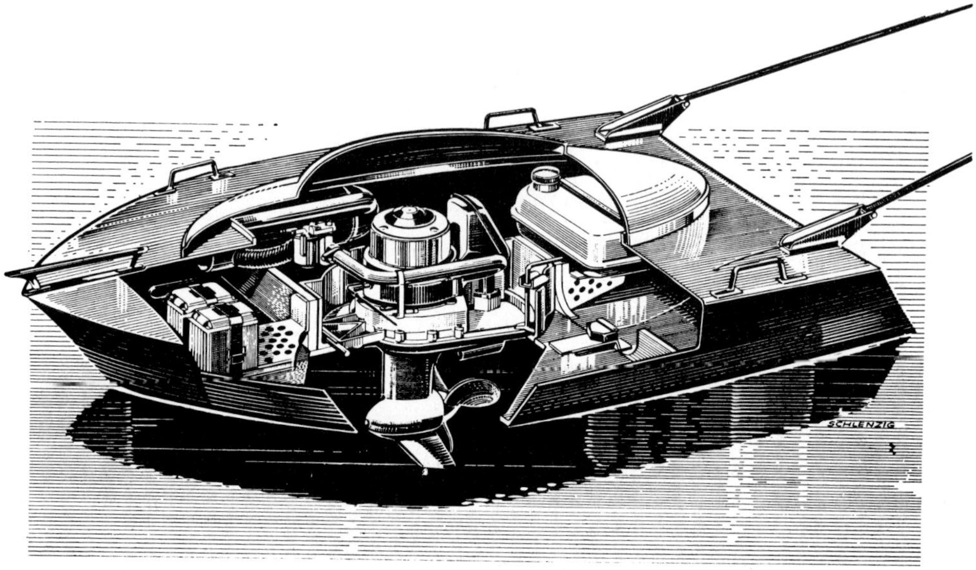

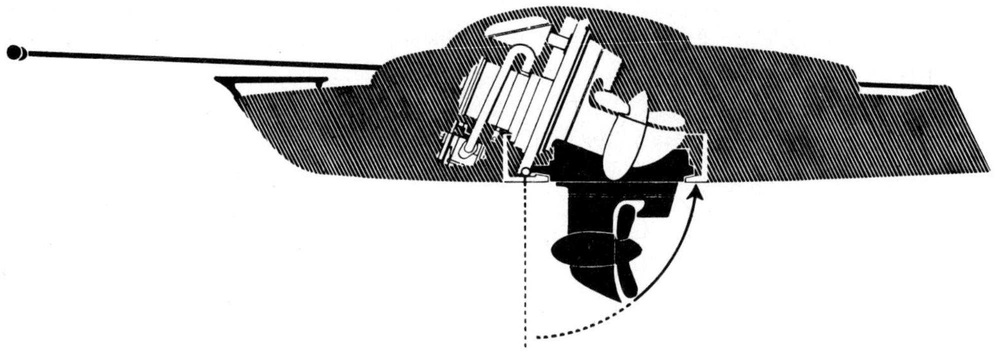

Allmählich schieden sich die standfesten Motortypen von den charakterlich labilen, und 1962 wußte man in der Versuchsabteilung genau: So und so wird der erste Serienmotor aussehen. Die wichtigsten Probleme – Kühlung, Abdichtung und Lebensdauer – waren gelöst. Jetzt mußten Zusatzaggregate ausgesucht werden. Eine spezielle Zündkerze für Kreiskolbenmotoren war bereits 1960 entwickelt worden. Mit den normalen Kerzen ging es nicht. Sie wurden zu heiß, weil beim Rotationskolbenmotor ja kein Frischgas an die Kerze kommt. Jeder Takt in der Brennkammer ist ein glühend heißer Explosionstakt. Die Kerzenisolatoren rissen, die Elektroden verbrannten, kein Fahrer durfte ohne eine Handvoll Reservekerzen im Handschuhfach das Werkstor verlassen. Die Fehlzündungen donnerten nur so durch den Auspuff. Zu jener Zeit zogen die noch nicht ganz dichten Motoren außerdem lange Ölwolken hinter sich her – man meinte, der Leibhaftige sei unterwegs. Es war aber nur NSU.

Nun, die Zündkerze war also inzwischen entwickelt worden. Eine andere Firma hatte einen kleinen,

NSU-Forschungsleiter Dr. Walter Froede trug dazu bei, die Umkehrung des Drehkolben-Prinzips zu betreiben. So entstand im Hause NSU aus dem Drehkolbenmotor ein Kreiskolbenmotor.

sehr leistungsfähigen Ölkühler geliefert; eine dritte dachte sich den Spezialvergaser aus. Wie bei allen neuen Vergasern, so machte auch hier die Einstellung anfänglich Kopfzerbrechen.

Zu Beginn des Jahres 1963 sollte vor und mit höchsten Würdenträgern eine Gala-Versuchsfahrt stattfinden. Alles stand erwartungsvoll und war voller Spannung. Nur der Motor nicht. Er knallte ein paar Mal zur Begrüßung. Im übrigen streikte er. Sollte – so fragten sich die betretenen Techniker angesichts der milde erstaunten Betriebsprominenz – die neue Vergasereinstellung vielleicht doch noch die letzte sein? In aller Eile schraubten sie den neuen Vergaser ab, holten im Galopp den alten Versuchsvergaser, setzten ihn auf – und siehe da, sonniges Lächeln auf allen Seiten: es ging. Und Versuchsleiter Dr. Wenderoth brach, sichtlich erleichtert, in die denkwürdigen Worte aus: „Jetzt looft er, wie wenn 'n Engel schiebt!"

Im Arbeitszimmer von Entwicklungschef Dr. Froede hing an der Wand ein Kästchen mit 5 Knöpfen, ähnlich den Radios in Hotelzimmern, bei denen man sich auf 5 Kanälen Musik holen konnte. Auch Dr. Froede konnte Musik machen: Jeder Knopf brachte ihm die Laufgeräusche eines anderen Kreiskolbenmotors, der gerade im Versuch erprobt wurde, ins Büro. Ein Motor lief im Dauerversuch, beim anderen wurden Startexperimente gemacht, der dritte war der „Kulturfritze", dem man im Leerlauf- und Teillastbereich noch mehr Laufkultur anerziehen wollte. Die Prüfmotoren drehten Tag und Nacht und erfüllten das Werksgelände und die Umgebung mit einem gleichmäßigen, feinen Lärm, an den man sich schon so gewöhnt hatte, daß man ihn überhaupt nicht mehr wahrnahm. Die Techniker von NSU bestanden auf der Wahrheit der Geschichte vom alten Mütterchen, das neben dem Werk wohnte, und plötzlich mitten in der Nacht hochschreckte: „Horch Emil, jetzt isch d'r 400er abg'storbe!"

Autofabriken pflegten ihre Motoren unter harten Bedingungen zu testen, bevor man sie zur Serienfertigung freigab. Eine der schärfsten Erprobungen ist die Dauerprüfung unter Vollast. Ein Motor, der das 300 Stunden (300 Stunden bei ca. 150 km/h = ca. 45 000 km) lang aushielt, war reif für die Serienherstellung (wobei man bedenken mußte, daß im praktischen Fahrbetrieb niemals Vollast-Strecken auch nur annähernd gleichen Umfangs vorkamen). Motoren, die ein ganz besonders langes Leben haben sollten, testete man manchmal auch auf 500 Stunden Vollast. Der NSU-Versuchsabteilung war das nicht genug. Der Kreiskolbenmotor mußte, seiner Bauart zufolge, besonders robust sein. 500 Stunden Vollast hatte er schon klaglos ausgehalten.

So setzte man in der Versuchsabteilung etwas Sensationelles an: Einen 1 000-Stunden-Vollast-Test. Sofort erklärte eine Reihe der erfahrensten Techniker, kein Motor auf der ganzen Welt – Kreiskolbenmotor hin, Kreiskolben her – könne 1 000 Stunden lang im Vollastbetrieb laufen. Das sei einfach nicht möglich. Und sie würden eine Menge Cognac – zu verteilen an die Belegschaft – verwetten, daß der Motor keine 1 000 Stunden aushielte. Von Stund an hieß der Motor „Cognac-Motor". Und lief. Lief 500 Stunden, 600, 700. Jeden Morgen kamen gedrückte Gestalten zum Prüfstand geschlichen (sie hatten inzwischen ganze Gehälter gegen den Motor gesetzt) und fragten zaghaft: „Läuft der verdammte Cognac-Motor immer noch?" Und, schadenfroh und durstig, die Mannschaft am Prüfstand: „Freilich läuft er noch!" So ging es viele Wochen lang. 900 Stunden waren erreicht, 950. Die Cognac-Wetter verfielen zusehends. Da, bei Stunden 990, kam der erlösende Knall. Der Motor stand. Eine Dichtleiste war undicht geworden. Ihr Wert: 22,5 Pfennig. Reparaturzeit: 1/2 Stunde.

Im September 1963 lief ein neuer 1 000-Stunden-Versuch auf dem Prüfstand. Es war der „Whisky-Motor". Statt Cognac hatte man diesmal Whisky (allerdings weit weniger) darauf gewettet, daß auch er es nicht schaffen würde. Auf Knopf 3 war der Whisky-Motor bis in Dr. Froedes Büro zu hören: Gleichmäßig summte er, Tag und Nacht, Monat um Monat, ob er die sagenhafte 1 000-Stunden-Schranke durchbrechen würde? Er schaffte es und ermutigte die Neckarsulmer zu einem aufregenden Schritt in die Automobil-Zukunft.

ERSTES SERIENAUTOMOBIL MIT WANKELMOTOR

Im September 1963 konnte man auf der Internationalen Automobil-Ausstellung in Frankfurt/Main das erste Automobil der Welt mit Rotationskolbenmotor der Öffentlichkeit vorstellen: Der NSU Spider mit Wankelmotor. Die deutschen Steuerbehörden hatten sich nach dem Studium vieler Gutachter entschlossen, bei dem neuen Motorensystem von der Hubraumsteuer abzusehen und Automobile mit anderen Antriebsarten als dem herkömmlichen Hubkolbenmotor nach ihrem Gesamtgewicht zu bemessen. Später wurde der NSU Wankel-Spider von der CSI mit dem Faktor mal 2 versehen, so daß er im Sport in der 1000-cm³-Klasse fahren konnte.

Äußerlich war dem NSU Spider nichts sensationelles anzumerken. Er ähnelte dem Sportprinz, den NSU seit einer Reihe von Jahren herstellte. Aber er war – objektiv betrachtet – eines der schönsten Automobile jener Zeit. Im Unterschied zum Sportprinz handelte es sich beim NSU Spider um einen offenen Wagen mit Cabriolet-Verdeck. (Ein Hardtop war in Vorbereitung und kam später.) Die Sensation befand sich unter der Heckhaube; ein NSU/Wankel-Kreiskolbenmotor von 50 PS Leistung. Da dieser Motor keine Hubbewegungen, sondern nur Drehbewegungen kennt, war er – obwohl es sich um einen Einkammermotor von 500 cm³ Kammergröße handelte, bei durchschnittlichen Drehzahlen so laufruhig wie etwa ein 6-Zylindermotor herkömmlicher Bauart.

Der Motor verlieh dem NSU Spider eine Höchstgeschwindigkeit von mehr als 150 km/h; die Beschleunigung entsprach dem sportlichen Charakter des Wagens. Die 50-PS-Leistung gab der Motor bei 5 000/min ab. Die Verdichtung lag bei 8,5 : 1. Trotz dieses verhältnismäßig hohen Verdichtungsverhältnisses, das allein schon auf einen Hochleistungsmotor hinwies, brauchte der NSU Spider nicht mit Superbenzin gefahren zu werden. Beim ventillosen Kreiskolbenmotor war die Klopfneigung wesentlich

NSU Spider mit Wankelmotor. Im Herbst 1964 lief die Serienproduktion des Roadsters an.

KKM 502 – Der erste Rotationskolbenmotor als Automobilantrieb besaß ein Kammervolumen von 500 cm³ und leistete 50 PS bei 6000/m.

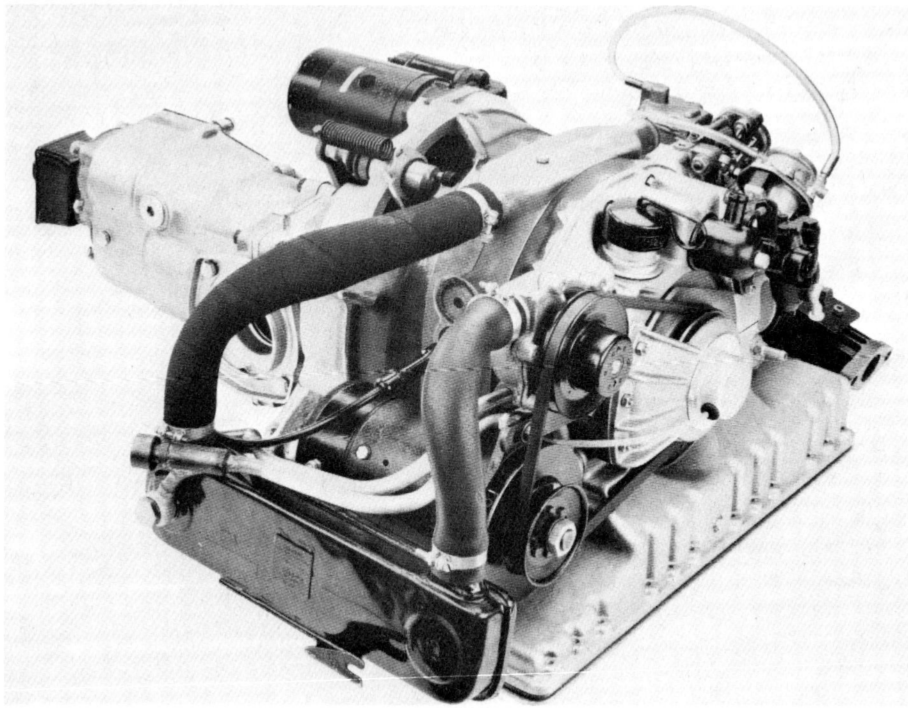

geringer, so daß Normalbenzin auch bei scharfem Fahrbetrieb ausreichte. Der Benzinverbrauch lag mit etwa 8 Litern auf 100 Kilometer niedriger als bei einem sehr sparsamen herkömmlichen 50-PS-Motor.

Eine der augenfälligsten Eigenschaften des Kreiskolbenmotors war sein geringer Raumbedarf und sein kleines Gewicht. Der Motor des NSU Spider wog mitsamt allen Zusatzaggregaten wie Anlasser, Lichtmaschine, Getriebe usw. nur 125 kg. Im Motor waren zwei Kühlsysteme wirksam. Der rotierende Läufer wurde von innen durch Öl gekühlt (das gleichzeitig die Schmierung übernahm), das Motorgehäuse war wassergekühlt. Der Ölkühler war neben dem Motor untergebracht, der Wasserkühler unter der Vorderhaube, unmittelbar hinter den Lufteinlaßschlitzen. Wenn der Fahrtwind dem Motor nicht genügend Temperatur entzog, schaltete sich über einen Thermostat zusätzlich ein Ventilator ein, der sich hinter dem Wasserkühler befand. Die Trennung zwischen Motor (hinten) und Wasserkühler (vorne) erlaubte eine Verteilung des Gewichts auf beide Achsen, die sich auf die Straßenlage günstig auswirkte.

Der NSU Spider hatte weitgehend die bewährten Konstruktionsmerkmale des Sportprinzen übernommen: Ganzstahlkarosserie, Vorderradaufhängung an Trapez-Dreieckslenkern, Federung durch Schraubenfedern und Querstabilisator, Zahnstangenlenkung. Wo die höhere Motorleistung und die damit verbundene Höchstgeschwindigkeit von mehr als 150 km/h es geraten erscheinen ließ, wurde der NSU Spider mit besonderen Fahrwerksteilen ausgestattet. So bekam er vorne griffig zupackende Scheibenbremsen. Die Hinterräder wurden einzeln an Schräglenkern aufgehängt. Das Getriebe hatte vier – natürlich vollsynchronisierte – Gänge und war über einen Hebel auf dem Mitteltunnel spielend

Mit „Röntgenaugen" machte der Münchner Grafiker Herbert Schlenzig die Technik des NSU Spiders sichtbar.

leicht zu schalten. Die Kupplungskräfte vom Pedal zum Motor wurden hydraulisch übertragen – eine Bequemlichkeit für den Fahrer, die sonst erst bei weit schwereren Wagen üblich war.

Die Armaturen und Bedienungsknöpfe lagen sicher in nächster Nähe der lenkenden Hände des Fahrers. Ein Drehzahlmesser gehörte zur serienmäßigen Ausstattung; er erleichterte das Schalten des Motors, der – was manchem zunächst ungewöhnlich erschien – in weit höheren Drehzahlbereichen gefahren werden konnte als ein Hubkolbenmotor. Da der Kreiskolbenmotor trotz seiner Kraft so zierlich war, nahm er unter der Haube kaum Platz weg. Über ihm war Raum für Gepäck. Auch unter der Vorderhaube war neben dem Wasserkühler natürlich noch Gepäckraum. Der NSU Spider war damit ein vollwertiger, betont sportlicher Reisewagen für zwei Personen, der auch – was bei sportlichen Wagen oft ein Problem war – genügend Platz fürs Reisegepäck anbieten konnte.

NSU MOTORENWERKE AKTIENGESELLSCHAFT

In Neckarsulm hatte man das erste schwere Autojahr geschafft: Überstunden und Neueinstellungen – mittlerweile waren nahezu 7 000 Mitarbeiter beschäftigt – brachten es auf eine tägliche Prinz-Produktion von 160 Stück. Ab Februar 1959 stattete man den Prinz mit einem synchronisierten Getriebe aus, und jetzt unterschied sich der Prinz II vom einfachen Prinz I auch durch einen stärkeren Motor, der immerhin 30 PS hatte.

Bohrung und Hub hatte man beim 30-PS-Aggregat beibehalten, jedoch die Kompression von 6,8 : 1 auf 7,6 : 1 erhöht und den 7/26er-Vergaser durch

NSU Sportprinz Coupe, mit 600 cm³-Zweizylinder-Viertaktmotor, 30 PS, Spitze 130 km/h. Den kleinen Sportwagen entwarf der berühmte italienische Karossier Nuccio Bertone.

einen 7/28er ersetzt. Diesen Motor mußte man natürlich mit Superbenzin füttern. Bis zu den Werksferien im Sommer 1960 wurden der Prinz I und der Prinz II gebaut. Dann kam der Prinz III auf den Markt, äußerlich kaum von seinen Vorgängern zu unterscheiden, nur hatte der Motor jetzt 23 PS (die 30-PS-Ausgabe des Autos hieß jetzt schlicht Prinz 30 oder – in Exportausführung – 30 E) und statt der aufgesetzten Kotflügel-Blinker gab es eingebaute Blinkleuchten unterhalb der Scheinwerfer.

Das NSU Sportprinz-Coupé, dessen Karosse der berühmte italienische Auto-Schneider Nuccio Bertone entworfen hatte, stellte NSU bereits auf der IAA 1958 vor; in der Technik war er mit dem Prinz II (ab Herbst 1960 Prinz III) identisch. Mit seinem 30-PS-Motor war er ein handliches Fahrzeug für junge, sportliche Menschen, insbesondere für die Damen, die ihn, sparsam wie er war, gerne als Zweitwagen in die Familie nahmen. Die ersten 2 715 Karosserien wurden noch von Bertone in Turin

Kontrastprogramm: 1958 verbreiterte NSU die Spur und ergänzte sein Verkaufsprogramm mit dem Kleinwagen Prinz. Die NSU-Fahrräder, -Mopeds, -Motorroller und -Motorräder wurden noch bis Mitte der 60er weitergebaut.

fabriziert, anschließend ging die Fertigung an die Firma Drauz in Heilbronn über. Der Sportprinz wurde noch bis 1967 gebaut, zum Schluß mit Prinz-4-Mechanik. 20 831 Stück betrug die Gesamtproduktion, während vom Prinz I bis III 93 945 Stück einschließlich Exportmodelle, Typ 30 E genannt, hergestellt wurden.

1959 arbeiteten über 7 500 Menschen bei NSU. Generaldirektor Dr. von Heydekampf zeigte sich zufrieden über das bislang Erreichte und sagte bei einer Pressekonferenz im Frühjahr 1960: „Unsere Umsätze betrugen im Jahr 1959 220 Millionen – gegenüber 153 Millionen im Vorjahr. Das bedeutet eine Steigerung von 44 %. Der Anteil des Zweirad-Geschäftes und des Vierrad-Geschäftes betrug etwa je 50 %. Und im Jahr 1960 hat sich der Geschäftsumfang unseren Erwartungen entsprechend entwickelt, d. h., etwa über dem Niveau des Jahres 1959. Und auch jetzt noch ist das Verhältnis Zweirad zu Vierrad etwa 50 : 50. Im Jahre 1960 haben wir unser Kapital von 18 Millionen auf 27 Millionen erhöht. Wir sind damit für das Jahr 1960 und die weitere Zukunft besser gerüstet denn je."

Den künftigen, großen Aufgaben angepaßt, hatte

Hans Jürgen Baumann kam von Krupp, Essen, zu NSU und wurde mit Wirkung vom 1. September 1966 als ordentliches Mitglied in den Vorstand berufen. Sein Aufgabenbereich: Finanzen und Fragen der Unternehmens-Planung.

Heiner Sussner kam 1947 zu NSU, war zuerst als Prokurist maßgeblich am technischen Wiederaufbau der NSU-Werke beteiligt und setzte dann nach dem Rückgang des Zweiradgeschäftes als Direktor und seit 1960 als stellvertretendes Vorstandsmitglied seine ganze Kraft für die erfolgreiche Umstellung des Unternehmens auf die Automobil-Produktion ein. Er starb am 26. Dezember 1963.

Dr. von Heydekampf auch seine Vorstandsmannschaft vergrößert, denn Hans Jürgen Baumann löste Walter Wertheim ab, der 13 Jahre lang für die NSU-Finanzen verantwortlich war. Neben dem stellvertretenden Vorstandsvorsitzenden, Dipl. Ing. Viktor Frankenberger (Technik) und Vorstandsmitglied Philipp Wesp (Einkauf, Materialwirtschaft) kam Heinrich Sussner, der seit 1947 dem Unternehmen angehörte, als neues Vorstandsmitglied (Produktion) hinzu.

Ein eingespieltes Team also. Eine gute Führung für ein Unternehmen mit Tradition. Sie machten nicht viel Aufhebens von sich. Sie waren eher locker als streng. Wo sie Anteil nahmen an der Arbeit und am Leben ihrer Mitarbeiter, taten sie es spontan, ohne herablassendes Wohlwollen. Es trat weder eine Wache heraus, wenn sie ins Werk kamen, noch liebten sie Bücklinge in Gängen und Hallen. Sie lachten gern, und ein Witzwort in ihrer Gegenwart hatte kein mißbilligendes Räuspern zur Folge. Ihre Leistung, ihr Wissen, ihr Mut zur Verantwortung stand alljährlich unter dem Strich der Bilanz für jedermann offen zu lesen. Sie waren erstens Menschen und zweitens Direktoren. Sie waren Männer mit einem Beruf. Nicht mehr und nicht weniger.

Quickly-Werbung: Mit Vierzeiler und Griffel-Zeichnung warb NSU-Werbechef Arthur Westrup um den „letzten" Fußgänger.

Fast hatte es den Anschein, daß die Zweirad-Branche ihren Tiefstand überwunden habe, denn das Jahr 1959 brachte für NSU erfreuliche Tendenzen: Die millionste Quickly lief vom Band. Sie wurde durch ihre Anspruchslosigkeit, ihre robuste Konstruktion und ihren leistungsstarken Motor vielerorts zu einem Gattungsbegriff. Man sprach damals allgemein nicht mehr von einem Moped, sondern ganz schlicht von einer Quickly. Sie wurde Deutschlands „Moped Nummer eins", und nicht selten begegnete man in den 60er Jahren Bild-Lesern, die mit Augenzwinkern die Vierzeiler deklamierten, die jeden zweiten Tag fröhlich illustriert, für die Quickly warben.

Und die Hauptversammlung für 1959 beschloß wieder einmal die Umbenennung der Firma: der Name lautete jetzt „NSU Motorenwerke Aktiengesellschaft Neckarsulm". Auch legte man nun in der Öffentlichkeit sehr großen Wert darauf, daß der Prinz aus Neckarsulm kam, also von den NSU Motorenwerke AG Neckarsulm. Denn um das Markenzeichen NSU war mit dem Fiat-Konzern ein Rechtsstreit entbrannt, der dann im Oktober 1959 gütlich geregelt werden konnte.

Die der Fiat, Turin, nahestehende NSU-Automobil-Aktiengesellschaft, Heilbronn, firmierte nun ab 1. Januar 1960 „Neckar Automobilwerke Aktiengesellschaft, Heilbronn, vorm. NSU Automobil-Aktiengesellschaft". Ab 1. 9. 1966 wurde dieses Abkommen nochmals geändert, so daß nun auch der Fir-

Anfang der 60er Jahre prägte NSU sein neues Firmenzeichen (1963–1969). Zum letzten Mal, wie sich dann herausstellen sollte.

menbestandteil „(vorm. NSU Automobil-Aktiengesellschaft)“ nicht mehr benützt werden durfte. Die Fiat-Gruppe durfte sich des Zeichens NSU auch in der seitherigen (ab 1. 1. 1960) Kombination „NSU/Fiat“ oder „Neckar/vorm. NSU Heilbronn“ nicht mehr bedienen und führte dafür die Markenbezeichnung „Neckar“ ein.

Angepaßt an die Entwicklung der Marktlage in der Motorradbranche mit ihren konjunkturellen und modischen Einflüssen, entstand aus der Quickly die neue Quickly T, ein Moped, versehen mit allem technischem Komfort. Allein die langen Federwege der Federbeine mit vier hydraulischen Stoßdämpfern ließen erkennen, daß NSU bei diesem Modell nicht gespart hatte. Der Motor war der bewährte Quickly-Motor, an dem man für die Quickly T ein Kühlgebläse angebracht hatte.

Genau entgegengesetzte Trends gab es beim Motorroller-Programm, wo man aus der Prima V mit 175 cm³ Einzylinder-Zweitaktmotor von 9,5 PS die Prima III mit 150 cm³ und 7,4 PS ableitete. Hinzu kam dann noch die Prima III K, die anstelle des elektrischen Anlassers einen Kickstarter besaß und zu

Verkörperte zu Beginn der 60er Jahre das moderne Moped: NSU Quickly T, karossiert und mit Doppelsitzbank für zwei Personen.

einem ungewöhnlich preiswerten 150-cm³-Roller für damals DM 1 249,– avancierte.

Mitten in der Prinz-Aera, trotz Arbeitskräftemangel in Neckarsulm, befaßte sich NSU mit einem neuen Motorrad. 1962 erschien das Leichtmotorrad Quick 50. Denn allen Unkenrufen zum Trotz und in optimistischer Einschätzung der Marktentwicklung hatte NSU mit der Quick 50 sein ohnehin sehr umfangreiches Zweiradprogramm um ein fortschrittliches 50-cm³-Motorrad mit 4,3-PS-Zweitaktmotor bereichert. Die Quick 50 ergänzte die Reihe der NSU-Fahrzeuge entsprechend den Zeichen der

Der NSU-Motorroller war viele Jahre lang das meist zugelassene deutsche Kraftrad aller Klassen. Mit der Prima III K vergrößerte NSU 1958 letztmals sein Roller-Programm um eine weitere Variante.

Zeit, die durch ministerielle Verordnungen dem damaligen Straßenverkehr auf zwei Rädern geboten wurden: Sie war ein Leichtmotorrad, das von jedem, der den Führerschein IV oder einen Führerschein für größere Fahrzeuge in der Tasche hatte, betrieben werden durfte. So kam es in besonderem Maße der in Verkehrsdingen wohltrainierten Jugend mit Vollendung des 16. Lebensjahres entgegen.

Die Quick 50 war in ihrem gesamten Aufbau ein solides Leichtmotorrad mit sportlichem Einschlag, das sich in einzelnen Details an bewährte Konstruktionen der Quickly TT-Serie anlehnte. NSU hatte besonderen Wert auf ein verkehrstüchtiges Fahrzeug gelegt. Der Motor war mit 4,3 PS nicht überzüchtet. Die stabile Rohrrahmen-Konstruktion in Verbindung mit Langschwingen vorn und hinten und vier Federbeinen boten ein Höchstmaß an zuverlässigem Fahrverhalten. Die Vollnabenbremsen waren reichlich dimensioniert. Mit dem Bau eines 50-cm^3-Motorrades wollte NSU auch einem sich in leichten Konturen abzeichnenden Trend entgegenkommen, der dann in den Jahren nach 1970 dem leistungsstarken Motorrad wieder zu einem weltweiten Comeback verhalf: Das Motorrad als Zweitfahrzeug neben dem Auto sowie als Sportgerät, das dem Manne von gutem Ruf und Einkommen recht gut zu Gesichte steht. Doch diesen Wandel erlebte das NSU-Motorrad nicht mehr, denn mit der Quick 50 ging 1965 die Aera der NSU-Motorräder zu Ende. Die Neckarsulmer verabschiedeten sich von der Epoche des Zweirades mit beachtlichen Zahlen:

1,75 Millionen Fahrräder
2,30 Millionen motorisierte Zweiräder.

NSU-Motorräder wurden nicht mehr produziert. Sie gingen als herausragende Meilensteine in die Geschichte der Technik und des Motorsports ein.

Etwas besser kamen jedoch die NSU-Fahrräder

Anfang der 60er Jahre ging die große Zweirad-Ära von NSU zu Ende. NSU-Motorräder wurden nicht mehr gebaut, man blieb von dem Trend, komfortabler zu reisen, nicht verschont.

weg. Man konnte rechtzeitig am 6. 5. 1963 mit dem damals größten deutschen Fahrradproduzenten, der Heidemann-Werke KG, Einbeck (HWE) einen gemischten Know-how- und Warenzeichen-Lizenzvertrag abschließen, der die „Übernahme der Fertigung und des Vertriebs von Fahrrädern und Fahrradteilen unter der Marke NSU" vorsah. Unter der eigens hierfür gegründeten Gesellschaft „Tritex Fahrrad-Vertriebs-GmbH, Einbeck" sollte eigentlich mindestens zehn Jahre lang das „Original NSU Fahrrad" gebaut und vertrieben werden. Doch kündigte man bereits Ende 1969 seitens Audi NSU diesen Heidemann-Lizenzvertrag vorzeitig. Daß das Warenzeichen NSU, gerade in der Zweiradbranche, doch einen guten Ruf besitzt, beweist die Tatsache eines erneuten Lizenzabkommens (4. 6. 1975) zwischen Audi NSU und den Heidemann-Werken KG. Diesmal jedoch als reine Warenzeichenlizenz „NSU". Wenn auch nicht mehr in der Original-Version, so wird es doch nach wie vor unter dem Markenzeichen NSU Fahrräder im Handel geben.

SPORTLICHER KOMPAKTWAGEN: NSU PRINZ 4

Während die Spekulationen um den NSU/Wankel-Motor die NSU-Aktien zur höchsten Blüte trieben – 1957 standen sie bei 124, drei Jahre später, 1960, bei 3 000 – kam das Hauptereignis des Jahres 1961 jedoch nicht aus den Büros der Verwaltung, sondern lief in den Produktionshallen vom Stapel: NSU baute den „Deutschen Kompaktwagen neuen Stils", den NSU Prinz 4 (jetzt mit arabischer Ziffer bezeichnet).

Der neue Prinz 4 stellte eine konsequente Weiterentwicklung und Ergänzung der Prinz-Reihe dar, bei der die Konstrukteure bewährte Elemente beibehielten, im Bereich der Karosserie und der Ausstattung jedoch völlig neue Wege gingen. Die Karosserie des Prinz 4 wurde von Grund auf neu gestaltet, wobei mit Erfolg angestrebt wurde, einen möglichst großen Innenraum für vier Erwachsene und ausreichenden Gepäckraum zu schaffen. In der Tat bot der Prinz 4 im Inneren Abmessungen, wie man sie damals bestenfalls im Bereich der Mittelklassewagen fand. Seine Form entsprach der damals gültigen Kompaktlinie; sie war von gediegener, moderner Eleganz. Große Glasflächen gaben dem Fahrer einen weiten Überblick und erleichterten ihm Fahrten im dichten Verkehr und Parkmanöver. So

DEUTSCHE MARK 50.-

NSU

NSU MOTORENWERKE AKTIENGESELLSCHAFT
NECKARSULM

50
DEUTSCHE MARK

AKTIE

№ 177832

ÜBER

FÜNFZIG DEUTSCHE MARK

Der Inhaber dieser Aktie ist bei der NSU MOTORENWERKE AKTIENGESELLSCHAFT, NECKARSULM, mit dem Betrage von Fünfzig Deutsche Mark nach Maßgabe ihrer Satzung als Aktionär beteiligt.

NECKARSULM, im Oktober 1968

NSU MOTORENWERKE AKTIENGESELLSCHAFT

Eingetragen in das Aktienbuch
Seite 28
Kontrollbeamter

Der Aufsichtsrat
Vorsitzender

Der Vorstand

1960 trieben die Spekulationen um den NSU/Wankel-Motor die NSU-Aktie zur höchsten Blüte: 1957 standen sie bei 124. Drei Jahre später, 1960, bei 3000.

Geheime Kommandosache: Die Erprobung der Automobil-Prototypen auf entlegenen Waldstraßen gehörte zum Versuchsalltag von Meister Bauder, der bereits 1956 und 1957 die allerersten Prinz-Erlkönige, gut getarnt und unbemerkt, durch den Hardthäuser Wald fuhr.

gelang es, durch ökonomische Auslegung bei einer handlichen Gesamtfläche, viel Nutzraum mit hohem Komfort zu schaffen.

Auch der neue Prinz 4 bot eine Straßenlage, die die reichen Erfahrungen von NSU erkennen ließen. Der neue Wagen besaß exakten Geradeauslauf und sauberes Kurvenverhalten, nicht zuletzt dank einem Querstabilisator. Der Fahrkomfort wurde durch diverse Fahrwerkmaßnahmen gesteigert. Vier Schraubenfedern, vier langhubige hydraulische Stoßdämpfer und zusätzlich zwei Prinzair-Luftkissen an den Hinterrädern sicherten gute Federung mit guter Dämpfung. Vom Sportprinz übernommen wurde der luftgekühlte 30-PS-NSU-Viertaktmotor mit obenliegender Nockenwelle, dessen Leistung, Robustheit und Langlebigkeit durch inzwischen 100 000 verkauften Exemplaren bekannt war. Bei dem günstigen Eigengewicht des NSU Prinz 4 von nur 565 kg ergab sich ein Leistungsgewicht von lediglich 18,8 kg/PS, ein guter Wert, der dem Wagen schönes Temperament (von 0 bis 80 km/h in 14,0 Sek.) und die stattliche Höchstgeschwindigkeit von

Seit August 1961 rollte der Prinz 4 vom Fließband und brachte es während seiner 13jährigen Bauzeit auf insgesamt 625 171 Exemplare.

120 km/h sicherte. Der Normverbrauch nach DIN 70030 betrug 5,7 Liter/100 km. Ein besonderes Positivum war die ungewöhnlich hohe, offiziell bestätigte Zuladefähigkeit von 435 kg, die man in dieser Wagenklasse bislang vergeblich suchte und die man auch bei Mittelklassewagen nur höchst selten damals antraf.

Viel Arbeit steckten die NSU-Konstrukteure in die Ausstattung des Prinz 4, wobei sie sich bemühten, im Inneren des Wagens eine behagliche Wohnlichkeit zu schaffen. Sitze und Ausstattung waren nicht nur bequem, sondern auch geschmackvoll gestaltet. Die Vorderlehnen waren weitgehend verstellbar. Das Armaturenbrett war praktisch, übersichtlich und hübsch aufgeteilt. Erfreulich war auch die serienmäßige Ausstattung – ohne Aufpreis – mit Klimaanlage, Schwenkfenstern, Lichthupe und Lenkschloß. Für einen geringen Mehrpreis stattete NSU den Prinz 4 gleich im Werk mit einer Spezialausstattung aus, die u. a. Scheibenwaschanlage, elektrische Zeituhr, Benzinuhr, Kontrolle für den Startvergaser, Lenkradsignalring, verstärkte Hupe und Haltegriff am Armaturenbrett umfaßte. Durch geschickte Unterbringung des Treibstofftanks (mit 37 Litern Inhalt) gelang es, einen großen glattflächigen 250-Liter-Kofferraum zu schaffen, groß genug, um auch umfangreiches Urlaubsgepäck aufzunehmen.

Trotz mancher Tendenzen in der Kraftfahrzeugindustrie, größere und damit teurere Wagen zu bauen, entschied sich NSU dafür, auch mit dem neuen Prinz 4 in einer Klasse zu bleiben, die dem Fahrer, bei hoher Fahrleistung und erfreulicher Geräumigkeit, geringe Unterhalts- und Verbrauchskosten sicherten. Mit seiner Wendigkeit und seiner Spitze von 120 km/h führte der neue Prinz 4 nicht nur die Produktionszahlen steil nach oben, sondern machte sich bald auch Freunde im Ausland. In Italien, in erster Linie, sonnte er sich anschließend ein gutes Jahrzehnt in der Gunst des Publikums.

Mit dem Erscheinen des Prinz 4 konnte man in Neckarsulm recht zuversichtlich in die Zukunft blikken. Die Stagnation der Jahre 1960 und 1961 war überwunden; der Umsatz zeigte in den folgenden Jahren 62 und 63 einen erfreulichen Aufwärtstrend. NSU war stolz darauf, in 15 Nachkriegsjahren ohne Unterbrechung den Aktionären Dividende gezahlt zu haben. 1963 gab das Unternehmen eine Dividende von 10 Prozent aus dem auf mittlerweile 48 Millionen DM angewachsenen Grundkapitals. Doch auch der Jahresumsatz von 1963 hielt dieses Tempo mit. Er steigerte sich gegenüber dem Vorjahr um 22 Prozent auf 321 Millionen, wovon allein 266 Millionen auf den Automobilumsatz fielen. Auch die NSU-Export-Quote von 52 Prozent bewegte sich 1963 in

NSU Prinz 4: wendig und flink, dabei sparsam im Unterhalt und Verbrauch.

Prinz 4-Transportzug nach Italien.

der Nähe des PKW-Industrie-Durchschnitts. So lieferte man nach Chile, Uruguay und Irland Automobile in zerlegtem Zustand zur Komplettierung und Montage. Nach Ägypten konnte NSU weiterhin Bauteile des Prinz 4 und den Motor für die nationale Fertigung des „Ramses-Wagen" liefern.

Nicht alle vergleichbaren Unternehmen in Deutschland hatten den Übergang vom Zweirad- zum Automobilwerk so geräuschlos geschafft; 10 Firmen waren in Konkurs gegangen, und nicht weniger als 39 Unternehmen blieben nach Aufgabe der Motorrad- und Rollerfertigung nur noch im Mopedgeschäft. Im Jahre 1963 baute NSU bereits den 100 000. Prinz 4.

MOTORSPORT MIT TOURENWAGEN

Nach mehrjähriger Pause beschloß NSU 1960, eine althergebrachte und erfolgreiche Tradition fortsetzend, sich erneut dem Motorsport zuzuwenden. NSU hatte nie einen Hehl aus seiner Meinung gemacht, daß motorsportliche Erfolge den Kaufleuten sehr an die Hand gehen und den Umsatz fördern. Gerade im Hinblick auf den einige Jahre zuvor aus der Taufe gehobenen Prinz erschien es daher nicht nur logisch, sondern auch angebracht, sich dem Tourenwagen-Sport zuzuwenden. Dies um so mehr, als bis dahin schon von privater Hand beachtliche Erfolge mit ihm erzielt wurden. Aber der schon damals deutlich spürbare Arbeitskräftemangel ließ jedoch eine rein werksseitige Sportbeteiligung nicht zu und so galt es, den Wunsch nach sportlicher Betätigung mit den knapp bemessenen werksseitigen Möglichkeiten in Einklang zu bringen.

Nach eingehenden Überlegungen war die geeignete Form alsbald gefunden und eine Sportfahrerbetreuung, die den einzelnen sportbegeisterten Prinz-Fahrern verbilligte Serienersatzteile und Prämien für Erfolge bei Veranstaltungen von Rang und Namen zusicherte, feierte Geburtstag. Um diesem jüngsten organisatorischen Kind auch einen Namen zu geben, schrieb NSU einen Wettbewerb für Prinz-Sportfahrer um den „Großen NSU-Siegerpokal" aus. Diese einmalige Trophäe wurde nun alljährlich an den Prinz-Fahrer vergeben, der bei den zu diesem Wettbewerb von NSU ausgewählten Veranstaltungen zu Saisonende die meisten Erfolge aufzuweisen hatte.

1962 wurde der NSU-Siegerpokal zum dritten Male vergeben. Nach den bekannten Stuttgarter Rallye-Fahrern Eugen Schäfer und Rolf Scheel erhielt 1962 Dieter Lambart als dritter Stuttgarter, der noch dazu in der deutschen Rallye-Meisterschaft 1962 hinter einer Mercedes-Mannschaft den zweiten Platz belegte, als erfolgreichster Prinz-Fahrer den begehrten Preis. Den nach außen hin bedeutendsten Erfolg jedoch errang für NSU der Böblinger Karl-Heinz Panowitz, der mit seinem Prinz die Deutsche Touren-Bergmeisterschaft aller Klassen 1962 gewann. Dies war umso beachtlicher, wenn man daran denkt, daß er mit hubraummäßig weit stärkeren Fahrzeugen in Konkurrenz stand. Freilich erfolgte die Wertung wie bei allen seinen Widersa-

Ob es beim Eberbach-, Schauinsland- oder Roßfeldbergrennen war, die Prinz-Fahrer dominierten in ihrer Klasse und stellten 1962 mit Karl-Heinz Panowitz erstmals den Deutschen Tourenwagen-Bergmeister.

Anfang der 60er Jahre war der NSU Prinz das ideale Sportgerät für viele Nachwuchsrennfahrer.

chern nach Hubraumklassen. Aber auch so war es für ihn immer noch schwer genug, in seiner Klasse zu den notwendigen Klassensiegen zu gelangen, denn auch hier setzte ihm die Konkurrenz hart zu. Trotzdem fuhr er bei acht Bergrennen sechsmal als Sieger durchs Ziel, belegte zweimal den zweiten Platz und erzielte damit die nötigen Meisterschaftspunkte. Gerade diese Meisterschaft im dritten Jahr der werksseitigen Privatfahrerbetreuung bewies nur zu deutlich, daß auch mit vergleichsweise bescheidenem Aufwand beachtliche Sporterfolge zu erzielen waren, wenn die zur Verfügung stehenden Mittel überlegt und konzentriert eingesetzt werden.

1962 erzielten die zahlreichen NSU Prinz-Sportfahrer bei nationalen und internationalen Tourenwagen-Rennen 33 erste Plätze, 29 zweite Plätze, 20 dritte Plätze und bei Rallye's und Zuverlässigkeitsfahrten in aller Herren Länder 10 Gesamtsiege, 30 Klassensiege, 94 Goldmedaillen, 79 Silbermedaillen, 52 Bronzemedaillen, 9 erste Plätze, 12 zweite

Plätze und 11 dritte Plätze.

Die Motorsportsaison 1963 verlief für die NSU-Sportfahrer noch erfolgreicher. Die wohl bedeutendsten Erfolge waren der Klassensieg bei der Rallye Monte Carlo mit dem Fahrerteam Behra/Behra, der Gesamtsieg des österreichischen Staatsmeisters Mitterbauer in der Tourenwagenkategorie der österreichischen Alpenfahrt, der dreifache Klassensieg bei der 15 000 Kilometer Tour d'Europe, der Klassensieg in der Welt längstem Straßenrennen, dem Grand Premio Argentino sowie der Klassensieg und achter Platz im Gesamtklassement bei der Tour d'Corse, dem Rennen der 20 000 Kurven.

1963 konnte auch ein junger Schwabe auf seinem NSU Prinz II voll Optimismus in die Zukunft blicken:

Erfolgreich wie kein anderer: Erwin Schmider auf seiner NSU Geländemax.

Beherrschte mit seinem NSU Max-Gespann mehr als ein Jahrzehnt lang die Motorrad-Geländemeisterschaft der Gespannklasse: Josef Kelle aus Weinsberg.

Siegfried Spieß, Juniorchef der gleichnamigen NSU-Vertretung in Stuttgart und erfolgreicher Bewerber um die deutsche Tourenwagen-Bergmeisterschaft 1963. Siegfried Spieß konnte alle 10 zu fahrenden Meisterschaftsläufe in seiner Klasse gewinnen und errang damit die deutsche Tourenwagen-Bergmeisterschaft auf NSU Prinz, die damit zum zweitenmal hintereinander an die Marke NSU fiel.

Auch der im Schwarzwälder Wolfach beheimatete Erwin Schmider machte 1963 das halbe Dutzend Meistertitel voll. Seit 1958 holte er sich in ununterbrochener Reihenfolge mit seiner Geländemax den Titel eines Geländemeisters in der Klasse bis 350 cm^3. Nicht minder erfolgreich: Josef Kelle mit seiner NSU-Geländemax in der 250-cm^3-Gespannklasse. Josef Kelle wechselte zwar öfters seine Beifahrer, doch NSU blieb er treu. Auch er fügte seinen bisherigen fünf Seitenwagen-Meisterschaften im Jahr 1963 die sechste hinzu. „Ma tut halt, was ma kann", war der Kommentar des Weinsbergers.

MIT VIERZYLINDER ANSCHLUSS AN DIE MITTELKLASSE

Zweifellos waren der überdimensionale Mercedes 600 und der sportlich ausgelegte, zukunftsweisende NSU Spider die beiden Sensationen auf der Internationalen Automobil Ausstellung (IAA) 1963 in Frankfurt. Aber auch der NSU Prinz 1000 fand die ihm gebührende Beachtung beim Publikum und wurde ob seiner technischen Delikatessen in der Fach- und Tagespresse an bevorzugter Stelle erwähnt. Denn mit der Baureihe moderner Vierzylin-

Umringt von Menschen standen der Prinz 1000 L und NSU/Wankel-Spider auf einem freien Platz des NSU-Werkgeländes. Wenige Tage vor der Automobilausstellung 1963 in Frankfurt stellte NSU Generaldirektor von Heydekampf den Werksangehörigen die neuen Wagen vor.

der-Viertaktmotoren begann NSU im Jahr 1964 seinen Blickwinkel um eine neue Perspektive zu erweitern. Im Prinz 1000 fand sie ihre Anwendung.

Um die Kapazität der steigenden Nachfrage nach NSU-Automobilen, vor allem dem neuen „Tausender" angleichen zu können, entstanden neue Produktionsanlagen. Auf einer Fläche von 10 000 Quadratmetern wurde eine Halle errichtet, die sechs Fertigungsstraßen Raum bot. Begünstigt durch das milde Winterwetter, konnten in dem Hallenneubau bereits Anfang April 1964 die ersten Wagen der Prinz-1000-Vorserie gefertigt werden.

Und dann kam der 29. und 30. April 1964: Aus allen Teilen Deutschlands, aus der Hansestadt Lübeck wie aus dem Bayerischen Wald, aus der Pfalz wie aus West-Berlin, reisten NSU-Händler zu NSU nach Neckarsulm. Bei einem großen Familientreffen der Händlerschaft im Werk wurden die ersten NSU Prinz 1000 L-Vorführwagen übergeben. 1 150 Fahrzeuge setzte NSU an diesen beiden Tagen innerhalb weniger Stunden ins Straßenbild der Bundesrepublik. Wohin man schaute, auf den Autobahnen, auf den Landstraßen, in den Städten – überall tauchte er auf, das neue Gesicht des lang erwarte-

1964 reichten die NSU-Werkshallen bereits bis an die Gemarkungsgrenze von Kochendorf. Mit der 1951 errichteten 18 000 Quadratmeter großen „Montagehalle Nord" (im Vordergrund) begann man in diesem nördlichen Teil die Produktionsanlagen zu konzentrieren, die in den folgenden zehn Jahren mit zahlreichen Neubauten weiter vervollständigt und ausgebaut wurden.

Prinzen-Parade: Aus allen Teilen Deutschlands angereist, übernahmen die NSU-Händler am 29. und 30. April 1964 die ersten 1150 Prinz 1000 L-Vorführwagen.

ten NSU Prinz 1000 L. Schon im August 1961, als der NSU Prinz 4 mit einem Paukenschlag auf ähnliche Weise eingeführt wurde, war die Freude bei den Händlern und der demonstrative Erfolg dieser Abwicklung groß. Im Frühjahr 1964 – zum Beginn der Verkaufssaison, freuten sich die NSU-Händler nicht minder, den neuen 1000er aus Neckarsulm durch die blühende Landschaft nach Hause fahren zu können.

Bei dieser reibungslos abgelaufenen Wagenübernahme gab auch Dr. Hans Zimmermann als stellvertretender Verkaufsleiter sein Debüt vor der NSU-Händlerschaft. Mit spritzig-pointiertem Vortrag analysierte er die Verkaufs- und auch die Verkäufersituation auf dem Automobilmarkt von 1964.

Dr. Hans Zimmermann, bislang Leiter des Verkaufs, wurde am 1. 7. 1965 stellvertretendes Vorstandsmitglied.

Stadtflitzer: der sportliche NSU Prinz 1000 S.

Als neues Instrument in den Händen der NSU-Verkäufer besaß der NSU Prinz 1000 L alle Merkmale, eine umfangreiche Ausweitung des NSU-Marktanteils zu erbringen. Es lag wohl in der Handschrift der NSU-Ingenieure, Fahrzeuge mit sportlicher Grundlinie zu entwickeln. Schon der Prinz 4 war in seiner Klasse ein sehr munteres, lebendiges Fahrzeug. Der neue Prinz 1000 setzte diese Charakteristik fort; er bot dem Fahrer ein Temperament und ein Fahrverhalten, wie man es in dieser Klasse nicht ohne weiteres fand. NSU war der Auffassung, daß der neue Prinz 1000 vor allem für jene Fahrer in Betracht kam, die einen Wagen nicht nur zum Transport von A nach B benutzten, sondern die Freude hatten am guten und sportlich sicheren Fahren.

Die bewährte, außerordentlich übersichtliche Kompaktform des Prinz 4 wurde beim neuen Modell im wesentlichen beibehalten. Der Radstand betrug allerdings 225 cm (Prinz 4: 204 cm) und die gesamte Länge 381 cm (Prinz 4: 344 cm). Diese Vergrößerung von Gesamtlänge und Radstand kam nicht nur der Straßenlage und den Fahreigenschaften zugute, sondern dem Fahrkomfort schlechthin. Besondere Sorgfalt verwandte NSU bei der Ausgestaltung des Innenraums. Ein neu gestaltetes, gepolstertes Armaturenbrett mit klaren Instrumenten und griffgünstigen Schaltern, gut gestaltete Sitze, große Ablagefächer links und rechts der rückwärtigen Bank, ausstellbare Seitenscheiben hinten und eine verstärkte Heiz- und Belüftungsanlage gewährleisteten komfortables und ermüdungsfreies Fahren.

Von außen erkannte man den Prinz 1000 an den Oval-Scheinwerfern, an der neuen Frontpartie-Gestaltung, am seitlichen Lufteinlaßgrill und an der neuen Heckleuchtengestaltung, akustisch am „runden", dumpfen Ton des neu entwickelten NSU-Vierzylinder-Motors.

Der Prinz-1000-Vierzylinder war zweifellos ein Prachtstück des modernen Motorenbaues. Die Vierzylinder standen in Reihe, der Motor lag quer zur Fahrtrichtung im Heck. NSU entschied sich für die Luftkühlung, und zwar aus diesen Gründen: ein luftgekühlter Motor kommt schneller als ein wassergekühlter auf Betriebstemperatur (wichtig bei Kurzstreckenbetrieb), er erspart dem Fahrer vor allem im Winter jegliche Wartung und er ist erheblich leichter als ein wassergekühlter Motor mit den notwendigen Aggregaten wie Kühler, Wasserpumpe und Wasserfüllung. Dieser letzte Gesichtspunkt war besonders bei der Anordnung des Motors im Heck von erheblicher Bedeutung.

Der neue Prinz 1000 leistete 43 PS. Bei dem sehr niedrigen Wagengewicht des Prinz 1000 von 620 kg ergab sich ein Leistungsgewicht von 14,4 kg/PS. Selbstverständlich besaß der Motor als moderne Konstruktion eine obenliegende Nockenwelle, die durch eine Kette angetrieben wurde. Diese Nockenwelle machte den Motor drehfreudig, was der Fahrer beim schnellen Start und beim Überholen am Berg zu schätzen wußte. Die Höchstgeschwin-

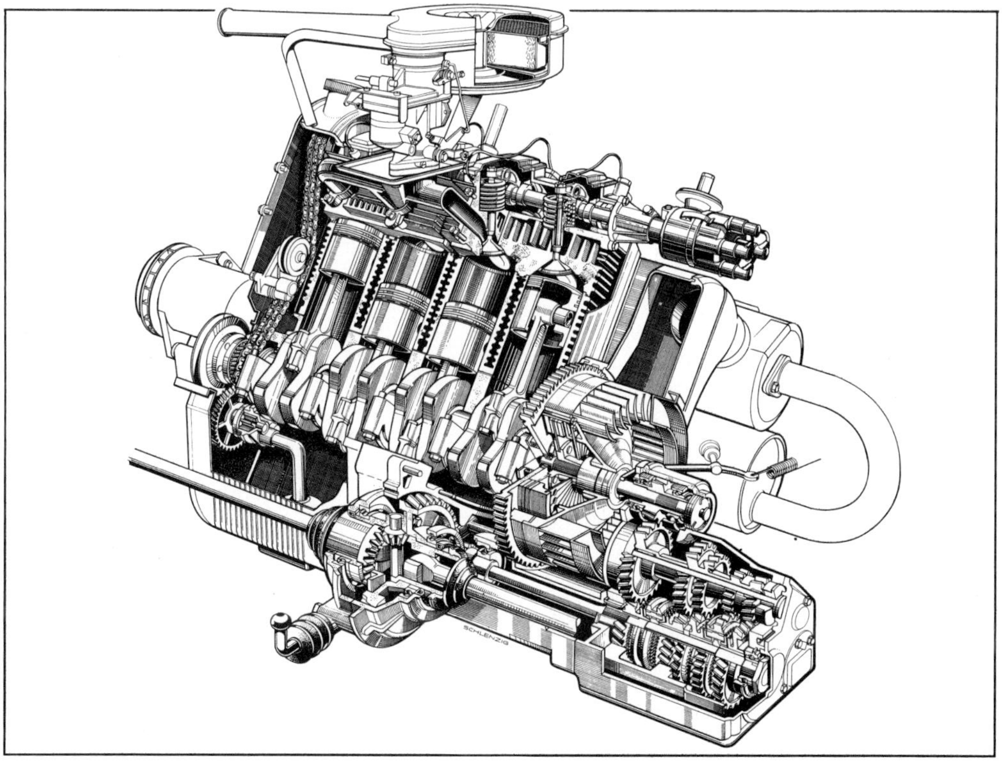

Schnitt durch den Prinz 1000-Motor.

Typisches Merkmal des Prinz 1000 waren die getrennten Schlußleuchten zum klaren Verständnis der Signale.

Nahezu 10 Jahre lang lief der „1000er“ von den Montagebändern in Neckarsulm, der 1972 als NSU 1000 C aufhörte, gebaut zu werden. Gesamtproduktionszahl: 207428 Stück.

digkeit lag bei 135 km/h.

Viele technische Feinheiten ließen die Sorgfalt erkennen, mit der die NSU-Ingenieure ans Werk gingen: Die Kurbelwelle war fünffach gelagert, die Kipphebel waren verchromt, die Zylinderlaufbahnen gehärtet, der Verbrennungsraum im Zylinderkopf wurde halbkugelförmig gestaltet, um eine optimale Verbrennung zu erlangen, ein Ölbad-Großluftfilter und ein Micronik-Feinstölfilter im Hauptstrom sorgten für reine Luft und reines Öl. Weitere Feinheiten der Konzeption: die Kupplung konnte, ohne daß man den Motor selbst demontieren mußte, für sich ausgebaut werden. Das Gebläserad saß unmittelbar auf der Kurbelwelle. Das vollsynchronisierte Viergang-Getriebe war zwar mit dem Motor zu einem Block zusammengefaßt, es konnte aber ebenfalls für sich demontiert werden.

Die Investitionen des Jahres 1964, die von rund 20 auf 60 Millionen erhöht worden waren, trugen deutliche Früchte. NSU hatte sich zum Ziel gesetzt, im Jahre 1965 stolze 100 000 Wagen zu verkaufen; das erste Halbjahr rechtfertigte diesen Optimismus bereits, denn gegenüber der gleichen Zeitspanne des Vorjahres waren die Umsätze um knapp 20 % gestiegen. Neue Arbeitskräfte mußten eingestellt werden. 600 Gastarbeiter unterschiedlichster Nationalität waren seit Anfang 1964 bei NSU am Werk. Weitere 1 559 Mitarbeiter, für die man zudem keine Wohnungen erstellen mußte, kamen am 1. Juli 1965 hinzu. Auch das zum stetigen Ausbau der NSU-Kapazität so dringend benötigte Produktionsterrain wurde erweitert: NSU übernahm Drauz.

„Wir betrachten es als ein glückliches Zusammentreffen der Umstände und Interessen", so argumentierte Dr. von Heydekampf in seinem Bericht zur Lage von NSU bei der Hauptversammlung am 7. Juli 1965 im vollbesetzten NSU-Kasino, „daß im Jahre 1964 das Projekt Drauz spruchreif wurde, eines der zwei außergewöhnlichen Ereignisse dieses NSU-Jahres. Die altbekannte, gut beleumundete Familiengesellschaft Karosseriewerke Drauz liegt 5 Kilometer von hier im Heilbronner Industriegelän-

Stellte bereits in den 20er Jahren die Automobil-Karosserien für NSU her: Karosseriewerk Drauz in Heilbronn. 1965 wurde es zum Werk Heilbronn der NSU-Motorenwerke AG Neckarsulm.

Immer wieder mußten sich die Väter des „NSU autonova GT" den Pressefotografen stellen – von links: Fritz B. Busch, Michael Conrad und Pio Mancu.

de. Uns wachsen insgesamt über 40 000 Quadratmeter Fabrikationsfläche zu. Wir haben zum Übergabedatum 1. Juli 1965 auch die Vorräte an Roh- und Umlaufmaterial ermittelt und miterworben. Wir übernehmen eine zur Branche gehörige, in vollem Gange befindliche Fabrikanlage, deren Ausbau und Rationalisierung schon seit 1964 mit uns koordiniert ist. Damit wird die ursprünglich geplante notwendige Erweiterung der Karosserie-Fertigung im Neckarsulmer Werk eingespart." Die Karosserie-Fertigung konnte denn auch durch diese „verlängerte Werkbank" wesentlich erweitert und beschleunigt werden.

Die unbestrittene Sensation der IAA 1965 war auf dem Stand von NSU zu sehen: Der NSU autonova GT auf dem Fahrwerk des NSU 1000. Alle Tageszeitungen und Illustrierten nahmen sein Bild als Aufhänger für ihre IAA-Berichte. Diese kühne Karosserie-Studie, in der Idee von dem bekannten Journalisten Fritz B. Busch an NSU herangetragen und von der NSU-Presseabteilung unterstützt, sorgte einmal mehr dafür, daß der altbekannte NSU-Leitsatz „NSU

Der NSU-Typ 110 mit 1,1 Liter-Vierzylindermotor war eine konsequente Weiterentwicklung einer erfolgreichen Konstruktion. 1966 gab es ihn bereits mit 1200 cm³ als Typ 110 S/SC und er setzte seine Produktionszeit als NSU 1200 bis 1973 fort.

NSU Prinz 1000 TT, die sportliche 65 PS-Version des Prinz 1000.

1965 überraschte Siegfried Spieß seine Konkurrenten bei der Deutschen GT-Bergmeisterschaft mit einem kraftstrotzenden NSU-Viervergaser-Motor. Gegen leistungsmäßig stärkere Wagen gewann er die Deutsche GT-Bergmeisterschaft. 1967 gab es den NSU TTS als GT-Wagen homologiert. Ein konkurrenzfähiges Auto für aktive Sportfahrer aber auch für sportliche Normalfahrer.

in aller Munde" erneut und erfolgreich verwirklicht wurde.

Aber nicht nur dieser recht eigenwillige Traumwagen zog das Publikum an den NSU-Stand, sondern auch zwei neue Modelle: der NSU Typ 110 mit 1,1-Liter-Vierzylinder-Motor, vergrößertem Passagier- und Kofferraum, der nun das NSU-Automobilprogramm nach oben abrundete, und daneben, als sportliche Version des Prinz 1000, der NSU-TT, der in den nachfolgenden Jahren als Sportkanone im Hause NSU Lorbeeren am laufenden Band einfuhr.

Die Sporttauglichkeit der wendigen und schnellen Kompaktwagen aus Neckarsulm wurde am besten durch die großen Sporterfolge unterstrichen: Siegfried Spiess gewann 1965 auf NSU 1000 die Deutsche Bergmeisterschaft aller Klassen für Grand-Tourisme-Wagen mit acht ersten Plätzen und drei zweiten. Und Günther Irmscher beendete auf einem NSU TT die damals längste Automobil-Rallye der Welt, die Tour d'Europe, als Gesamtsieger. Was keiner anderen Automobilmarke in Deutschland gelang, das brachten diese beiden NSU-Fahrer zuwege, zwei von sechs deutschen Automobilmeisterschaften gingen an NSU. Aber damit nicht genug. Auch drei Automobil-Gaumeister errangen ihre Titel auf NSU-Automobilen, und die schon seit Jahren bekannten Motorrad-Geländespezialisten Erwin Schmider, NSU Max 350 cm³, und Josef Kelle, NSU-Max-Gespann, wurden zum achtenmal in ununterbrochener Folge Deutsche Motorrad-Geländemeister ihrer Klassen.

Die sportlichen NSU-Erfolge konnten jedoch nicht darüber hinwegtäuschen, daß auch das Unternehmen unter der Rezession zu leiden hatte. Trotzdem hatte das Jahr 1966 gegenüber dem Vorjahr mit 91 228 Einheiten einen Mehrverkauf von 12 % gebracht. Der Export war an diesem Erfolg mit einer Steigerungsquote von 16,8 % wesentlich beteiligt, denn in dieser Zeit stand in Italien der Prinz 4 an erster Stelle in der Liste sämtlicher importierter Fahrzeuge. Mit berechtigtem Stolz verkündigte man 1966 in Neckarsulm:

Das 500 000. NSU-Automobil hat seit der Wiederaufnahme der Auto-Produktion im Jahr 1957, also

1966 machte man bei NSU mit einem Typ 110 SC die halbe Million voll, sechs Jahre später war es eine Ro 80-Limousine, die als einmillionstes gebautes NSU-Automobil seit 1957 vom Band lief.

knapp neun Jahre später, das Band verlassen – es war ein NSU 1200, der mit 1,2-Liter-Vierzylinder im September frisch vom Stapel ging. Mit einer Typenreihe von 600 bis 1200 cm³ bis hin zum NSU Spider bot NSU eine Skala verkehrstüchtiger Automobile, die sich durch gute Fahrleistungen und nicht minder respektable Fahreigenschaften auf dem internationalen Markt wacker schlugen und das aufstrebende Automobil-Werk an die 500-Millionen-Umsatzgrenze brachten.

Auch in der Wankel-Werkstatt brodelte es in den Töpfen. Mittlerweile hatten bedeutende Firmen von NSU die Wankel-Patente übernommen, Daimler-Benz (die Firma brachte 1969 den C 111 mit Vierfach-Kreiskolbenmotor als Versuchsfahrzeug heraus), Rolls-Royce, Fichtel & Sachs (1970 stellte die Zweirad-Union auf der IFMA mit der Hercules 2000

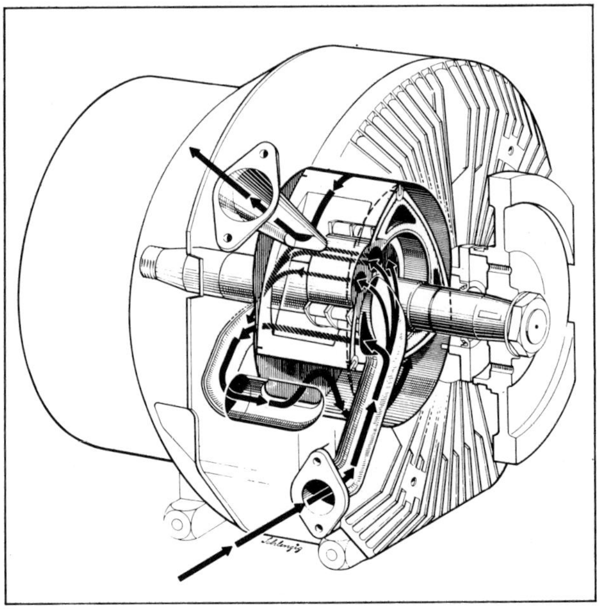

Luftgekühlter Sachs-Motor nach dem Prinzip NSU/Wankel.

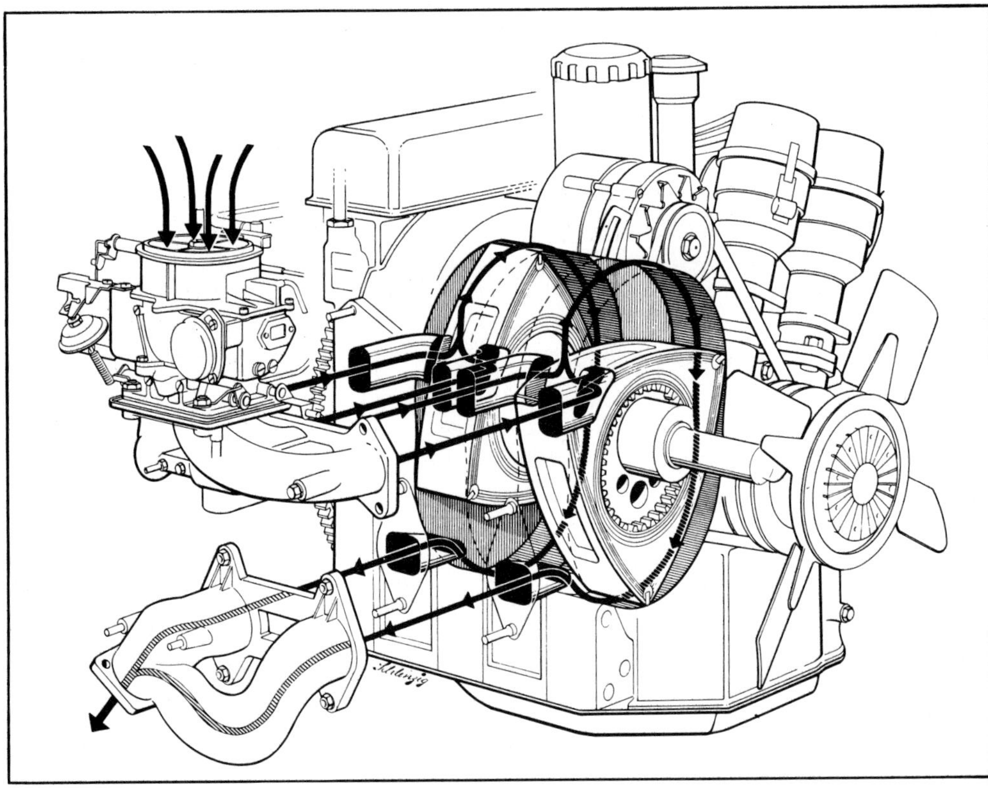

Zweiläufer-Kreiskolbenmotor-System NSU/Wankel – des Mazda 130 von der Toyo Kogyo Ltd. in Japan.

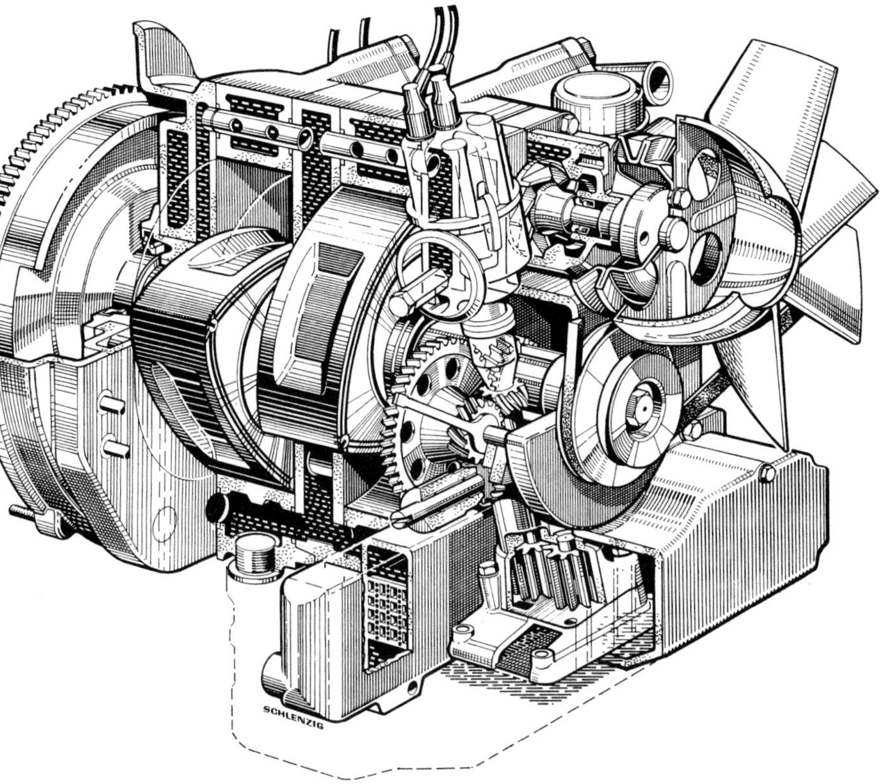

KKM mit 2 × 500 cm³ Kammervolumen – der Doppelkreiskolbenmotor. Prototyp des NSU/Wankel-Motors in dem großen Reisewagen Ro 80.

das erste Motorrad mit Wankelmotor vor) und vor allem Mazda in Japan. Mazda-Modelle mit Wankelmotor hatten sich im internationalen Automobilbau bereits mehrfach hervorgetan und sie stehen heute noch im Produktionsprogramm des japanischen Unternehmens. 1964 berichteten zehn Lizenznehmer schon über gute Fortschritte; die Baugrößen der Lizenzmotoren reichten von 5 bis 500 PS.

In Neckarsulm war ein Doppel-Kreiskolbenmotor mit 2 × 500 cm³ Kammergröße entstanden. NSU stellte ihn, als Automobilantrieb der Zukunft, auf der IAA 1965 in Frankfurt der Öffentlichkeit vor, die dem kleinen Kraftpaket mit 110 PS Leistung alle Achtung zollte. Es war der Prototyp des NSU/Wankelmotors für eine große Reiselimousine.

Den Beweis für die praktische Bewährung erbrachte der NSU/Wankelmotor in der Motorsportsaison 1966: NSU-Sportfahrer und Ex-Bergmeister Karl-Heinz Panowitz steuerte mit Copilot Rainer Strunz seinen NSU/Wankel-Spider von Erfolg zu Erfolg und wurde Deutscher Rallyemeister (aller Klassen) für Grand-Tourisme-Wagen. Und da Rainer Strunz immer dabei war, wurde auch er Meister. Zum erstenmal in der Geschichte des Motorsports gelang es einem Wagen mit völlig neuem Motorprinzip, einen Wettbewerb über viele Einsätze durchzustehen und zu siegen. Bei der Avus-Rallye belegten Panowitz/Strunz sogar den 1. Platz im Gesamtklassement – sie waren damit Beste aller Teilnehmer – und verwiesen beispielsweise den Porsche 911, Mercedes 250 SE, Glas 1304 TS usw. auf die Plätze.

Insgesamt 23 NSU Spider nahmen 1966 bei den Meisterschaftsläufen zur Deutschen GT-Rallyemeisterschaft teil, von denen 22 das Ziel erreichten. Ein

Karl-Heinz Panowitz auf NSU Spider, Deutscher Grand Tourisme-Rallyemeister 1966.

Siegfried Spieß auf NSU/Wankel-Spider, Deutscher Automobil-Bergmeister 1967.

ungewöhnlicher Erfolg für den Neuling, der in der Sportsaison 1967 weitere interessante Erfolge folgen ließ: Siegfried Spieß wurde auf dem NSU/Wankel-Spider Deutscher Automobil-Bergmeister aller Hubraumklassen und Kategorien. Zwei Jahre nur bestand der Wankel-Sport, und zweimal hatten die Wankel-Wagen eine Meisterschaft errungen. Im Automobil-Rallye-Sport und bei den Rennen zur Bergmeisterschaft war der GT-Spider mit seinem drehfreudigen NSU/Wankel-Motor nicht zu schlagen. Die konventionellen Typen waren nicht minder erfolgreich. Bei Rennen, abgesehen von zahlreichen Siegen bei Rallyes und Zuverlässigkeitsfahrten, belegten NSU-Fahrer 93 erste, 68 zweite und 58 dritte Plätze.

EIN GROSSER NSU-WAGEN WEIST IN DIE ZUKUNFT

Im Herbst 1967 war es soweit: NSU präsentierte bei der Internationalen Automobil-Ausstellung in Frankfurt den NSU Ro 80 der Öffentlichkeit. Nach fünfjähriger Entwicklungszeit konnte NSU diese schnelle Reiselimousine mit hohem Fahrtkomfort und einem Maximum an aktiver und passiver Sicherheit dem Markt anbieten. Mit 115-PS-Zweiläufer-Kreiskolbenmotor, System NSU/Wankel, mit Frontantrieb und Wasserkühlung, stieß NSU mit dem Ro 80 in eine neue, exklusive Klasse vor. Noch im Oktober des Jahres 1967 wurde die Serienproduktion gestartet.

Als die NSU-Ingenieure daran gingen, den ersten „richtigen" Wankel-Wagen, der später den Namen NSU Ro 80 erhalten sollte, zu entwerfen, standen sie vor einer Aufgabe, die eigentlich jeden Ingenieur glücklich machen muß: Sie waren weder durch Vorschriften noch mit Einschränkungen durch ein Vorgängermodell behindert oder eingeengt. Keine Tradition (oder automobile Weltanschauungen) standen im Wege. Und da von Anfang an die Absicht bestand, diesen Wagen in der höheren Preisklasse

Mit dem 115 PS-Zweiläufer-Kreiskolbenmotor stieß NSU mit dem frontangetriebenen Ro 80 in eine neue, exklusive Klasse vor.

zu verkaufen, konnten sich die NSU-Ingenieure auch für aufwendige Konstruktionslösungen nach den modernsten Erkenntnissen entscheiden.

So entstand ein Auto, von dem die NSU-Leute glaubten, daß es in die Zukunft weist. Gewiß hatte eine kleinere Automobilfabrik, wie NSU sie war, ihre Sorgen und Probleme, und die Neckarsulmer gaben dies auch unumwunden zu. Auf der anderen Seite aber, so sagten sie, bietet das kleinere Werk Vorteile: Man ist leichter beweglich und man kann sich, so empfand man in Neckarsulm, weniger behindert als in einem Riesenwerk, dem Fortschritt zuwenden.

Von Anfang an stand fest, daß der neue Wagen den NSU/Wankel-Kreiskolbenmotor erhalten sollte. Dieser Motor war indessen nur eines der fortschrittlichen und interessanten Merkmale, die der neue Wagen zu bieten hatte. Beim NSU Ro 80 konnte eine Fülle von Ideen verwirklicht werden.

Die Karosserielinie des neuen Wagens war, mit einem Wort, ungewöhnlich. Bei NSU war man nämlich der Meinung, daß sich nichts so schnell abnutzt wie die sogenannte Schönheit. So entwarf Claus Luthe, der das kleine NSU Design-Studio leitete, eine Limousine, die in ihrer Linienführung als kühn, in Grenzen futuristisch und als recht aggressiv zu bezeichnen war, wobei die flache Motorhaube, die sich aus der geringen Bauhöhe des Wankel-Motors ergab, kennzeichnend war. Modische Spielereien, stilistische Schnörkel, waren nirgends zu finden – es gab keine Chromleisten, die der Schönheit auf die Beine helfen müßten, kein unnützes Glitzergepräge, sondern einfach nur die Form, die für sich allein bestand. Punkt um Punkt dieser Ro 80-Karosserie waren konstruktiv und aerodynamisch bedingt.

Die Richtigkeit dieser Einstellung der NSU-Konstrukteure bestätigte sich im Windkanal. Die Keilform dieses Wagens hatte, was bei einer großen Limousine sehr ungewöhnlich war, einen außerordentlich günstigen Luftwiderstandsbeiwert, nämlich 0,355. Ein günstiger Wert in diesem Bereich bedeutet hohe Endgeschwindigkeit bei vergleichsweise geringem PS-Einsatz und im Prinzip günstige Treibstoff- und Geräuschverhältnisse. Trotz des niedrigen Cw-Wertes war der Wagen gegen Seitenwind, z. T. ein Ergebnis des Vorderradantriebes, unempfindlich. Die typische Form dieser Karosserie, bei der der Ansatzpunkt der Heckscheibe höher lag als der vergleichbare Punkt der Windschutzscheibe, ermöglichte einen Nebeneffekt: Der Kofferraum war sehr groß, ohne daß man einen riesigen Überhang (was ja gewiß nicht gut ist) in Kauf nehmen mußte.

Gewiß gab es damals sehr gute Automobile mit ausgezeichneter Straßenlage. Dennoch war man bei NSU der Auffassung, daß beim Ro 80, was das betraf, etwas Besonderes gelungen war. Auf dem Gebiet der Straßenlage fühlten sich die NSU-Ingenieure gut zu Hause. Sie hatten bekanntlich reiche Sport- und Rennfahrerfahrung und auch die bisher gebauten NSU-Automobile bestätigten – zumal die Verhältnisse bei kleineren Wagen schwieriger sind –, daß die NSU-Ingenieure mit den Problemen der Straßenlage geschickt umzugehen verstanden.

Das Verhalten des NSU Ro 80 auf der Straße, sei es nun in engen Kurven oder bei schneller Fahrt, in bergigem Gelände oder auf der Autobahn, kann mit einem Wort gekennzeichnet werden: Gutmütig bis an die Grenzen der physikalischen Gesetze. In diesem Wagen fuhr man völlig anspannungsfrei (was man in der Regel dem Komfort zuschrieb, was aber in diesem Fall das Ergebnis eines starken Sicherheitsgefühls war).

NSU erreichte diese gute Straßenlage durch eine sorgfältige, allerdings auch recht teure Ausführung der Radführungs- und Federelemente, durch weiterentwickelte McPherson-Federbeine an den Vorderrädern, hinten durch Schräglenker kombiniert mit langhubigen Federbeinen und durch einen großen Radstand (2,86 Meter bei einer Gesamt-Wagenlänge von 4,78 Meter). Unmittelbar mit der Straßenlage, vor allem aber mit den Erfordernissen der

Ausgestattet mit einem technisch aufwendigen Fahrwerk, setzte der Ro 80 gleich nach seinem Erscheinen im Jahre 1967 neue Maßstäbe in Straßenlage und Fahrverhalten.

Sicherheit, hängt die Lenkung zusammen.

NSU entschied sich für eine Zahnstangenlenkung, die präzises Lenken gestattete und die den Kontakt mit der Straße aufrecht erhielt. Indessen wurde das Lenkgetriebe nicht an der im allgemeinen üblichen Stelle belassen, sondern nach oben genommen, unmittelbar an die Spritzwand in der Nähe des Armaturenbretts. Aus dieser Lösung ergab sich eine ganz kurze Lenksäule, die niemals, sollte es zu einem Frontalzusammenstoß kommen, spießen und den Fahrer gefährden konnte. Um den Komfort zu erhöhen, war die Lenkung, was bei Vorderradantrieb angezeigt war, mit einer Lenkhydraulik gekoppelt, deren Wirkung allerdings so dosiert wurde, daß sie zwar dem Fahrer (und insbesondere der Fahrerin) den Krafteinsatz abnahm, trotzdem aber den Kontakt mit der Straße aufrecht erhielt.

Zum Thema Sicherheit gehören natürlich auch die Bremsen. Hier griff NSU zum Besten, was 1967 geboten werden konnte: zu vier Scheibenbremsen, deren vordere nach innen gerückt wurden. Selbstverständlich wurde auch ein Zweikreis-Bremssystem vorgesehen und zusätzlich ein Bremskraftausgleich für die Bremsen an den Hinterrädern, der die Aufgabe hatte, die Bremskraft automatisch zu dosieren, je nachdem, ob der Wagen auf den hinteren Plätzen besetzt war oder nicht. Die Handbremse hatte ihr separates System: sie wirkte auf eigene, kleine Trommeln innerhalb der hinteren Bremsscheiben.

Ein interessantes Sicherheitsdetail sah man bei NSU auch in der großen Frontscheibe, die einen bisher ungewohnten Überblick gestattete, wie überhaupt in den großen Glasflächen ringsum, aber auch in den eingegossenen Heizelementen der Heckscheibe, die – im Bedarfsfalle – nach wenigen Minuten von Beschlag oder Vereisung befreit war.

Der NSU Ro 80 wurde, wie die Silbe Ro schon andeutete, von einem Rotationskolbenmotor mit zwei Scheiben und 115 PS bei 5500/min angetrie-

Das Triebwerk des Ro 80.

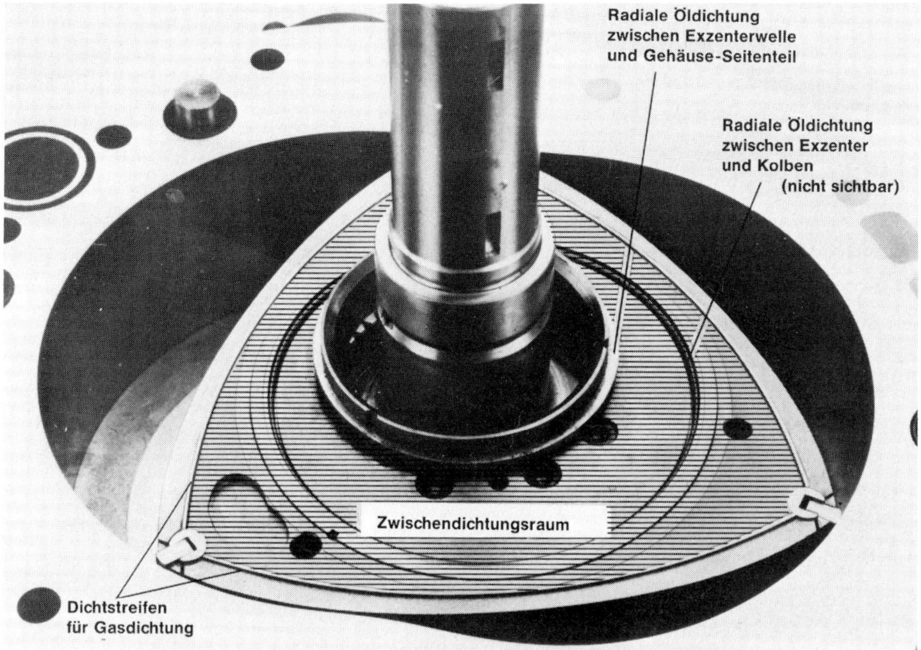

Im Gegensatz zum Hubkolbenmotor sind die Dichtsysteme des Kreiskolbenmotors für Öl und Gas voneinander getrennt. Wegen der äußerst geringen Ölverschmutzung konnte man deshalb die Ölwechselintervalle von 20 000 Kilometer ab 1969 entfallen lassen.

ben. NSU baute Motoren bekanntlich mit großer Passion, auch herkömmliche, und die Fachleute wußten, daß – beispielsweise – die NSU Viertaktmotoren zu den besten der Welt gehörten. Wenn sich NSU dennoch für den NSU/Wankel-Motor entschied, dann deshalb, weil dieses Motorprinzip dem Fahrer in vielen Punkten Vorteile bot.

An erster Stelle war die Geräuscharmut zu nennen. Während ein konventioneller Motor bei zunehmender Drehzahl durch die in rascher Folge hin- und hergehenden Teile vergleichsweise laut wird, trat beim Rotationskolbenmotor das Gegenteil ein, denn bei ihm gab es keine hin- und hergehenden Teile. Und sobald man schneller fuhr, sobald man sich in die höheren Geschwindigkeitsbereiche begab, erkannte man es deutlich: Der NSU/Wankel-Rotationskolbenmotor nahm, je höher er drehte, mehr und mehr die Laufruhe eines Elektromotors an.

In langen Versuchsjahren, die manchem Beobachter als zu lange erschienen sein mögen, wurden diesem neuen Motor die Kinderkrankheiten abgewöhnt. Probleme, von denen man in den vergangenen Jahren hörte – Rattermarken, Dichtleistenverschleiß, hoher Ölverbrauch – existierten so gut wie nicht mehr. Dank der Mitwirkung der deutschen Zubehörindustrie wurden auch die Aggregate, die sich aus dem Prinzip des Rotationskolbenmotors ergaben, entwickelt und vorangetrieben.

Mit der Leistung von 115 PS ergab sich bei der strömungsgünstigen Form der Karosserie eine Höchstgeschwindigkeit von mehr als 180 km/h. Dabei besaß dieser Motor, was die Männer von NSU freimütig zugaben, erhebliche Leistungsreserven. Man hätte seine Leistung um 30 bis 50 PS ohne große Mühe steigern können. Man sagte sich aber bei NSU, daß es richtiger sei, vor allen Dingen an die Sicherheit und den Komfort zu denken und nicht, zumindest nicht fürs erste, Höchstleistungen anzustreben.

NSU machte aus technischen Lösungen keine Weltanschauung. Man baute in Neckarsulm luftgekühlte Motoren und dabei fand man den wassergekühlten Motor auch sehr schön. Bisher brachte man den Motor im Heck unter – beim Ro 80 entschied man sich für den Frontmotor. Jedes Prinzip, so sagte man in Neckarsulm, hat seine Vor- und Nachteile. Es handelt sich ganz einfach darum, herauszufinden, wie man es wann am besten macht.

Nur in einem Punkt ließen die Neckarsulmer nicht mit sich spaßen: Sie vertraten die Auffassung, daß Motor und Antrieb zusammengefaßt und in einem, wenn's geht, kleinen Paket vereinigt werden müssen. Das bedeutete: Wenn NSU den Motor im Heck unterbringt, dann werden auch die Heckräder angetrieben. Wenn jedoch der Motor vorn liegt, dann bedeutete das Vorderradantrieb. Beim Ro 80 wurde also die Kraft an die Vorderräder geleitet, und es war sicher richtig, daß sich die ungewöhnlich gute Straßenlage z. T. auch aus dem Vorderradantrieb herleitete. Der Charakter des Straßenverkehrs und der Wunsch des Fahrers, zumal bei einem Wagen dieser Preisklasse, von Komfort umgeben zu sein, führten zum serienmäßigen Einbau einer Getriebeautomatik, die, weil sie auch das Schalten von Hand gestattete, als Selektiv-Automatik bezeichnet wurde. Die Motorkraft wurde über einen Drehmomentwandler auf ein Stufengetriebe geleitet, in dem drei Fahrbereiche zur Verfügung standen. Wer geruhsam reisen mochte, brauchte den Schalthebel auf viele hundert Kilometer nicht anzurühren. Wer jedoch, und sei es nur zeitweilig, aufgrund seines Naturells oder auch aufgrund spezieller Fahrumstände von Hand die Fahrbereiche schalten und höchste Beschleunigungskraft erlangen wollte, der hatte dazu die Gelegenheit, ohne daß er ein Kupplungspedal treten mußte.

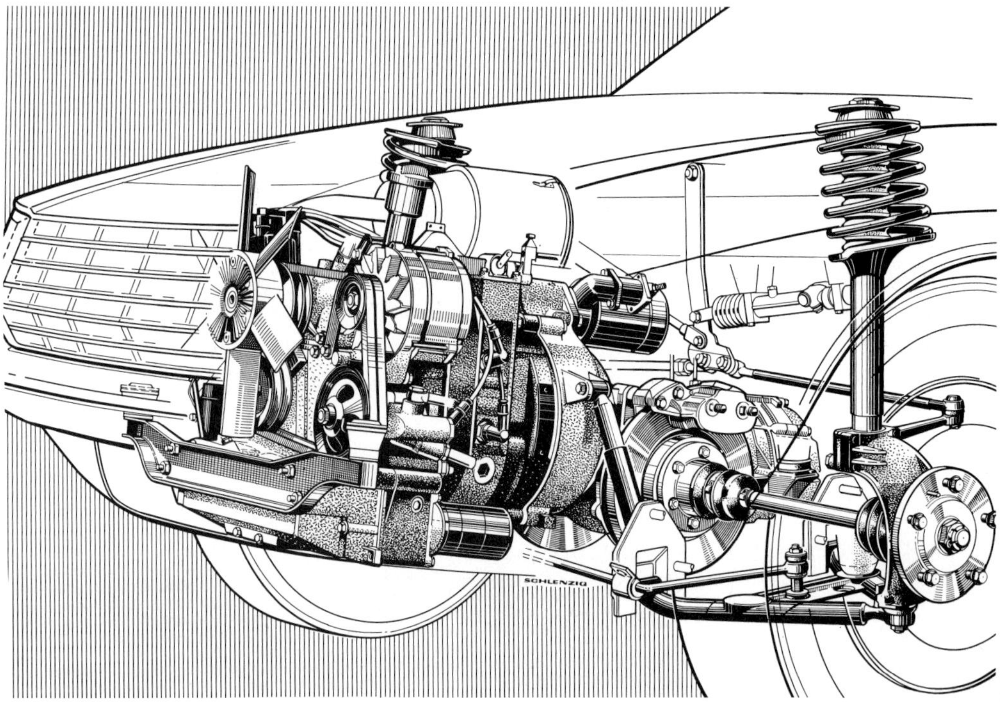

Blick unter die Haube des Ro 80.

RO 80 WIRD „AUTO DES JAHRES“

Die Aufnahme des Ro 80 in Deutschland und im Ausland übertraf alle Erwartungen. Von einer internationalen Jury mit Automobil-Experten aus 12 Ländern wurde der NSU Ro 80 zum „Auto des Jahres“ gewählt, eine Auszeichnung, die damit zum erstenmal einem deutschen Wagen zuteil wurde. Nach der Würdigung in Amsterdam zum „Auto des Jahres“ gab es einen zweiten Festakt in London, wo die englische Fachzeitschrift „Car Magazine“ den Neuling aus Deutschland zum „Automobil mit dem größten technischen Fortschritt 1967“ erkor. Die Erfolge der Neckarsulmer Ingenieure und Techniker schlugen sich neben dem Ro 80 vor allem in vielen neuen Verträgen mit Lizenznehmern in aller Welt nieder. 24 Haupt- und weitere 3 Nebenverträge mit Partnern in Europa, Amerika und Asien wurden abgeschlossen.

Der Schwerpunkt der Produktion lag 1967 jedoch nach wie vor bei den konventionellen Modellen der 600-, 1000- und 1200-cm³-Klassen. Die Umsätze der letzten 10 Jahre waren, mit Ausnahme des Jahres 1961, dem Übergangsjahr vom Prinz III zum Prinz 4, ständig gestiegen, von 148 Millionen auf 473,3 Millionen im Jahr 1967. Die Belegschaftszahlen, die 1966 durch die allgemeine Wirtschaftsrezession gesunken waren, wurden ab April 1967 langsam wieder aufgebaut. Ende des Jahres hatte NSU in Neckarsulm, zusammen mit der Belegschaft in den Werken Heilbronn, Neuenstein und bei den NSU-Vertriebsgesellschaften, einen Personalstand von 9910 Mitarbeitern.

Dr. Gerd Stieler von Heydekampf, Vorsitzender des Vorstandes (1953–1969), und sein Stellvertreter, technischer Direktor Viktor Frankenberger, bei der Entgegennahme der Trophäe „Auto des Jahres“ im Hilton-Hotel Amsterdam.

NSU ist die Nummer 1: In London nahm Dr. von Heydekampf die Auszeichnung der englischen Fachzeitschrift „Car Magazine“ für das „Automobil mit dem größten technischen Fortschritt 1967“ entgegen.

Das erste Halbjahr 1969 war für NSU gekennzeichnet durch eine anhaltend starke Nachfrage nach den Wagen aus Neckarsulm. Im Vorjahr hatte man noch 458 Autos pro Tag gebaut, nun waren es 590. Es gab Lieferzeiten für die NSU-Autos, ein ungewöhnlicher Befund in den kleineren Klassen. Der Absatz der Wagen hatte sich um fast 15 % gegenüber dem Vorjahr erhöht, der Umsatz stieg gleichzeitig um 23 %. Dennoch waren die Gewinnspannen knapp, denn die in der Mehrzahl exportierten Wagen ergaben im Zuge der Wirtschaftsereignisse in Deutschland nur noch kleine Gewinnspannen.

Auch in der Entwicklung gab es hohe Kosten. Ein neuer Mittelklassewagen mit wassergekühltem 1,5-Liter-Motor und Frontantrieb war als notwendige Ergänzung des Programms geplant – der K 70 entstand in Neckarsulm. Aus dem Ro 80 NSU/Wan-

Auf dem Höhepunkt als selbständiges Unternehmen: Im Jahre 1968 produzierten mehr als 10 000 Mitarbeiter nahezu 130 000 NSU-Automobile.

Das Abenteuer mit einem Avengerboot in die hochgehende Adria zu stechen, wurde zum ganz großen sportlichen Ereignis. Denn gleich zwei NSU/Wankel-Motoren brachten ganze 270 PS (SAE) auf die Schrauben.

kel-Kreiskolbenmotor war der seewasserfeste Marine-Ro-135-Motor mit 135 SAE-PS als Bootsantrieb entwickelt worden, der im Wassersport erfolgreich Wellen schlug. Doch auch im Serienbau gewann der NSU/Wankel-Motor zunehmend an Boden. Die Lizenznehmer Fichtel & Sachs, Toyo Kogyo und Yanmar Diesel (die Liste der Lizenznehmer hatte sich inzwischen auf 16 erhöht) verkauften im Jahr 1969 über 33 600 Kreiskolbenmotoren aus eigener Serienfertigung. Auch die Lizenzeinnahmen für NSU flossen in zunehmendem Maße, wenngleich der Entwicklungsaufwand die schönen Zugänge wieder aufzehrte.

FUSION MIT AUTO UNION

Der Automobil-Boom hielt an. Trotz der Unsicherheit im Weltwährungsgefüge hatte die Automobilindustrie der westlichen Welt und jene Japans im Jahre 1969 Hochkonjunktur. 23,2 Millionen Automo-

NSU/Wankel Marine Ro 135 mit Z-Antrieb und 135 PS-Leistung.

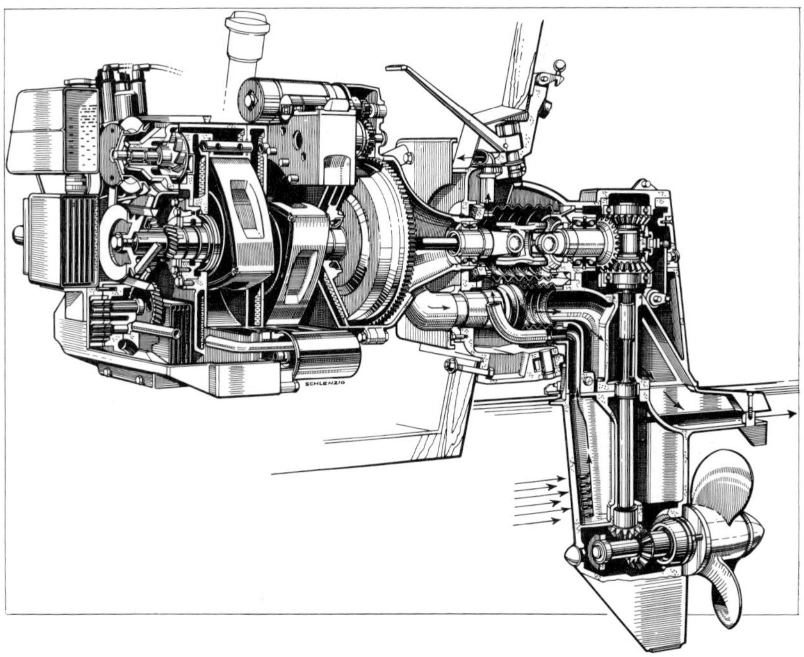

bile wurden im Jahr 1969 in der Welt produziert, 3,3 Millionen davon in Deutschland. Mit 55 % Exportanteil war die Bundesrepublik der größte Automobilexporteur der Welt. Doch auch die internationale Konkurrenz auf dem deutschen Markt erstarkte von Jahr zu Jahr. Wer in Deutschland in künftigen Jahren mithalten wollte, mußte in großen Dimensionen denken. Seit eh und je aber erforderten große Dimensionen hohe Investitionen. Stieß das auf Schwierigkeiten, so lag die Neigung zu Zusammenschlüssen nahe, nicht nur in der Automobilindustrie.

So hielt NSU schließlich Ausschau nach einem Partner, nach einem deutschen Partner in erster Linie. Im Frühjahr 1969 kam es zu dem entscheidenden Beschluß: Die Aufsichtsräte der Auto Union GmbH, der NSU Motorenwerke AG und der Volkswagen AG gaben ihr Ja zur Fusion der Ingolstädter und Neckarsulmer Automobilbauer.

Am 10. März wurde ein Verschmelzungsvertrag abgeschlossen, der noch die Zustimmung durch die außerordentliche Hauptversammlung am 26. April 1969 benötigte. Auf der „Hauptversammlung des Jahres" gaben nach 12 Stunden und 21 Minuten teilweise heißer Diskussion die Aktionäre, die 71,95 % des Aktienkapitals von 87 Millionen DM repräsentierten, ihre Zustimmung zur Fusion der NSU Motorenwerke AG, Neckarsulm, mit dem reichen Partner Auto Union GmbH, Ingolstadt, aus dem Konzern Volkswagen AG, Wolfsburg. Damit war – rückwirkend ab 1. Januar 1969 – die Audi NSU Auto Union Aktiengesellschaft entstanden, die ihren Sitz in Neckarsulm hatte.

Luftaufnahme des Neckarsulmer Werkes der Audi NSU Auto Union AG. Zum Jahresende 1969 zählte die NSU-Belegschaft 12 131 Mitarbeiter.

Schon Wochen vorher hatte man diesem Ereignis mit Spannung entgegengesehen. Daß nun 97 % der Aktionäre in der außerordentlichen Hauptversammlung von NSU der Fusion zustimmten, daß die Fusion überhaupt zustande kam, war ausschließlich dem Einlenken der NSU-Verwaltung zu verdanken, die sich buchstäblich „fünf Minuten vor zwölf" auf die zahlreichen Oppositionsanträge hin zu einem Kompromiß in der Ausgestaltung der Genußscheine bereit fand, die eine Beteiligung an den Erträgen aus den Wankel-Lizenzen boten. Daraufhin zog die Opposition, die sicherlich eine Sperrminorität von 25 % zustande gebracht hätte, ihre Gegenanträge zurück.

Immerhin ließen es sich 28 Aktionäre und Aktionärsvertreter bei über 40 Wortmeldungen nicht nehmen, in teilweise bis zu 50 Minuten langen Reden, trotz ihrer generellen Zustimmung zur Fusion, ihre Bedenken und Vorwürfe zu erläutern. Großes Lob für die Verwaltung und die Techniker von NSU wurde ergänzt durch harte Kritik an der Verhandlungsführung mit den Aktionärsgruppen. Mitunter heftige Angriffe mußte sich der neue Großaktionär VW, der mit damals 59,5 % an der neuen Gesellschaft beteiligt war, wegen seiner allgemeinen Unternehmenspolitik gefallen lassen. Auch die Großbanken, insbesondere die Dresdner Bank, die selbst über einen Eigenbesitz von 16 % des NSU-Kapitals verfügte, kamen nicht gut weg. Man warf ihnen vor, ihren Depotkunden von vornherein zur Annahme der Fusion geraten zu haben. Die einzelnen Punkte der Tagesordnung erhielten schließlich zwischen 96 und 99 % Ja-Stimmen, bezogen auf das anwesende Kapital. Als Vertreter der Kleinaktionäre wurde Kaufmann Berthold Liebernickel aus Hannover in den Aufsichtsrat gewählt.

„NSU hat nach glanzvollem Höhepunkt 1955 und dem abrupten Ende der Zweirad-Blüte 1957 mit in der Spitze rund über 6500 Beschäftigten und 200 Millionen DM Jahresumsatz den Anschluß an das PKW-Geschäft bewerkstelligt. Im 11. Jahre der Autofertigung, 1968, wurden mit rund 128 000 Wagen über 566 Millionen DM Umsatz erzielt. 1969 brachte erneut lebhaften Zuwachs: Die Nachfrage übersteigt erheblich die Lieferfähigkeit. Mit Sonderschichten und Überstunden dürften 145 000 Wagen gefertigt werden können mit einem zu erwartenden Umsatz von 680 Millionen DM. Eine Dividendenerhöhung von 5 auf 8 % ist für 1968 in Aussicht gestellt." So erläuterte Dr. von Heydekampf mit einem Überblick im Telegrammstil die Vorgeschichte der Fusionspläne.

„Heute sind wir gesund, noch gesund. Die Frage, ob wir das bei einem Alleingang auch morgen und übermorgen noch von NSU sagen können, haben Sie durch Ihre Empfehlung, nach einem Kooperationspartner zu suchen, beantwortet", erklärte Heydekampf vor dem Auditorium. „Wir haben das Gesetz der großen Zahl gegen uns, und dagegen läßt sich in einer Marktform wie der des PKW-Marktes auf die Dauer nicht mit der erforderlichen Erfolgswahrscheinlichkeit operieren. Wir wären zu einem ständigen Modellerfolg verurteilt; ein Fehlgriff, ein Ausrutscher könnte lebensgefährlich werden."

Auf der spektakulären außerordentlichen Hauptversammlung in Neckarsulm hatten die NSU-Aktionäre nicht nur ihre Zustimmung zur Bildung eines in optimalen Größenordnungen fusionierten Unternehmens gegeben, sondern auch Geburtshilfe für eine neue unternehmerische Konzeption in der deutschen Automobilwirtschaft geleistet.

„Es ist nicht so, daß das attraktive, aber arme Mädchen NSU sich unbedingt an die starken Schultern eines potenten Ehemannes anlehnen mußte", kommentierte die Heilbronner Stimme am 28. 4. 1969 und fuhr fort, „um die Zukunft meistern zu können – auch für das Volkswagenwerk ist es ein Glücksfall, ein so charmantes und beliebtes Familienmitglied gewonnen zu haben. Für VW war es höchste Zeit, mit NSU zu fusionieren, wie es ein Aktionär ausdrückte. Ford und Fiat wollen mit einem Anti-VW Wolfsburgs Marktstellung bedrängen. Das VW-Werk schwimmt zwar (noch) in Geld, doch hat es nach Meinung vieler die Zukunft verschlafen. Für die träge gewordene alte Dame VW kommt das junge Blut aus Neckarsulm gerade richtig, denn nichts braucht sie mehr als Kreativität und Aktivität. Und gewißermaßen als Östrogen-Kur bekommt sie

Ab 1969 machten NSU und Auto Union gemeinsame Sache: Mit 11 Modellen unterschiedlichen Charakters bot die neue Firma ein marktgerechtes Typenprogramm mit einer Leistungsspanne von 30 bis 115 PS, vom Prinz 4 über die Audi-Modelle bis zum exklusiven NSU Ro 80 an.

vor allem das Wankel-Patent, das sich über kurz oder lang die Automobilwelt erobern wird."

Die NSU-Leute fühlten sich sozusagen als Retter von VW und waren sich einig, daß durch diese Fusion zweier „gesunder" Automobilhersteller die Wolfsburger ein Fahrzeugprogramm von 0,6 bis 1,7 Liter Hubraum in die Hände bekamen, das weit mehr wert sei als der Einstieg in die Wankel-Patente. Als jedoch VW den NSU-Aktionären um Weihnachten eröffnete, statt der erwarteten 8 % eine Ausschüttung von nur 5 % Dividende vorzuschlagen, brach das alte Mißtrauen wieder auf. Mittlerweile war man bei VW eifrig dabei, einzelne NSU-Aktien zusammenzutragen, um somit baldmöglichst drei Viertel der Anteile in die Hand zu bekommen und alle weiteren Debatten im Keime zu erstikken.

Auch wurde NSU bewußt mit Audi zusammengebracht, denn damit traf auf NSU das zu, was bereits zwischen VW und Audi vertraglich bestand: Bezahlung für die in Anspruch genommene VW-Technologie. VW tat ein übriges und stellte die Finanzierung des zwischen NSU und Citroën bestehenden „Comotor"-Projektes sicher, unter dem Wankelmotoren gebaut werden sollten. Und viele sprachen von einem Mittelklassewagen mit Wankelmotor, der 1972 im neuen Comotor-Werk anlaufen sollte.

Dies alles fiel mit einem Ereignis zusammen, das die „alten NSU'ler" etwas freudiger stimmte: Das einmillionste gebaute NSU-Automobil seit 1957 lief vom Band. Und man sorgte dafür, daß dies ein Ro 80 sein würde, dies auch angesichts der erfreulichen Tatsache, daß die Wankel-Limousine den California-Abgastest 1970 soeben bestanden hatte. Und der Ro 80 blieb auch danach tatsächlich ein NSU, trotz all der Gerüchte über eine bevorstehende Zusammenarbeit von VW und Fiat auf der Basis ihrer gemeinsamen Citroën-Interessen. Doch daraus ist nie etwas geworden.

Schon 1968 zeichnete sich eine unheilvolle Marktentwicklung für den Ro 80 ab, als erste Gerüchte über Probleme der Abdichtung (Dichtleisten) laut wurden. Allmählich wurde die von Ro 80-Fahrern unterwegs erhobene Hand, die so viele Finger zeigte, wie der Wagen bereits Tauschmotoren gebraucht hatte, zur ironischen Begrüßung. NSU zeigte sich kulant und wechselte zwei Drittel der Motoren innerhalb der ersten beiden Jahre aus, bis sich herausstellte, daß es bei vielen der Motoren gar nicht nötig gewesen wäre. Die Vertragshändler, die sich nicht genügend auskannten – sie kamen weitgehend aus der Zweirad- und Kleinwagenbranche – tauschten die Motoren einfach aus, auch wenn nur eine Einstellungsarbeit genügt hätte. Dies alles belastete den Ruf des Ro 80 natürlich zusätzlich.

Dichtleisten an den Kolbenkanten, wie auch die Gehäuse, verschlissen anfangs sehr rasch – es schien, als wäre der Ro 80 anfangs kein Auto für den Alltagsfahrer. Er war gut geeignet für schnelle Langstreckenfahrten, nicht so sehr für viele Kaltstarts und Stadtverkehr. 1970 ging man von Kohleleisten auf metallische Dichtleisten über, die zwar länger lebten, dafür aber Rattermarken im Gehäuse hinterließen. Es gab häufig auch Ölkohleablagerungen, wenn der Motor nicht hin und wieder kräftig hochgedreht wurde. Andere Fahrer, gar zu beeindruckt von der sprichwörtlichen Drehfreudigkeit des Motors, „schlachteten" ihn buchstäblich, indem sie ihn gleich um mehrere tausend Umdrehungen überdrehten.

1970, also nach der Übernahme durch VW, kamen die ersten offiziellen Änderungen, als alle Welt schon vom 170-PS-Dreiläufermotor sprach. Zu dieser Zeit machten übrigens Lizenznehmer wie Daimler-Benz kein Hehl mehr aus ihrer Enttäuschung über das Kreiskolbenkonzept, nicht ohne damit die Zweifel am Wankelmotor als solche noch zu verstärken. Auch wenn jetzt die meisten der neueren Ro 80 längst schadlos sogar im langsamen Stadtverkehr bummeln konnten, war der Ruf doch stark angeschlagen. Die VW-Leitung machte nie ein Hehl

Ro 80-Endmontage bei Audi NSU in Neckarsulm. 1971 mußte sich der Ro 80 das Hängeband mit dem Audi 100 teilen, der unter den 250 gefertigten Automobilen pro Schicht dominierte.

daraus, daß sie den Ro 80 nicht auf ewig weiterbauen wollte, obschon ihr Vorstand das Auto als Werkswagen klar bevorzugte. Die etwas voreiligen Träume von einer Erfüllung neuer Abgasgesetze ohne großen Aufwand schwanden angesichts verschärfter US-Werte ebenso dahin, wie auch durch den in der Ölkrise 1973/74 erlangten und sehr abträglichen Ruf des „Benzinsäufers".

Als letztes gutes Verkaufsjahr des Ro 80 erwies sich das Jahr 1972, wo die Produktion um 14 % anstieg, obwohl es noch bis 1975 jährliche Verbesserungen gab. Dann stellte sich heraus, daß VW die Werkzeugbeschaffung für die Nachfolgegenerationen gestrichen hatte, weil seine eigenen Wankel-Lizenzrechte nicht bis zu den 80er Jahren bestanden und ein Audi mit Kreiskolbenmotor lediglich die Lizenzzahlungen an NSU-Aktionäre erhöht hätte. Die letzte von insgesamt 37 395 NSU Ro 80-Limousinen lief 1977 vom Produktionsband in Neckarsulm. Indes, Mazda in Japan, wo man schon über eine Million Autos mit Kreiskolbenmotor gebaut hatte, war man froh, diesen Antrieb nun für sich allein zu haben.

Eine Gemeinschaft zur Förderung des Wankelmotors meldete sich zuletzt noch einmal zu Wort und verkündete, ihre 150 Mitglieder seien furchtbar böse, VW mache Fehler über Fehler in Entwicklung, Lizenzpolitik und Verkaufsförderung. Sie forderten schlicht, der Vorstand möge zurücktreten. Sie vergaßen dabei, daß VW mittlerweile 99 % der Audi-NSU-Aktien besaß und jetzt 1979 von einem reinen Finanzmann geleitet wurde.

Trotzdem, der Ro 80 hat bei VW länger gelebt als das andere Produkt, das bei der Übernahme von NSU durch VW eine tragende Rolle gespielt hatte: der K 70. Während 1967 der Ro 80 zum „Auto des Jahres" gekürt wurde, arbeiteten die NSU-Ingenieure bereits an dem neuen Mittelklassewagen mit wassergekühltem 1,5-Liter-Motor und Frontantrieb. Vor Serienfreigabe kündigten sie Testfahrten für die Presse an und hatten für den Genfer Salon 1969 bereits Ausstellungsfläche für das Auto gebucht,

NSU K 70-Limousine mit vielen technischen Delikatessen. Sie sollte das NSU-Programm in der wichtigen Mittelklasse ergänzen.

um es der Welt zu präsentieren, als VW die Firma kurzfristig übernahm. Bald schon war der K 70 das meist veröffentlichte, nie erschienene Automobil Europas.

Als dann der Wagen sein zweites Debüt im Herbst 1970 in Paris erlebte, waren die Drohungen einiger NSU-Fans, die VW-Zeichen von den Wagen abzureißen, längst verstummt. Eine einfache 75-PS-Version wurde dem 90-PS-Modell zur Seite gestellt, nachdem man jetzt wußte, daß der Wagen nicht eben billig herzustellen war. Die Produktionszahlen des K 70 blieben so niedrig, daß es sich zu keiner Zeit anbot, seinen Motor innerhalb der Baureihen irgendwo anders einzusetzen. So wurden seine hohen Herstellungskosten zu einem der wichtigsten Gründe für das Ausscheiden von Vorstands-Chef Lotz im Jahre 1971. Sein Nachfolger hat die von Audi eingebrachten Technologien, die Lotz so gut für VW zu nutzen verstanden hatte, eher noch gründlicher ausgeschöpft.

NSU STEHT NUR NOCH FÜR VERGANGENHEIT

Mitte 1984 geriet der Name NSU noch einmal in die Schlagzeilen, denn das, was schon seit Jahren zu befürchten war, trat nun ein: Die 95. Hauptversammlung von Audi NSU beschloß, einem Antrag des Aufsichtsrats folgend, das Unternehmen ab 1. Januar 1985 unter Weglassung des Markennamens NSU in Audi AG umzubenennen.

„Wir wollen mit dieser Umbenennung weder die Tradition unseres Hauses und seiner Marken – und NSU und Auto Union sind wesentliche Bestandteile dieser Tradition – über Bord werfen, noch wird mit dieser Entscheidung die Standortfrage berührt. Uns ging es einzig und allein darum, die sprachlich umständliche Bezeichnung „Audi NSU Auto Union AG" zu vereinfachen, die vor allem im Ausland eine weitere Erhöhung unseres Bekanntheitsgrades behindert. Der Name Audi AG soll in Zukunft eine klare Identifikation unseres Unternehmens gewährleisten und vor allem eine unverwechselbare Identität zwi-

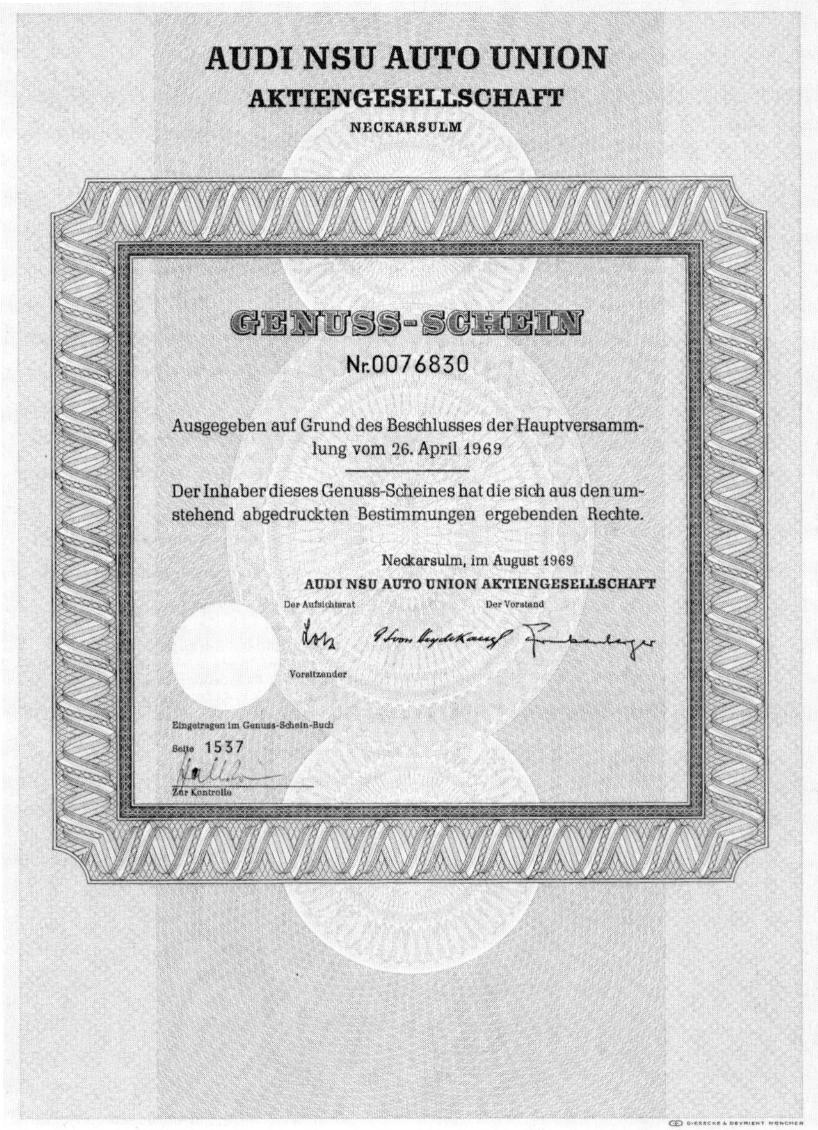
AUDI NSU AUTO UNION
AKTIENGESELLSCHAFT
NECKARSULM

GENUSS-SCHEIN

Nr. 0076830

Ausgegeben auf Grund des Beschlusses der Hauptversammlung vom 26. April 1969

Der Inhaber dieses Genuss-Scheines hat die sich aus den umstehend abgedruckten Bestimmungen ergebenden Rechte.

Neckarsulm, im August 1969
AUDI NSU AUTO UNION AKTIENGESELLSCHAFT
Der Aufsichtsrat
Der Vorstand
Vorsitzender

Eingetragen im Genuss-Schein-Buch
Seite 1537
Zur Kontrolle

GIESECKE & DEVRIENT MÜNCHEN

„Genuß“ für noch ganze sechs Pfennige: Der Wankel-Anteilschein von Audi NSU, 1969 mit 1,74 Millionen Stück ausgegeben, erlosch 1984.

schen dem Unternehmen und seinen Produkten sichern.“

So begründete Audi-Chef Dr. Wolfgang R. Habbel diesen Vorgang. Beschlossen wurde ferner, den Sitz der Gesellschaft von Neckarsulm nach Ingolstadt zu verlegen, wodurch der Standort Neckarsulm aber nicht berührt werden würde, wie Aufsichtsratsvorsitzender Dr. Carl Horst Hahn betonte: „Seien Sie sicher, daß wir unsere Wurzeln nicht vernachlässigen werden.“

Mit dieser 95. Hauptversammlung in Neckarsulm endete nach 14 Jahren auch die Laufzeit der Audi-NSU-Genußscheine, die 1969 als Anteilspapiere auf Einnahmen aus den Wankelaktivitäten ausgegeben wurden. Die Genußscheine hießen zwar so, doch ein Genuß waren sie schon lange nicht mehr. Ganze 6 Pfennige gab es unmittelbar nach der 95. Hauptversammlung von Audi NSU noch für ein Papier, das einst so gefragt war. Die Genußscheine rutschten auf den Tiefstpunkt, wurden wertloses Altpapier und waren vielleicht noch geeignet, als Erinnerungsstücke an eine glänzende Idee unter Glas an die Wand gehängt zu werden.

Bei der Fusions-Hauptversammlung 1969 in Neckarsulm geboren, waren die Genußscheine ein Stück Zucker für die Aktionäre, mit dem man deren Zustimmung zum Verbund von NSU mit der Auto Union unter dem VW-Dach erkaufte. Die „Genüsse" sollten reiche Zinsen aus den damals noch erhofften weltweiten Wankel-Erfolgen bringen. „Wir haben eine Goldader angekratzt!", hatte Jahre zuvor schon NSU-Generaldirektor Dr. Gerd Stieler von Heydekampf die Kasse klingeln hören, als der Wankelmotor in seinem Haus das Laufen lernte. Doch es blieb, nach starken Anfängen mit dem Ro 80, bei der Idee. Die Wankel-Illusion, von der sich 28 Lizenznehmer – unter ihnen die feinsten Auto-Adressen rund um den Erdball – begeistern ließen, zerstoben wie Blütenstaub im Wind. Der Abstieg des Genußscheins vom goldträchtigen Blatt zur schieren Makulatur begann, als General Motors wankelmüde wurde und alle Entwicklungen einstellte. Entsprechend der 1969 getroffenen Regelung ging auch der Anteil der Einnahmen aus den Lizenzen zurück. 1972 hatte Audi NSU für sein Know-how noch 55 Millionen Mark kassiert. Für das Geschäftsjahr 1983, dem letzten mit dem Schein, waren es nicht einmal mehr 100 000 Mark.

Die letzte Hauptversammlung von Audi NSU 1984 unter diesem Namen und die letzte in Neckarsulm war schnell und glatt abgewickelt worden. Kein Wunder, war doch der vorgelegte Jahresabschluß für das Geschäftsjahr 1983 sehr gut und kontroverse Punkte, wie zum Beispiel eine Satzungsänderung, die die Umbenennung der Firma in „Audi AG" festlegte, schon im Vorfeld abgeklärt worden. So gab es bei der Abstimmung nur wenige Gegenstimmen, obwohl das Aktionärskapital fast voll vertreten war (99,5 Prozent). Von den wenigen freien Aktionärsvertretern und Aktionären war fast nur eitel Lob zu hören – lediglich 4 Redner meldeten sich zu Wort. Es ging um Wankel und um die ausgefallene Dividende, die nun endgültig Altpapier wurde, und um das Alter des Managements (50 Jahre im Durchschnitt). Das Interesse war mäßig, der Beifall recht dünn.

Stimmung kam erst auf, als der Schlußredner ans Mikrofon trat. Dr. Erhard Klotz, der Oberbürgermeister der Stadt Neckarsulm, sprach als Aktionär – mit einer sprichwörtlichen Träne im Knopfloch. Mit 5 Aktien als legitimierter Sprecher ausgewiesen, äußerte er sich zur Sache. Und daraus wurde ein bewegter Nachruf auf einen großen Namen, auf NSU. Der Oberbürgermeister war für seine Stadt mit der Politik und Zielrichtung des Unternehmens voll einverstanden. Er erinnerte an die schwersten Zeiten, als es um Sein oder Nichtsein der Fabrik ging und er erkannte, daß sich dank der gewaltigen Investitionen seit der Fusion 1969 und der Eingliederung in den VW-Konzern „der Werksbereich Neckarsulm in diesem Jahr als eine der modernsten Automobilfabriken präsentiert". Mit der Namensänderung allerdings mochte sich Dr. Klotz nicht abfinden:

„Ich verstehe zwar die Gründe sehr wohl, doch ich verstehe sie nur mit dem Intellekt, nicht mit dem Gefühl und schon gar nicht mit dem Herzen. Wer meint, die Buchstaben NSU im Firmennamen erinnerten allzu sehr an Fahrrad, Drehgas und Quickly, der kennt die Geschichte dieses Unternehmens nicht, die schon eine Weltfirma war, als es andere noch nicht gab." Doch das Ende seiner Rede zum Namen war dann wieder versöhnlich. „Wenn wir mit dieser Entscheidung schon nicht glücklich sind und nicht glücklich sein werden, möge Audi wenigstens damit erfolgreich sein!"

Damit aber auch außerhalb des Werksgeländes die Tradition nicht vergessen werde, „so wollen wir doch die drei Buchstaben, die eng mit der Stadt verbunden sind, gebührend ins Blickfeld bringen". Denn am 17. 7. 1984, dem Tag vor der 95. Hauptversammlung, ließ der Oberbürgermeister vor dem Audi-Werk in Neckarsulm ein gutes Stück Firmengeschichte dokumentieren: Auf Beschluß des Gemeinderates wurde ein Teil der ehemaligen Felix-Wankel-Straße und der Kreisstraße 2000 bis zur Markungsgrenze Kochendorf in „NSU-Straße" umbenannt, die nun zur neuen Postanschrift der Audi AG wurde. Die Grünanlage vor dem Haupttor erhielt gleichzeitig den Namen „Christian-Schmidt-Platz" und erinnert an den Firmengründer.

NSU-Straße vor dem Audi-Tor: Seit dem 17. 7. 1984 ist „NSU-Straße" die Postanschrift der Audi AG, Werk Neckarsulm.

Alle Chancen, daß der Markenname NSU nun doch noch 100 Jahre alt werden kann, bestätigte Audi-Aufsichtsratsvorsitzender Dr. Carl Horst Hahn in einem aus eigener, enger Verbundenheit aus früherer Zeit zum Namen NSU gegebenen Bekenntnis: „Ich bin mir über die Wichtigkeit der Tradition als Wurzel eines Unternehmens im klaren!" Zwar wurden die Markennamen NSU und Auto Union aus dem Firmennamen verbannt, doch werden sie von eigenen Gesellschaften zur Wahrung der Tradition weiter gepflegt. Denn bereits am Vorabend zur 95. Hauptversammlung beschloß Aufsichtsrat und Vorstand von Audi NSU die Gründung einer NSU GmbH mit einem Stammkapital von DM 50 000,– und er will auch die bereits bestehende Auto Union GmbH wieder beleben. Seit dem 30. November 1984 gibt es also die NSU GmbH Neckarsulm unter Geschäftsführer Peter Lutz, der sich viel vorgenommen hat:

„Traditionspflege der ehemaligen NSU Motorenwerke AG und der Audi NSU Auto Union AG auf dem Gebiet der von beiden Unternehmen hergestellten NSU-Erzeugnisse, einschließlich der von beiden Unternehmen entwickelten Kreiskolben-Technologie; Ankauf und Verkauf von Fahrzeugen, Herstellung, Ankauf und Verkauf von Zweirädern sowie von Ersatzteilen, Zubehörteilen und Werkzeugmaschinen für Kraftfahrzeuge und Zweiräder im Zusammenhang mit dem Markennamen NSU. Erhaltung und kommerzielle Nutzung des Markennamens NSU; Handel mit Waren und Dienstleistungen aller Art im Zusammenhang mit dem Markennamen NSU."

Im Frühjahr 1986 folgte Geschäftsführer Peter Lutz dem Beispiel von Dr. Klotz, der als Hausherr des Deutschen Zweiradmuseums Neckarsulm bereits 1981 beispiellose Eigeninitiative bewies und sich der NSU-Geschichte annahm: Der historischen Verpflichtung und Verbundenheit zur einheimischen Industrie gewiß, wurde das Zweiradmuseum durch ein NSU-Museum mit rund 50 Exponaten repräsentativ erweitert.

Es ist dies die 100jährige Geschichte der Technik und der Stadt, die anhand vieler Exponate als stumme Zeugen im Gewölbekeller des Neckarsulmer Zweiradmuseums, und nicht nur dort, weiterleben wird.

NSU in Zahlen

Jahr	Produktion Fahrrad	Motorrad	Auto	Belegschaft	Umsatz Mio	Dividende %	Grund-kapital Mio	Firmenname
1880				9				Mech.Werkstätte zur Herstellung von Strickmasch.
1884							0,05	Neckarsulmer Strickmasch-Fabrik Aktiengesellschaft
1889	200			60			0,05	
1892				420			1,00	Neckarsulmer Fahrradwerke Aktiengesellschaft
1898				420	1,65	7%	1,00	
1899					1,75	8%	1,00	
1900	5.281				1,82	8%	1,00	
1901	4.500				1,83	6%	1,00	
1902	5.348	474			1,74	4%	1,00	
1903				578	2,04	10%	1,00	
1904					2,43	14%	1,00	Neckarsulmer Fahrrad-
1905	7.000	2.228		786	3,18	14%	1,40	werke Aktiengesellschaft
1906			20		4,01	8%	1,40	
1907	13.858				4,77	8%	1,80	
1908				700	4,90	4%	1,80	
1909					4,89	6%	1,80	
1910	13.000	2.500		1.000	4,87	4%	1,80	
1911	13.500				5,10	4%	1,80	
1912	13.000			1.200	6,40	7%	2,40	
1913	13.000			1.200	7,50	8%	3,60	Neckarsulmer Fahrzeug-
1914	27.000	3.600	900	1.200	8,20	8%	3,60	werke Aktiengesellschaft
1915	10.000				8,30	12%	3,60	
1916					9,50	15%	3,60	
1917					11,30	15%	3,60	
1918	1.764			1.600	16,10	15%	4,80	
1919	5.000				19,10	15%	4,80	
1920	11.512	2.406			29,88	15%	20,00	
1921	12.496	3.701		3.500	50,50	20%	20,00	
1922	13.270	3.621		3.700	188,80	40%	41,00	
1923	15.801	5.276		4.070	Inflation		82,00	
1924	18.873	6.424		4.650	13,50	6%	8,006	
1925	28.658	8.268		4.520	17,10	8%	8,00	
1926	14.804	7.480		4.000	32,40	8%	12,50	NSU Vereinigte Fahrzeug-
1927	28.201	12.926		4.650	63,70		12,50	werke Aktiengesellschaft
1928	30.348	21.813		4.750	34,20		10,00	
1929	14.201	20.520		4.015	23,40	4%	10,00	
1930	10.649	13.348		2.175	20,90	4%	10,00	

NSU in Zahlen

Jahr	Produktion Fahrrad	Motorrad	Auto	Belegschaft	Umsatz Mio	Dividende	Grund-kapital Mio	Firmenname
1931	4.553	15.258		835			10,00	NSU-D-Rad Vereinigte Fahrzeugwerke AG
1932	9.741	4.789		750	4,00		8,30	
1933	26.538	7.962		929	8,00		2,40	
1934	49.259	21.333		2.200	15,00	5%	2,40	
1935	68.772	23.924		2.270	21,00	6%	2,40	
1936	69.200	36.997		2.764	25,00	7%	2,40	
1937	100.889	52.218		3.200	34,00	7%	2,40	
1938	135.955	62.619			37,50	8%	3,60	NSU Werke Aktiengesellschaft Neckarsulm
1939	127.532	57.521		4.000	41,00	8%	3,60	
1940	78.819	29.207			33,00	8%	6,00	
1941	59.001	17.564			37,50	8%	8,00	
1942	59.385	12.010			39,00	6%	8,00	
1943	60.522	7.994		5.449	49,00	6%	8,00	
1944	31.838	1.922			53,00		8,00	
1945	8.822	98		843			8,00	
1946	6.085	566		1.367			8,00	
1947	16.385	1.517		2.460			8,00	
1948	58.272	9.270		3.735			8,00	
1949	135.480	37.929		4.462	67,10	4%	8,00	
1950	106.454	78.991		4.895	74,50	5,5%	8,00	
1951	119.328	82.084		4.981	96,10	6%	8,00	
1952	100.400	94.581		5.226	109,10	7%	8,00	
1953	62.831	110.855		5.829	139,80	8,5%	10,00	
1954	46.737	201.439		6.050	168,40	10%	12,00	
1955	45.747	298.583		6.626	200,70	10%	12,00	
1956	39.569	237.137		6.192	180,30	8%	12,00	
1957	53.501	189.329	7	5.663	148,00	8%	18,00	
1958	42.182	128.895	12.089	5.812	152,60	8%	18,00	
1959	40.872	135.015	31.371	7.212	220,30	10%	18,00	
1960	39.738	144.436	31.247	7.266	221,10	8%	27,00	NSU Motorenwerke AG Neckarsulm
1961	64.207	79.578	37.215	6.793	212,90	8%	36,00	
1962	48.920	34.362	56.246	7.500	264,10	8%	36,00	
1963	15.381	42.444	76.847	7.637	321,40	10%	48,00	
1964		11.200	81.757	8.758	351,70	10%	48,00	
1965		20.000	91.228	10.489	425,80	6%	65,00	
1966			103.874	10.584	473,70	4%	65,00	
1967			102.934	9.910	473,30	5%	65,00	
1968			127.610	10.938	566,20	8%	87,00	
1969			143.915	11.504	780,00	5,5%	215,00	Audi NSU Auto Union AG

N S U   P r o d u k t i o n

Jahr	Typ / Modell	Stückzahl
1945	NSU Fahrrad	8.822
	NSU Quick	98
	NSU Kettenkrad	75
1946	NSU Bremsnabe	12.893
	NSU Fahrrad	6.085
	NSU Quick	566
	NSU Kettenkrad	100
	NSU Anhänger	160
	NSU Motormäher	3.320
1947	NSU Bremsnabe	83.280
	NSU Fahrrad	16.385
	NSU Quick	1.442
	NSU 125 ZDB	17
	NSU 251 OSL	58
	NSU Kettenkrad	192
	NSU Kette	33
	NSU Motormäher	3.010
1948	NSU Bremsnabe	292.622
	NSU Fahrrad	58.272
	NSU Quick	6.245
	NSU 125 ZDB	2.358
	NSU 251 OSL	667
	NSU Kettenkrad	183
	NSU Kette	295
	NSU Anhänger	176
	NSU Motormäher	3.180
	NSU Stationär-Motor	700

N S U P r o d u k t i o n

Jahr	Typ / Modell	Stückzahl	
1949	NSU Bremsnabe	297.694	
	NSU Fahrrad	135.480	
	NSU Quick	18.980	
	NSU 125 ZDB	7.464	
	NSU 251 OSL	4.849	
	NSU Fox 4-Takt	6.636	
1950	NSU Bremsnabe	144.940	
	NSU Fahrrad	106.454	
	NSU Quick	38.060	
	NSU 125 ZDB	10.242	
	NSU 251 OSL	10.442	
	NSU Fox 4-Takt	19.199	
	NSU 351 OT	305	
	NSU Lambretta	743	
1951	NSU Bremsnabe	202.120	
	NSU Fahrrad	119.328	
	NSU Quick	23.401	
	NSU 125 ZDB	5.700	(1941-51: 34.589)
	NSU 251 OSL	13.570	
	NSU Fox 4-Takt	14.000	
	NSU Fox 2-Takt	8.847	
	NSU Lux	3.651	
	NSU 351 OT	150	(1950-51: 455)
	NSU Konsul I	3.681	
	NSU Konsul II	979	
	NSU Lambretta	8.105	

N S U   P r o d u k t i o n

Jahr	Typ / Modell	Stückzahl	
1952	NSU Bremsnabe	84.953	
	NSU Fahrrad	100.400	
	NSU Quick	13.730	
	NSU Fox 4-Takt	6.059	
	NSU Fox 2-Takt	11.226	
	NSU Lux	30.660	
	NSU 251 OSL	2.879	(1934-52: 67.442)
	NSU Max	62	
	NSU Konsul I	3.875	
	NSU Konsul II	2.131	
	NSU Lambretta	18.259	
1953	NSU Bremsnabe	75.606	
	NSU Fahrrad	62.831	
	NSU Quick	16.000	(1936-53: 235.441)
	NSU Quickly-N	9.120	
	NSU Fox 4-Takt	6.712	
	NSU Fox 2-Takt	6.017	
	NSU Lux	17.052	
	NSU Max	24.403	
	NSU Konsul I	691	(1951-53: 8.247)
	NSU Konsul II	1.856	
	NSU Lambretta	29.004	
1954	NSU Fahrrad	46.737	
	NSU Quickly-N	123.671	
	NSU Fox 4-Takt	6.520	(1949-54: 59.126)
	NSU Fox 2-Takt	3.500	(1951-54: 29.590)
	NSU Lux	11.487	
	NSU Max	25.528	
	NSU Konsul II	1.000	(1951-54: 5.966)
	NSU Lambretta	29.733	

N S U   P r o d u k t i o n

Jahr	Typ / Modell	Stückzahl	
1955	NSU Bremsnabe	51.760	
	NSU Fahrrad	45.747	
	NSU Quickly-N	228.135	
	NSU Quickly-S	234	
	NSU Superfox	4.130	
	NSU Lux	13.395	
	NSU Max	24.254	
	NSU Max 300	1.751	
	NSU Lambretta	26.684	
1956	NSU Bremsnabe	39.702	
	NSU Fahrrad	39.569	
	NSU Quickly-N	47.295	
	NSU Quickly-S	122.716	
	NSU Quickly-L	112	
	NSU Superfox	9.992	
	NSU Lux	2.600	(1951-56: 78.845)
	NSU Max	7.400	(1952-56: 81.647)
	NSU Max 300	1.005	(1955-56: 2.756)
	NSU Supermax	4.440	
	NSU Lambretta	4.515	(1950-56: 117.045)
	NSU Prima D	37.062	
1957	NSU Bremsnabe	46.418	
	NSU Fahrrad	53.501	
	NSU Quickly-N	34.086	
	NSU Quickly-S	58.303	
	NSU Quickly-L	55.651	
	NSU Quickly-Cavallina	380	
	NSU Superfox	1.408	(1955-57: 15.530)
	NSU Supermax	2.563	
	NSU Maxi	5.000	
	NSU Prima D	25.067	
	NSU Prima III	1.409	
	NSU Prima V	5.462	
	NSU Prinz II	7	

N S U   P r o d u k t i o n

Jahr	Typ / Modell	Stückzahl	
1958	NSU Bremsnabe	29.500	
	NSU Fahrrad	35.595	
	NSU Quickly-N	27.297	
	NSU Quickly-S	34.257	
	NSU Quickly-L	16.640	
	NSU Quickly-Cavallino	16.062	
	NSU Supermax	2.357	
	NSU Maxi	1.189	
	NSU Prima D	8.650	
	NSU Prima III K/KL	2.170	
	NSU Prima III	5.904	
	NSU Prima V	9.447	
	Agria	559	
	NSU Prinz I	1.128	
	NSU Prinz II	11.894	
1959	NSU Bremsnabe	31.199	
	NSU Fahrrad	40.371	
	NSU Quickly-N	34.474	
	NSU Quickly-S	39.071	
	NSU Quickly-L	4.700	
	NSU Quickly-Cavallino	5.099	
	NSU Quickly-T	15.060	
	NSU Quickly-TT	4.140	
	NSU Supermax	1.403	
	NSU Maxi	1.854	
	NSU Prima D	2.632	
	NSU Prima III K/KL	10.577	
	NSU Prima III	5.151	
	NSU Prima V	4.913	
	Agria	16.979	
	NSU Prinz I	198	
	NSU Prinz II	20.009	(1957-59: 31.900)
	NSU Prinz II E	12.273	
	NSU Sportprinz	896	

N S U   P r o d u k t i o n

Jahr	Typ / Modell	Stückzahl	
1960	NSU Bremsnabe	6.209	(1935-60: 2.281.234)
	NSU Fahrrad	37.878	
	NSU Quickly-N	24.899	
	NSU Quickly-S	42.631	
	NSU Quickly-L	7.277	
	NSU Quickly-Cavallino	43	(1957-60: 21.584)
	NSU Quickly-T	20.460	
	NSU Quickly-TT	16.210	
	NSU Quickly-TTK	6.690	
	NSU Quickly-S 2/26	9.000	
	NSU Supermax	2.619	
	NSU Maxi	3.067	
	NSU Prima D	3.500	(1956-60: 76.911)
	NSU Prima III K/KL	7.805	
	NSU Prima III	6.920	
	NSU Prima V	6.008	
	Agria	13.972	
	NSU Prinz I	322	(1958-60: 1.648)
	NSU Prinz II E	18.405	(1959-60: 30.678)
	NSU Prinz III	7.468	
	NSU Sportprinz	4.434	
1961	NSU Fahrrad	65.829	
	NSU Quickly-N	8.988	
	NSU Quickly-S	15.665	
	NSU Quickly-L	2.000	(1956-61: 86.380)
	NSU Quickly-T	2.723	
	NSU Quickly-TT	2.961	
	NSU Quickly-TTK	5.510	(1960-61: 12.200)
	NSU Quickly-S 2/26	3.311	
	NSU Quickly-S 23	7.163	
	NSU Quickly-S 2/23	5.357	
	NSU Supermax	1.240	
	NSU Maxi	4.460	
	NSU Prima III K/KL	1.552	
	NSU Prima III	6.125	
	NSU Prima V	3.924	
	NSU Prinz III	21.514	
	NSU Prinz 4	11.888	
	NSU Sportprinz	2.967	

N S U   P r o d u k t i o n

Jahr	Typ / Modell	Stückzahl	
1962	NSU Fahrrad	48.920	
	NSU Quickly-N	1.828	(1953-62: 539.793)
	NSU Quickly-S	1.838	(1955-62: 314.715)
	NSU Quickly-T	12	
	NSU Quickly-TT	442	
	NSU Quickly-S 2/26	100	(1960-62: 12.411)
	NSU Quickly-N 23	2.084	
	NSU Quickly-S 23	11.393	
	NSU Quickly-S 2/23	9.901	
	NSU Quick 50	3.240	
	NSU Supermax	473	
	NSU Maxi	2.401	
	NSU Prima III	350	
	NSU Prima V	300	
	Agria	2.963	
	KKM 150	42	
	NSU Prinz III	737	(1960-62: 29.719)
	NSU Prinz 4	53.301	
	NSU Sportprinz	2.465	
1963	NSU Fahrrad	7.425	(1889-1963: 1.742.838)
	NSU Quickly-T	350	(1959-63: 38.605)
	NSU Quickly-TT	199	(1959-63: 23.952)
	NSU Quickly-N 23	9.263	(1962-63: 11.347)
	NSU Quickly-S 23	9.879	(1961-63: 28.435)
	NSU Quickly-S 2/23	7.064	(1961-63: 22.322)
	NSU Quick 50	1.783	
	NSU Supermax	378	(1956-63: 15.473)
	NSU Maxi	7.500	
	NSU Prima III K/KL	2	
	NSU Prima III	2.451	
	NSU Prima V	950	
	Agria	6.222	
	KKM 150	452	
	NSU Prinz 4	73.612	
	NSU Sportprinz	2.683	

N S U   P r o d u k t i o n

Jahr	Typ / Modell	Stückzahl	
1964	NSU Quick 50	1.600	
	NSU Maxi	6.000	(1957-64: 31.471)
	NSU Prima III K/KL	1.100	(1958-64: 23.206)
	NSU Prima III	2.100	(1957-64: 30.410)
	NSU Prima V	400	(1957-64: 31.404)
	Agria	12.675	
	KKM 150	769	
	NSU Prinz 4	65.448	
	NSU Sportprinz	2.556	
	NSU Prinz 1000	20.122	
	NSU Spider	161	
1965	NSU Quick 50	2.700	(1962-65: 9.323)
	Agria	21.768	(1958-65: 79.752)
	KKM 150	1.567	(1962-65: 2.830)
	NSU Prinz 4	38.608	
	NSU Sportprinz	2.230	
	NSU Prinz 1000	39.034	
	NSU Spider	925	
	NSU Prinz 1000 TT	952	
	Ford FK 1000	27.364	
1966	NSU Prinz 4	41.550	
	NSU Sportprinz	1.532	
	NSU Prinz 1000	11.908	
	NSU Spider	578	
	NSU Prinz 1000 TT	9.678	
	NSU Typ 110	30.959	
	NSU Typ 110 S/SC	7.717	

N S U   P r o d u k t i o n

Jahr	Typ / Modell	Stückzahl	
1967	NSU Prinz 4	48.578	
	NSU Sportprinz	1.068	(1959-67: 20.831)
	NSU Prinz 1000	21.558	
	NSU Spider	719	(1964-67: 2.181)
	NSU Prinz 1000 TT	826	(1965-67: 11.456)
	NSU TTS	1.160	
	NSU Typ 110	6.453	(1966-67: 48.732)
	NSU Typ 110 S/SC	6.053	(1966-67: 13.770)
	NSU Typ 110 C	11.326	
	NSU 1200 TT	3.534	
	NSU Ro 80	640	
1968	NSU Prinz 4	53.456	
	NSU Prinz 1000 C	24.269	
	NSU TTS	302	
	NSU 1200 TT	8.178	
	NSU 1200 C	32.024	
	NSU Ro 80	5.879	
1969	NSU Prinz 4	62.207	(1961-73: 625.171)
	NSU 1000 C	21.264	(1964-72: 207.428)
	NSU TTS	302	(1967-71: 2.402)
	NSU 1200 TT	12.242	(1967-72: 52.082)
	NSU 1200 C	40.390	(1967-73: 267.660)
	NSU Ro 80	7.647	(1967-77: 37.395)

Typologie
Typen- und Modellbezeichnung

Neckarsulmer Motorrad 1¼ PS

Modell	1¼ PS
Bauzeit	1901–1903
Leistung	1,25 PS
Zylinder	Einzylinder
Arbeitsweise	Viertakt
Antrieb	Riemen
Getriebe	direkt
Gewicht	40 kg
Höchst-geschwindigkeit	38 km/h

Neckarsulmer Motorrad 1¾ PS

Modell	1¾ PS
Bauzeit	1902–1903
Leistung	1,75 PS
Zylinder	Einzylinder
Arbeitsweise	Viertakt
Antrieb	Riemen
Getriebe	direkt
Gewicht	45 kg
Höchst-geschwindigkeit	50 km/h

Neckarsulmer Motorrad 2½ PS

Modell	NSU 2½ PS
Bauzeit	1903–1905
Hubraum	329 cm³
Bohrung × Hub	75 × 75 mm
Leistung	2,5 PS
Zylinder	Einzylinder
Arbeitsweise	Viertakt
Antrieb	Riemen
Getriebe	direkt
Gewicht	75 kg
Höchstgeschwindigkeit	65 km/h

Neckarsulmer Rennmaschine 7 PS

Modell	NSU 7 PS
Bauzeit	1904
Hubraum	804 cm³
Bohrung × Hub	80 × 80 mm
Leistung	7 PS
Zylinder	Zweizylinder, wassergekühlt
Arbeitsweise	Viertakt
Antrieb	Zahnriemen
Getriebe	direkt
Gewicht	100 kg
Höchstgeschwindigkeit	85 km/h

Neckarsulmer Einzylinder-Motorrad 2¾ PS

Modell	NSU 2¾ PS
Bauzeit	1904
Hubraum	377 cm^3
Bohrung × Hub	80 × 75 mm
Leistung	4 PS
Zylinder	Einzylinder
Arbeitsweise	Viertakt
Antrieb	Riemen
Getriebe	direkt
Gewicht	75 kg
Höchst-geschwindigkeit	70 km/h

Neckarsulmer Motorrad mit Wasserkühlung

Modell	NSU 3½ PS
Bauzeit	1904
Hubraum	402 cm^3
Bohrung × Hub	80 × 80 mm
Leistung	3,5 PS
Zylinder	Einzylinder, wassergekühlt
Arbeitsweise	Viertakt
Antrieb	Riemen
Getriebe	direkt
Gewicht	100 kg
Höchst-geschwindigkeit	50 km/h

Neckarsulmer Halbrenn-Motorzweirad 3½ PS

Modell	NSU 3½ PS
Bauzeit	1904–1905
Hubraum	447 cm^3
Bohrung × Hub	64 × 70 mm
Leistung	3,5 PS
Zylinder	Einzylinder
Arbeitsweise	Viertakt
Antrieb	Riemen
Getriebe	direkt
Gewicht	90 kg
Höchst-geschwindigkeit	80 km/h

N. S. U. Halbrenn-Motorzweirad 3½ HP, mit magnet-elektrischer Zündung.

Neckarsulmer Einzylinder-Motorrad 4 PS

Modell	NSU 4 PS
Bauzeit	1905
Hubraum	482 cm^3
Bohrung × Hub	85 × 85 mm
Leistung	4 PS
Zylinder	Einzylinder, wassergekühlt
Arbeitsweise	Viertakt
Antrieb	Riemen
Getriebe	direkt
Gewicht	85 kg
Höchst-geschwindigkeit	75 km/h

Neckarsulmer Rennmaschine 5 PS

Modell	NSU 5 PS
Bauzeit	1905
Hubraum	402 cm^3
Bohrung × Hub	80 × 80 mm
Leistung	5 PS
Zylinder	Einzylinder
Arbeitsweise	Viertakt
Antrieb	Riemen
Getriebe	direkt
Gewicht	60 kg
Höchst-geschwindigkeit	80 km/h

Sulmobil

Modell	Sulmobil
Bauzeit	1905–1906
Hubraum	451 cm^3
Bohrung × Hub	64 × 70 mm
Leistung	3,5 PS
Zylinder	Einzylinder
Bremsen	Innenbacken-Hinterradbremsen
Bereifung	24 × 3 Zoll
Getriebe	Dreiganggetriebe
Gewicht	300 kg
Radstand	2000 mm
Höchst-geschwindigkeit	ca. 35 km/h

Neckarsulmer Motorwagen 6/8 PS

Modell	NSU 6/8 PS
Bauzeit	1906
Hubraum	1570 cm³
Leistung	8 PS
Zylinder	Einzylinder
Bremsen	Innenbacken-Hinterradbremsen
Bereifung	700 × 85
Getriebe	Dreiganggetriebe
Gewicht	650 kg
Radstand	2000 mm
Höchst-geschwindigkeit	ca. 45 km/h

Neckarsulmer Motorwagen 15/24 PS

Modell	NSU 15/24 PS
Bauzeit	1906
Hubraum	3925 cm³
Leistung	24 PS bei 1650/min
Zylinder	Vierzylinder
Bremsen	Innenbackenbremsen
Bereifung	880 × 120
Getriebe	Vierganggetriebe
Gewicht	1650 kg
Radstand	3200 mm
Höchst-geschwindigkeit	70 km/h

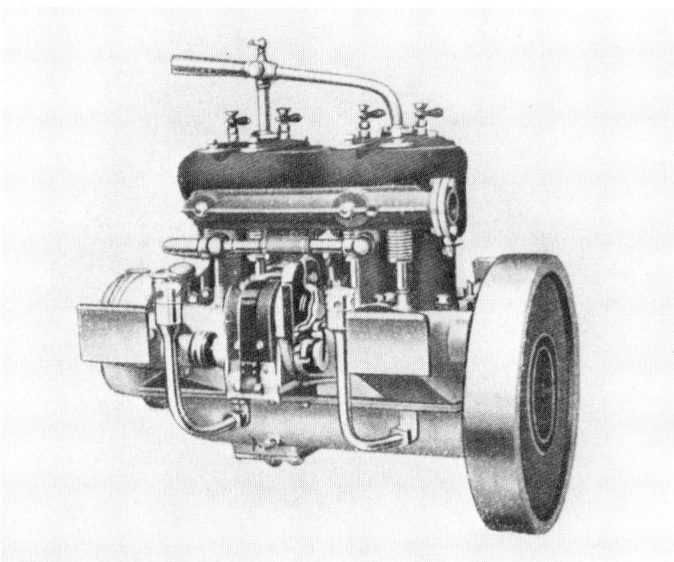

1906: NSU-Vierzylinder-Motor. (Magnetseite.)

Neckarsulmer Motorwagen 6/10 PS

Modell	NSU 6/10 PS
Bauzeit	1906–1907
Hubraum	1308 cm³
Bohrung × Hub	68 × 90 mm
Leistung	12 PS bei 1650/min
Zylinder	Vierzylinder
Bremsen	Innenbackenbremsen
Bereifung	700 × 85
Getriebe	Dreiganggetriebe
Gewicht	750 kg
Radstand	2000 mm
Höchstgeschwindigkeit	60 km/h
Preis	5800,– Mark (Zweisitzer) 6500,– Mark (Viersitzer)

Doppel-Phaeton, Normalform ohne vordere Windschutzhaube, mit Vollverdeck, Windschutzscheibe und seitlicher Kotschutzabdeckung.

Neckarsulmer Motorwagen 8/15 PS

Modell	NSU 8/15 PS
Bauzeit	1907–1908
Hubraum	1750 cm³
Bohrung × Hub	76 × 100 mm
Leistung	15 PS bei 1650/min
Zylinder	Vierzylinder
Bremsen	Innenbackenbremsen
Bereifung	760 × 90
Getriebe	Dreiganggetriebe
Radstand	2650 mm
Höchstgeschwindigkeit	70 km/h

Landaulet geöffnet

Neckarsulmer Motorwagen 10/20 PS

Modell	NSU 10/20 PS
Bauzeit	1907–1910
Hubraum	2608 cm^3
Bohrung × Hub	85 × 115 mm
Leistung	20 PS bei 1400/min
Zylinder	Vierzylinder
Bremsen	Innenbackenbremsen
Bereifung	810 × 90
Getriebe	Dreiganggetriebe
Gewicht	1575 kg
Radstand	3100 mm
Höchst-geschwindigkeit	70 km/h

Neckarsulmer Motorwagen 6/12 PS

Modell	NSU 6/12 PS
Bauzeit	1907–1908
Hubraum	1540 cm³
Bohrung × Hub	70 × 100 mm
Leistung	12 PS bei 1650/min
Zylinder	Vierzylinder
Bremsen	Innenbackenbremsen
Bereifung	750 × 85
Getriebe	Dreiganggetriebe
Gewicht	750 kg
Radstand	2100 mm
Höchstgeschwindigkeit	55 km/h

Neckarsulmer Motorwagen 5/10 PS

Modell	NSU 5/10 PS
Bauzeit	1909–1911
Hubraum	1132 cm³
Bohrung × Hub	60 × 100 mm
Leistung	10 PS bei 1600/min
Zylinder	Vierzylinder
Bremsen	Innenbacken-Hinterradbremsen
Bereifung	750 × 85
Getriebe	Dreiganggetriebe
Gewicht	700 kg
Radstand	2100 mm
Höchstgeschwindigkeit	50 km/h

Neckarsulmer Motor-Fahrrad 1¼ PS

Modell	NSU 1¼ PS
Bauzeit	1907
Hubraum	210 cm³
Bohrung × Hub	62 × 70 mm
Leistung	1,25 PS
Zylinder	Einzylinder
Arbeitsweise	Viertakt
Antrieb	Riemen
Getriebe	direkt
Gewicht	38 kg
Höchst-geschwindigkeit	40 km/h

Neckarsulmer Motorwagen 6/18 PS

Modell	NSU 6/18 PS
Bauzeit	1908–1914
Hubraum	1550 cm³
Bohrung × Hub	75 × 88 mm
Leistung	18 PS bei 1600/min
Zylinder	Vierzylinder
Bremsen	Innenbackenbremsen
Bereifung	760 × 90
Getriebe	Dreiganggetriebe
Gewicht	1250 kg
Radstand	2650 mm
Höchst-geschwindigkeit	60 km/h
Preis	5000,– Mark (Fahrgestell)

Neckarsulmer Motor-Fahrrad 1½ PS

Modell	NSU 1½ PS
Bauzeit	1909
Hubraum	243 cm³
Bohrung × Hub	63 × 78 mm
Leistung	1,5 PS
Zylinder	Einzylinder
Arbeitsweise	Viertakt
Antrieb	Riemen
Getriebe	direkt
Gewicht	38 kg
Höchst-geschwindigkeit	40 km/h

Neckarsulmer Zweizylinder-Motorrad 6 PS

Modell	NSU 6 PS
Bauzeit	1909
Hubraum	795 cm³
Bohrung × Hub	75 × 90 mm
Leistung	6,5 PS
Zylinder	Zweizylinder
Arbeitsweise	Viertakt
Antrieb	Riemen
Getriebe	Zweiganggetriebe
Gewicht	100 kg
Höchst-geschwindigkeit	85 km/h

Neckarsulmer Einzylinder-Motorrad 4 PS

Modell	NSU 4 PS
Bauzeit	1909
Hubraum	554 cm³
Bohrung × Hub	82 × 105 mm
Leistung	4 PS
Zylinder	Einzylinder
Arbeitsweise	Viertakt
Antrieb	Riemen
Getriebe	Zweiganggetriebe
Gewicht	85 kg
Höchstgeschwindigkeit	75 km/h

Neckarsulmer 2½-PS Zweizylinder-Motorrad

Modell	NSU 2½ PS
Bauzeit	1909
Hubraum	315 cm^3
Bohrung × Hub	52 × 74 mm
Leistung	2,5 PS
Zylinder	Zweizylinder
Arbeitsweise	Viertakt
Antrieb	Riemen
Getriebe	Zweiganggetriebe
Gewicht	60 kg
Höchstgeschw.	70 km/h

Neckarsulmer 7½-PS-Rennmaschine

Modell	NSU 7½ PS
Bauzeit	1908–1909
Hubraum	1005 cm^3
Bohrung × Hub	80 × 100 mm
Leistung	7,5 PS
Zylinder	Zweizylinder
Arbeitsweise	Viertakt
Antrieb	Riemen
Getriebe	Zweiganggetriebe
Gewicht	110 kg
Höchstgeschw.	124 km/h

Neckarsulmer 4-PS Zweizylinder-Motorrad

Modell	NSU 4 PS
Bauzeit	1910
Hubraum	480 cm^3
Bohrung × Hub	64 × 75 mm
Leistung	4 PS
Zylinder	Zweizylinder
Arbeitsweise	Viertakt
Antrieb	Riemen
Getriebe	Zweiganggetriebe
Gewicht	90 kg
Höchstgeschw.	75 km/h

Neckarsulmer 1½-PS Einzylinder-Motorrad

Modell	NSU 1½ PS
Bauzeit	1910–1912
Hubraum	243 cm^3
Bohrung × Hub	63 × 78 mm
Leistung	1,5 PS
Zylinder	Einzylinder
Arbeitsweise	Viertakt
Antrieb	Riemen
Getriebe	direkt bzw. Zweiganggetriebe
Gewicht	40 kg
Höchstgeschwindigkeit	45 km/h

NSU 2-PS
Einzylinder-Motorrad

Modell	NSU 2 PS
Bauzeit	1909–1911
Hubraum	265 cm^3
Bohrung × Hub	66 × 78
Leistung	2 PS
Zylinder	Einzylinder
Arbeitsweise	Viertakt
Antrieb	Riemen
Getriebe	Zweiganggetriebe
Gewicht	60 kg
Höchst-geschwindigkeit	65 km/h

NSU 3-PS
Zweizylinder-Motorrad

Modell	NSU 3 PS
Bauzeit	1911
Hubraum	396 cm^3
Bohrung × Hub	58 × 75
Leistung	3 PS
Zylinder	Zweizylinder
Arbeitsweise	Viertakt
Antrieb	Riemen
Getriebe	Zweiganggetriebe
Gewicht	75 kg
Höchst-geschwindigkeit	80 km/h

△ NSU 7½-PS Zweizylinder-Rennmaschine

Modell	NSU 7½ PS
Bauzeit	1911
Hubraum	905 cm³
Bohrung × Hub	80 × 90 mm
Leistung	12 PS
Zylinder	Zweizylinder
Arbeitsweise	Viertakt
Antrieb	Kette
Getriebe	Zweiganggetriebe
Gewicht	100 kg
Höchstgeschwindigkeit	120 km/h

NSU 6-PS Zweizylinder-Motorrad ▽

Modell	NSU 6 PS
Bauzeit	1911
Hubraum	795 cm³
Bohrung × Hub	75 × 90 mm
Leistung	6 PS
Zylinder	Zweizylinder
Arbeitsweise	Viertakt
Antrieb	Riemen
Getriebe	Zweiganggetriebe
Gewicht	100 kg
Höchstgeschwindigkeit	100 km/h

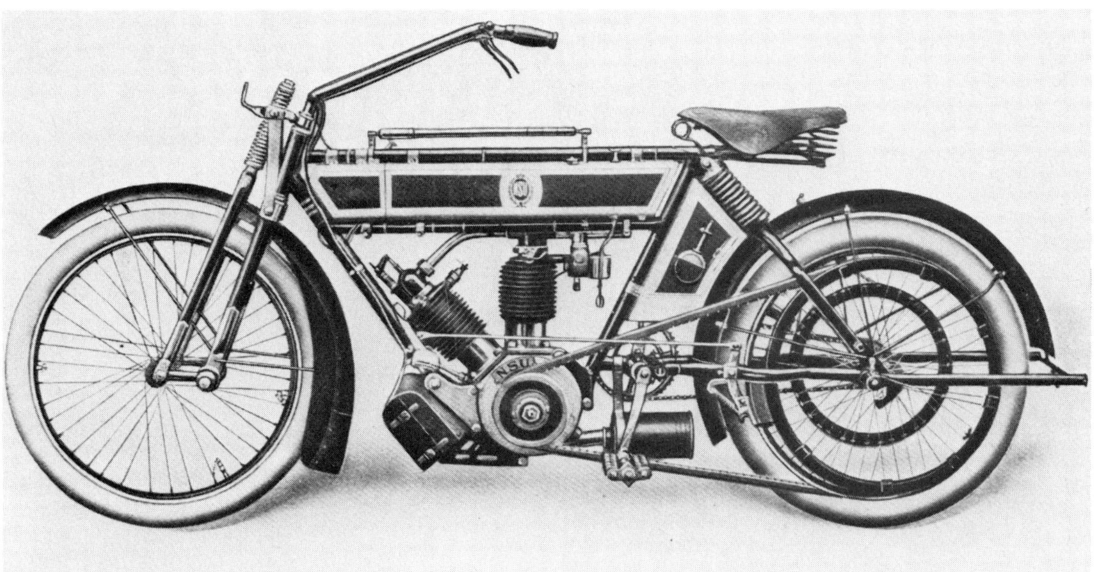

NSU 10/30 PS Doppelphaeton

Modell	NSU 10/30 PS
Bauzeit	1911–1914
Hubraum	2608 cm³
Bohrung × Hub	85 × 115 mm
Leistung	30 PS bei 1600/min
Zylinder	Vierzylinder
Bremsen	Trommelbremsen
Bereifung	815 × 105
Getriebe	Vierganggetriebe
Gewicht	1575 kg
Radstand	3100 mm
Höchstgeschwindigkeit	75 km/h
Preis	8000,– Mark (Fahrgestell)

1913: NSU=10/30 PS. Vierzylinder=Motor

NSU 13/35 PS
Vierzylinder-Motorwagen

Modell	NSU 13/35 PS
Bauzeit	1911–1914
Hubraum	3397 cm^3
Bohrung × Hub	97 × 115 mm
Leistung	40 PS bei 1800/min
Zylinder	Vierzylinder
Bremsen	Trommelbremsen
Bereifung	820 × 120
Getriebe	Vierganggetriebe
Gewicht	1350 kg
Radstand	3200 mm
Höchst-geschwindigkeit	90 km/h

NSU 8/24-PS Vierzylinder-Motorwagen

Modell	NSU 8/24 PS	Bereifung	810 × 100 (bis 1919) 815 × 105 (ab 1919)
Bauzeit	1912–1925		
Hubraum	2110 cm³	Getriebe	Vierganggetriebe
Bohrung × Hub	80 × 104 mm	Gewicht	1500 kg
Leistung	24 PS bei 1800/min (bis 1919) 30 PS bei 2100/min (ab 1919)	Radstand	2900 mm (bis 1919) 3026 mm (ab 1919)
		Höchstgeschwindigkeit	70–75 km/h
Zylinder	Vierzylinder	Preis	7500,– bis 10 600,– Mark
Bremsen	Trommelbremsen		

NSU 8/24 PS - Luxus-Doppelphaeton - Baujahr 1923

NSU Leichtmotorrad Pony 1½ PS

Modell	NSU 1½ PS Pony
Bauzeit	1912–1920
Hubraum	188 cm³
Bohrung × Hub	58 × 72 mm
Leistung	2,5 PS
Zylinder	Einzylinder
Arbeitsweise	Viertakt
Antrieb	Riemen
Getriebe	Zweiganggetriebe
Gewicht	48 kg
Höchst-geschwindigkeit	60 km/h

NSU 6½-PS Zweizylinder-Motorrad

Modell	NSU 6½ PS
Bauzeit	1912–1921
Hubraum	830 cm³
Bohrung × Hub	75 × 94 mm
Leistung	6,5 PS
Zylinder	Zweizylinder
Arbeitsweise	Viertakt
Antrieb	Riemen
Getriebe	Zweiganggetriebe
Gewicht	125 kg
Höchst-geschwindigkeit	100 km/h

NSU 3½-PS Zweizylinder-Motorrad

Modell	NSU 3½ PS
Bauzeit	1913–1921
Hubraum	499 cm³
Bohrung × Hub	63 × 80 mm
Leistung	3,5 PS
Zylinder	Zweizylinder
Arbeitsweise	Viertakt
Antrieb	Riemen
Getriebe	Zweiganggetriebe
Gewicht	80 kg
Höchstgeschwindigkeit	85 km/h

NSU 3½-PS Einzylinder-Motorrad

Modell	NSU 3½ PS
Bauzeit	1912
Hubraum	496 cm^3
Bohrung × Hub	85 × 88 mm
Leistung	5,5 PS
Zylinder	Einzylinder
Arbeitsweise	Viertakt
Antrieb	Riemen
Getriebe	Zweiganggetriebe
Gewicht	100 kg
Höchstgeschwindigkeit	90 km/h

NSU 2½-PS Einzylinder-Motorrad

Modell	NSU 2½ PS
Bauzeit	1913
Hubraum	326 cm^3
Bohrung × Hub	73 × 78 mm
Leistung	2,5 PS
Zylinder	Einzylinder
Arbeitsweise	Viertakt
Antrieb	Riemen
Getriebe	Zweiganggetriebe
Gewicht	75 kg
Höchstgeschwindigkeit	80 km/h

NSU 5/15 PS-Vierzylinder - Baujahr 1923

NSU 5/15-PS Vierzylinder-Motorwagen

Modell	NSU 5/15 PS	Bereifung	700 × 85
Bauzeit	1914–1925	Getriebe	Vierganggetriebe
Hubraum	1232 cm³	Gewicht	1250 kg
Bohrung × Hub	70 × 78 mm	Radstand	2400 mm
Leistung	15 PS bei 2100/min	Höchstgeschwindigkeit	60 km/h
Zylinder	Vierzylinder	Preis	4200,– Mark
Bremsen	Trommelbremsen		

NSU-Taube 5/15 PS - Vierzylinder - Baujahr 1923

NSU 2½-Tonner-Lastkraftwagen

Modell	NSU 2½-Tonner	Bremsen	Innenbacken-Hinterradbremsen
Bauzeit	1914–1924	Bereifung	880 × 120 (vorn)
Hubraum	3606 cm^3	Getriebe	Vierganggetriebe
Bohrung × Hub	94 × 130 mm	Nutzlast	2500 kg
Leistung	54 PS bei 2000/min	Höchstgeschw.	ca. 50 km/h
Zylinder	Vierzylinder		

Chassis des 2½ Tonner NSU-Lastkraftwagens.

NSU 8-PS Zweizylinder-Motorrad

Modell	NSU 8 PS
Bauzeit	1914
Hubraum	995 cm³
Bohrung × Hub	80 × 99 mm
Leistung	8 PS
Zylinder	Zweizylinder
Arbeitsweise	Viertakt
Antrieb	Kette
Getriebe	Dreiganggetriebe
Gewicht	140 kg
Höchstgeschwindigkeit	100 km/h

NSU 3-PS Einzylinder-Motorrad

Modell	NSU 3 PS
Bauzeit	1920–1923
Anzahl	3280 Stück
Hubraum	351 cm³
Bohrung × Hub	75 × 80 mm
Leistung	4,8 PS
Zylinder	Einzylinder
Arbeitsweise	Viertakt
Antrieb	Riemen
Getriebe	Zweiganggetriebe
Gewicht	100 kg
Höchstgeschwindigkeit	65 km/h

NSU 4-PS Zweizylinder-Motorrad

Modell	NSU 4 PS
Bauzeit	1920–1925
Anzahl	8697 Stück
Hubraum	495 cm³
Bohrung × Hub	63 × 80 mm
Leistung	5,5 PS
Zylinder	Zweizylinder
Arbeitsweise	Viertakt
Antrieb	Riemen
Getriebe	Zweiganggetriebe
Gewicht	110 kg
Höchstgeschwindigkeit	80 km/h

NSU 14/40 PS - Reise-Limousine - Baujahr 1923

1923: NSU-Vierzylinder-Motor. (Vergaserseite.)

NSU 14/40-PS Vierzylinder-Motorwagen

Modell	NSU 14/40 PS
Bauzeit	1921–1925
Hubraum	3606 cm^3
Bohrung × Hub	94 × 130 mm
Leistung	54 PS bei 2000/min
Zylinder	Vierzylinder
Bremsen	Trommelbremsen
Bereifung	880 × 120
Getriebe	Vierganggetriebe
Gewicht	1725 kg
Radstand	3200 mm
Höchstgeschwindigkeit	100 km/h
Preis	13 000,– Mark

NSU 6- PS Zweizylinder-Motorrad

Modell	NSU 6 PS
Bauzeit	1924–1927
Anzahl	582 Stück
Hubraum	738 cm³
Bohrung × Hub	72,5 × 90 mm
Leistung	14 PS
Zylinder	Zweizylinder
Arbeitsweise	Viertakt
Antrieb	Kette
Getriebe	Dreiganggetriebe
Gewicht	155 kg
Höchst-geschwindigkeit	90 km/h

NSU 8- PS Zweizylinder-Motorrad

Modell	NSU 8 PS
Bauzeit	1921–1927
Anzahl	1671 Stück
Hubraum	995 cm³
Bohrung × Hub	80 × 99 mm
Leistung	12 PS
Zylinder	V-Zweizylinder
Arbeitsweise	Viertakt
Antrieb	Kette
Getriebe	Dreiganggetriebe
Gewicht	140 kg
Höchst-geschwindigkeit	100 km/h

NSU 4 PS. Zweizylinder-Getriebemotorrad Modell 1924 mit Riemenantrieb. ⟨Startseite.⟩

NSU 4-PS Zweizylinder-Motorrad

Modell	NSU 4 PS	Arbeitsweise	Viertakt
Bauzeit	1921–1925	Antrieb	Riemen/Kette
Anzahl	8697 Stück	Getriebe	Zweiganggetriebe
Hubraum	495 cm³	Gewicht	115 kg
Bohrung × Hub	63 × 80 mm	Höchst-geschwindigkeit	80 km/h
Leistung	5,75 PS		
Zylinder	V-Zweizylinder		

NSU 4 PS. Zweizylinder-Getriebemotorrad Modell 1924 mit Kettenantrieb und auswechselbaren Laufrädern. ⟨Startseite.⟩

NSU 5/30 PS Sportwagen

Modell	NSU 5/30 PS Sport
Bauzeit	1923–1924
Hubraum	1230 cm^3
Bohrung × Hub	68 × 90 mm
Leistung	30 PS bei 3100/min
Zylinder	Vierzylinder in Reihe
Bremsen	Hinterrad-Innenbackenbremsen
Bereifung	710 × 100
Getriebe	Vierganggetriebe
Gewicht	510 kg
Radstand	2650 mm
Höchst-geschwindigkeit	125 km/h

NSU Vierzylinder 5/25 PS – Phaeton

NSU 5/25-PS Vierzylinder-Motorwagen

Modell	NSU 5/25 PS
Bauzeit	1924–1928
Hubraum	1307 cm³
Bohrung × Hub	68 × 90 mm
Leistung	25 PS bei 2800/min
Zylinder	Vierzylinder
Bremsen	Vierrad-Trommelbremsen
Bereifung	730 × 130
Getriebe	Vierganggetriebe
Gewicht	880 kg
Radstand	2650 mm
Höchst-geschwindigkeit	80 km/h
Preis	4950,– DM (Limousine)

NSU 251 R Motorrad

Modell	NSU 251 R
Bauzeit	1924–1928
Anzahl	23 624 Stück
Hubraum	248 cm³
Bohrung × Hub	63 × 80 mm
Leistung	6 PS
Zylinder	Einzylinder
Arbeitsweise	Viertakt
Antrieb	Riemen
Getriebe	Zweiganggetriebe
Gewicht	75 kg
Höchst-geschwindigkeit	60 km/h

NSU 502 T Zweizylinder-Motorrad

Modell	NSU 502 T
Bauzeit	1924–1927
Anzahl	346 Stück
Hubraum	498 cm³
Bohrung × Hub	80 × 99 mm
Leistung	10 PS
Zylinder	Zweizylinder
Arbeitsweise	Viertakt
Antrieb	Kette
Getriebe	Dreiganggetriebe
Gewicht	155 kg
Höchst-geschwindigkeit	100 km/h

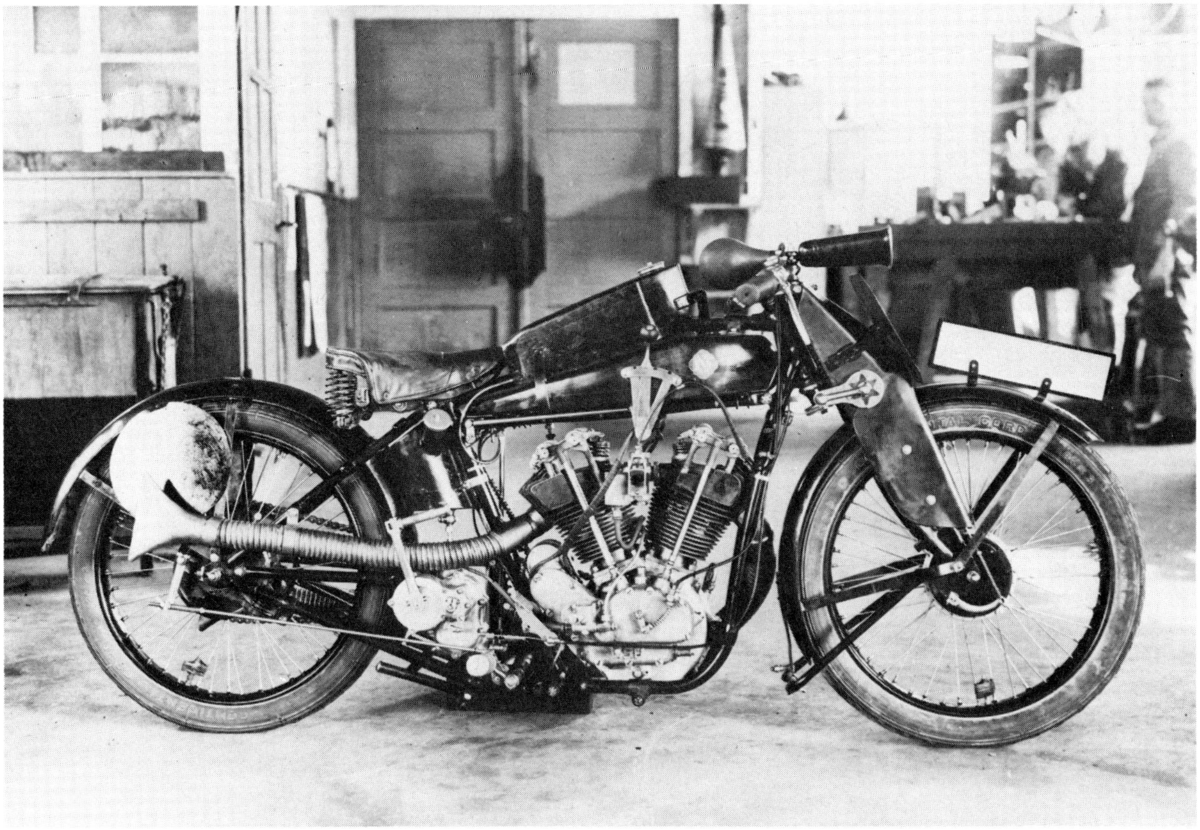

NSU Zweizylinder-Rennmaschine

Modell	NSU Zweizylinder-Rennmaschine
Bauzeit	1926
Hubraum	995 cm^3
Bohrung × Hub	80 × 99 mm
Leistung	ca. 20 PS
Zylinder	V-Zweizylinder, kopfgesteuert
Arbeitsweise	Viertakt
Antrieb	Kette
Getriebe	Dreiganggetriebe
Gewicht	150 kg
Höchstgeschwindigkeit	138 km/h

NSU Kompressor-Rennwagen

Modell	NSU 60 PS Kompressor-Rennwagen
Bauzeit	1926
Produktion	4 Stück
Hubraum	1485 cm³
Bohrung × Hub	59 × 90 mm
Leistung	60 PS bei 4000/min
Zylinder	Sechszylinder mit Kompressor
Bremsen	Innenbacken-Vierradbremsen
Bereifung	710 × 90
Getriebe	Vierganggetriebe
Gewicht	830 kg
Radstand	2850 mm
Höchst-geschwindigkeit	175 km/h

NSU 501 T Einzylinder-Motorrad

Modell	NSU 501 T
Bauzeit	1927–1929
Anzahl	13 605 Stück
Hubraum	494 cm³
Bohrung × Hub	80 × 99 mm
Leistung	11 PS
Zylinder	Einzylinder
Arbeitsweise	Viertakt
Antrieb	Kette
Getriebe	Dreiganggetriebe
Gewicht	158 kg
Höchst-geschwindigkeit	100 km/h

NSU 201 R Motorrad

Modell	NSU 201 R
Bauzeit	1928–1929
Anzahl	6561 Stück
Hubraum	199 cm³
Bohrung × Hub	56,5 × 80 mm
Leistung	4,5 PS
Zylinder	Einzylinder
Arbeitsweise	Viertakt
Antrieb	Riemen
Getriebe	Dreiganggetriebe
Gewicht	75 kg
Höchst-geschwindigkeit	65 km/h

NSU 201 T/TS, 251 T/TS, 301 T/TS, 351 TS Touren-Motorrad

Modell	NSU 201 T/TS	NSU 251 T/TS	NSU 301 T/TS	NSU 351 TS
Bauzeit	1929–1932	1928–1931	1929–1930	1930–1932
Anzahl	12 902 Stück	385 Stück	9337 Stück	675 Stück
Hubraum	199 cm³	249 cm³	298 cm³	346 cm³
Bohrung x Hub	56,5 x 80 mm	60 x 80 mm	66 x 88 mm	71 x 88 mm
Leistung	4,5 PS	6 PS	7 PS	8 PS
Zylinder	Einzylinder			
Arbeitsweise	Viertakt			
Antrieb	Kette			
Getriebe	Dreigangblockgetriebe			
Gewicht	100 kg	125 kg	125 kg	140 kg
Höchstgeschwindigkeit	65 km/h	75 km/h	85 km/h	100 km/h

NSU 251 S/501 S Sport-Motorrad

Modell	NSU 251 S	NSU 501 S
Bauzeit	1928–1929	1928–1930
Anzahl	1110 Stück	1002 Stück
Hubraum	248 cm^3	497 cm^3
Bohrung x Hub	63 x 80 mm	80 x 99 mm
Leistung	10 PS	20 PS
Zylinder	Einzylinder	
Arbeitsweise	Viertakt	
Antrieb	Kette	
Getriebe	Dreigangblockgetriebe	
Gewicht	110 kg	158 kg
Höchst-geschwindigkeit	100 km/h	125 km/h

OFFENER WAGEN.

NSU 6/30 PS Limousine, viertürig

Modell	NSU 6/30 PS
Bauzeit	1928–1930
Hubraum	1567 cm³
Bohrung x Hub	60,8 x 99 mm
Leistung	30 PS bei 3000/min
Zylinder	Sechszylinder
Bremsen	Vierrad-Trommelbremsen
Bereifung	730 x 130 bzw. 5.00–18
Getriebe	Dreiganggetriebe
Gewicht	1040 kg
Radstand	2815 mm
Höchstgeschwindigkeit	85 km/h
Preis	6200.– Mark (Phaeton 4 Türen) 6600.– Mark (Limousine 4 Türen)

NSU 7/34 PS - 1,8 Liter - Baujahr 1928

NSU 7/34 PS
Sechszylinder

Modell	NSU 7/34 PS
Bauzeit	1928–1931
Hubraum	1781 cm^3
Bohrung x Hub	62 x 99 mm
Leistung	34 PS bei 3200/min
Zylinder	Sechszylinder
Bremsen	Vierrad-Trommelbremsen
Bereifung	28 x 5.00/5.00–18
Getriebe	Dreiganggetriebe
Gewicht	1040–1210 kg
Radstand	2815 mm 2935 mm (Droschke)
Höchstgeschwindigkeit	90 km/h
Preis	5200.– Mark (Phaeton 4 Türen) 5675.– Mark (Limousine 4 Türen) 6975.– Mark (Cabriolet 2 Fenster)

NSU 201 Z Zweitakt-Motorrad

NSU 175 Z, 175 ZD, 201 Z, 251 Z Zweitakt-Motorrad

Modell	NSU 175 Z	175 ZD	NSU 201 Z	251 Z
Bauzeit	1930–1932	1933	1930–32	1930–33
Anzahl	4246 Stück	1444 Stück	4123 Stück	255 Stück
Hubraum	174 cm³	174 cm³	198 cm³	244 cm³
Bohrung x Hub	59 x 64 mm		63 x 64 mm	70 x 64 mm
Leistung	4,5 PS	6,5 PS	5 PS	5,5 PS
Zylinder	Einzylinder			
Arbeitsweise	Zweitakt			
Antrieb	Kette			
Getriebe	Dreiganggetriebe			
Gewicht	100 kg			
Höchstgeschwindigkeit	70 km/h	80 km/h	75 km/h	80 km/h

NSU 251 Z Zweitakt-Motorrad

NSU 500 cm³, 600 cm³ Rennmaschine

Modell	NSU 501 SS Supersport	NSU 601 SS Supersport
Bauzeit	1930–1935	1930–1935
Anzahl	1121 Stück	
Hubraum	494 cm³	592 cm³
Bohrung x Hub	80 x 99 mm	87,5 x 99 mm
Leistung	30 PS bei 6000/min	38 PS bei 6000/min
Zylinder	Einzylinder	
Arbeitsweise	Viertakt	
Antrieb	Kette	
Getriebe	Dreiganggetriebe	Vierganggetriebe
Gewicht	170 kg	175 kg
Höchstgeschwindigkeit	140 km/h	150 km/h

NSU 501 TS, 601 TS Motorrad

<table>
<tr><td>Modell</td><td>NSU 501 TS</td><td>NSU 601 TS</td></tr>
<tr><td>Bauzeit</td><td>1930–1936</td><td>1930–1939</td></tr>
<tr><td>Anzahl</td><td>2738 Stück</td><td>6952 Stück</td></tr>
<tr><td>Hubraum</td><td>494 cm³</td><td>592 cm³</td></tr>
<tr><td>Bohrung x Hub</td><td>80 x 99 mm</td><td>87,5 x 99 mm</td></tr>
<tr><td>Leistung</td><td>12,5 PS/4000/min</td><td>14 PS (bis 1935)
16 PS (ab 1936)</td></tr>
<tr><td>Zylinder</td><td colspan="2">Einzylinder</td></tr>
<tr><td>Arbeitsweise</td><td colspan="2">Viertakt</td></tr>
<tr><td>Antrieb</td><td colspan="2">Kette</td></tr>
<tr><td>Getriebe</td><td>Dreigang-Block</td><td>Dreigang-Block (bis 1935)
Viergang-Block (ab 1936)</td></tr>
<tr><td>Gewicht</td><td>185 kg</td><td>185 kg</td></tr>
<tr><td>Höchst-
geschwindigkeit</td><td>100 km/h</td><td>105 km/h</td></tr>
</table>

NSU Motosulm Motorfahrrad

Modell	NSU Motosulm
Bauzeit	1931–1935
Anzahl	ca. 25 000 Stück
Hubraum	63 cm³
Bohrung x Hub	45 x 40 mm
Leistung	1,25 PS
Zylinder	Einzylinder
Arbeitsweise	Zweitakt
Antrieb	Kette
Getriebe	Direktantrieb
Höchstgeschwindigkeit	35 km/h

NSU 251 OSL Touren-Sport 1938

NSU 251 OSL Touren-Sport 1949

NSU 251 OSL Touren-Sportmotorrad

Modell	NSU 251 OSL	Antrieb	Kette
Bauzeit	1933–1952	Getriebe	Vierganggetriebe
Anzahl	67 442 Stück	Gewicht	110 kg
Hubraum	242 cm^3	Höchst-geschwindigkeit	100 km/h
Bohrung x Hub	64 x 75 mm	Preis	RM 825.– (1938)
Leistung	10,5 PS bei 5000/min		DM 1500.– (1949)
Zylinder	Einzylinder		
Arbeitsweise	Viertakt		

NSU 201 OSL Touren-Sportmotorrad

Modell	NSU 201 OSL	Arbeitsweise	Viertakt
Bauzeit	1933–1939	Antrieb	Kette
Anzahl	18 111 Stück	Getriebe	Vierganggetriebe
Hubraum	198 cm³	Gewicht	120 kg
Bohrung x Hub	58 x 78 mm	Höchst-	
Leistung	8,5 PS bei 4100/min	geschwindigkeit	90 km/h
Zylinder	Einzylinder		

NSU 201 ZD Pony
Touren-Motorrad

NSU 201 ZDB Touren-Motorrad

NSU 201 ZD Pony, 201 ZD Pony-Block NSU 201 ZDB Touren-Motorrad

Modell	NSU 201 ZD Pony	NSU 201 ZD Pony-Block NSU 201 ZDB
Bauzeit	1934–1937	1935–1940
Anzahl	46 420 Stück	34 694 Stück
Hubraum	198 cm^3	198 cm^3
Bohrung x Hub	63 x 64 mm	63 x 64 mm
Leistung	6,5 PS bei 4000/min	7 PS bei 4150/min
Zylinder	Einzylinder	Einzylinder
Arbeitsweise	Zweitakt	Zweitakt
Antrieb	Kette	Kette
Getriebe	Dreiganggetriebe	Viergang-Blockgetriebe
Gewicht	105 kg	125 kg
Höchstgeschwindigkeit	75 km/h	70 km/h
Preis		RM 540.–

NSU 351 OS, 351 OSL, 501 OSL
Touren-Sportmotorrad

Modell	NSU 351 OS	NSU 351 OSL	NSU 501 OSL
Bauzeit	1932–1934	1934–1940	1935–1939
Anzahl	2659 Stück	16 054 Stück	7997 Stück
Hubraum	346 cm³	346 cm³	494 cm³
Bohrung x Hub	71 x 88 mm	71 x 88 mm	80 x 99 mm
Leistung	18 PS/5000/min	18 PS/5000/min	22 PS/5000/min
Zylinder		Einzylinder	
Arbeitsweise		Viertakt	
Antrieb		Kette	
Getriebe	Dreigang	Vierganggetriebe	
Gewicht		175 kg	
Höchstgeschwindigkeit	110 km/h	110 km/h	125 km/h
Preis			RM 1150.–

NSU Quick Motorfahrrad

Modell	NSU Quick
Bauzeit	1936–1953
Anzahl	235 441 Stück
Hubraum	98 cm³
Bohrung x Hub	49 x 52 mm
Leistung	3 PS bei 4200/min
Zylinder	Einzylinder
Arbeitsweise	Zweitakt
Antrieb	Kette
Getriebe	Zweiganggetriebe
Gewicht	63 kg
Höchstgeschwindigkeit	55 km/h
Preis	RM 290.– (1938) DM 540.– (1949)

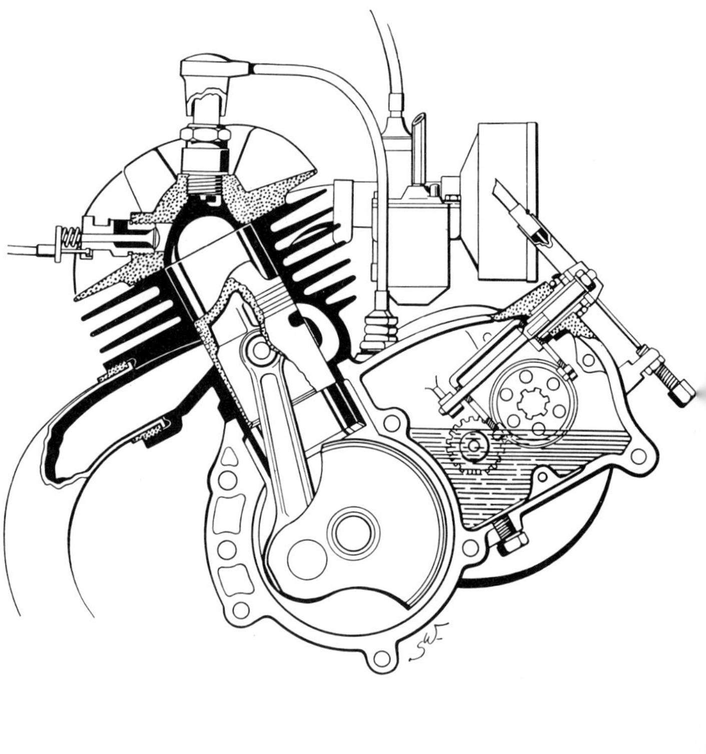

NSU 351 OT Touren-Sport 1938

NSU 351 OT Touren-Sport 1951

NSU 351 OT Motorrad

Modell	NSU 351 OT	Arbeitsweise	Viertakt
Bauzeit	1936–39/1950–51	Antrieb	Kette
Anzahl	2803 Stück/455 Stück	Getriebe	Vierganggetriebe
Hubraum	331 cm³	Gewicht	170 kg
Bohrung x Hub	75 x 75 mm	Höchstgeschwindigkeit	105 km/h
Leistung	12,5 PS		
Zylinder	Einzylinder		

NSU Pony 100 Motorrad

Modell	NSU Pony 100
Bauzeit	1937–1940
Anzahl	23 148 Stück
Hubraum	97 cm^3
Bohrung x Hub	49 x 52 mm
Leistung	3 PS bei 4750/min
Zylinder	Einzylinder
Arbeitsweise	Zweitakt
Antrieb	Kette
Getriebe	Dreigang-Blockgetriebe
Gewicht	68 kg
Höchst-geschwindigkeit	55 km/h
Preis	RM 345.–

NSU 601 OSL, „Wehrmachts-Motorrad" 1940

NSU 601 OSL Motorrad

Modell	NSU 601 OSL
Bauzeit	1938–1940
Anzahl	4962 Stück
Hubraum	562 cm^3
Bohrung x Hub	85 x 99 mm
Leistung	24 PS bei 4950/min
Zylinder	Einzylinder
Arbeitsweise	Viertakt
Antrieb	Kette
Getriebe	Vierganggetriebe
Gewicht	185 kg
Höchst-geschwindigkeit	130 km/h

NSU Kettenkrad

Modell	NSU Kettenkrad Typ HK 101
Bauzeit	1941–1948
Anzahl	7813 Stück
Hubraum	1478 cm^3
Bohrung x Hub	80 x 74 mm
Leistung	36 PS bei 3400/min
Motor	Vierzylinder Opel-Olympia-Motor
Arbeitsweise	Viertakt
Antrieb	Gleisketten-Laufwerk
Getriebe	Dreiganggetriebe mit Vorgelege
Gewicht	1235 kg
Höchst- geschwindigkeit	80 km/h

NSU 125 ZDB Motorrad

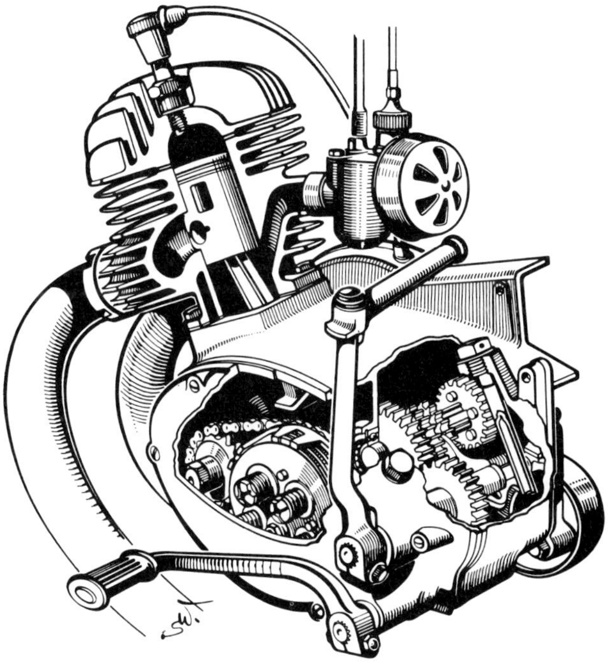

Modell	NSU 125 ZDB
Bauzeit	1941–1951
Stückzahl	34 589 Stück
Hubraum	123 cm^3
Bohrung x Hub	52 x 58 mm
Leistung	5 PS bei 4600/min
Zylinder	Einzylinder
Arbeitsweise	Zweitakt
Antrieb	Kette
Getriebe	Dreigang-Blockgetriebe
Gewicht	85 kg
Höchstgeschwindigkeit	75 km/h
Preis	RM 460.– (1941) DM 900.– (1949)

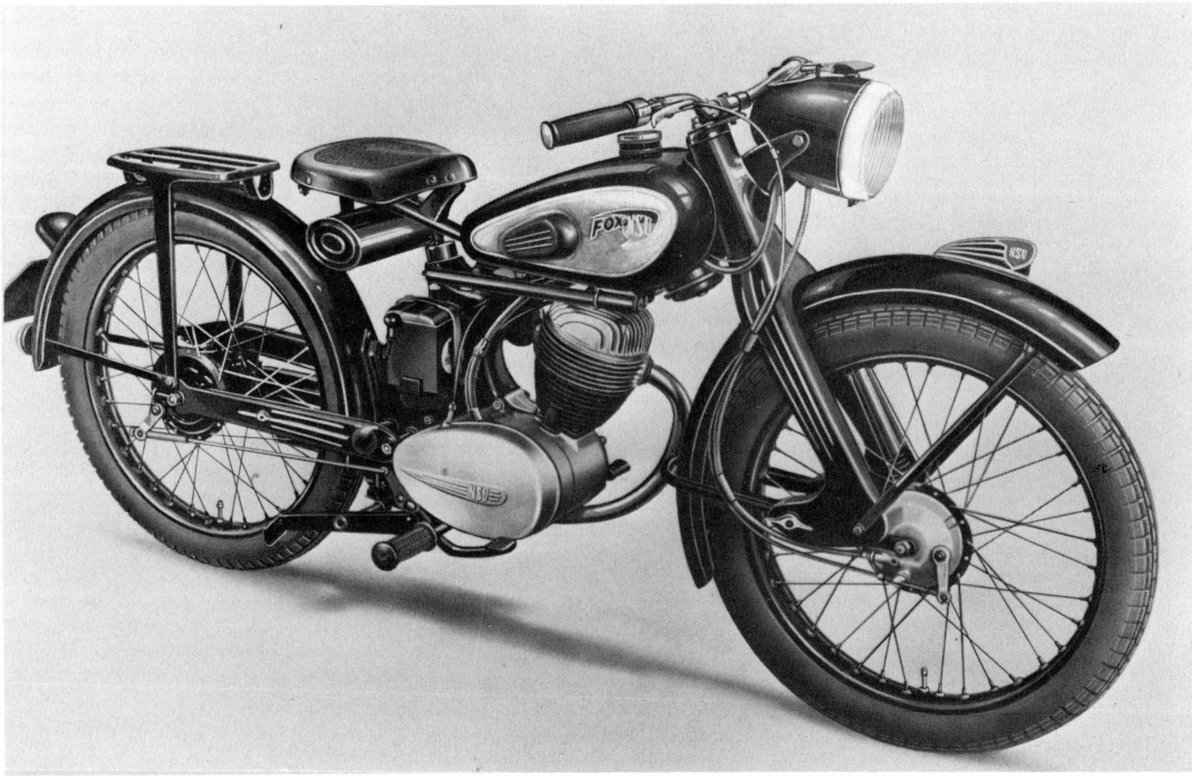

NSU Fox 4-Takt

Modell	NSU Fox 4-Takt
Bauzeit	1949–1954
Stückzahl	59 126 Stück
Hubraum	98 cm³
Bohrung x Hub	50 x 50 mm
Leistung	5,2 PS bei 6500/min
Zylinder	Einzylinder
Arbeitsweise	Viertakt
Antrieb	Kette
Getriebe	Dreigang-Blockgetriebe
Gewicht	85 kg
Höchstgeschwindigkeit	82 km/h
Preis	DM 985.– (1949) DM 1135.– (1951) DM 1110.– (1954)

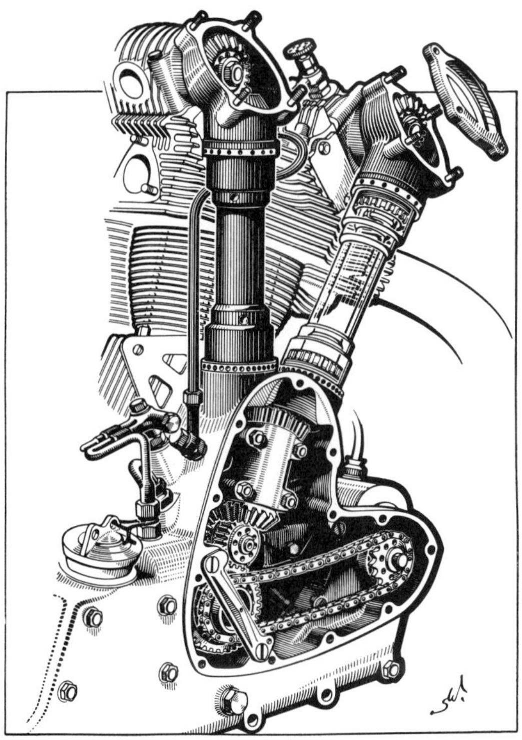

NSU Zweizylinder Kompressor-Rennmaschine

Modell	350 cm³	500 cm³
Bauzeit	1939–50	1950
Hubraum	348 cm³	499 cm³
Bohrung x Hub	56 x 70,5 mm	63 x 80 mm
Leistung	68 PS	98 PS
Zylinder	Zweizylinder mit zwei obenliegenden Nockenwellen	
Arbeitsweise	Viertakt	Viertakt
Antrieb	Kette	Kette
Getriebe	Vierganggetriebe	
Gewicht	200 kg	220 kg
Höchstgeschwindigkeit	200 km/h	230 km/h

NSU Sportfox

Modell	NSU Sportfox
Bauzeit	1950
Stückzahl	750 Stück
Hubraum	98 cm³
Bohrung x Hub	50 x 50 mm
Leistung	7,5 PS bei 7000/min
Zylinder	Einzylinder
Arbeitsweise	Viertakt
Antrieb	Kette
Getriebe	Vierganggetriebe
Gewicht	65 kg
Höchst-geschwindigkeit	100 km/h

NSU Lambretta

Modell	NSU Lambretta
Bauzeit	1950–1956
Stückzahl	117 045 Stück
Hubraum	123 cm³ (bis 1954) 146 cm³ (ab 1954)
Bohrung x Hub	52 x 58 mm (125 cm³) 57 x 58 mm (150 cm³)
Leistung	4,5 PS bei 4500/min (125 cm³) 6,2 PS bei 5200/min (150 cm³)
Zylinder	Einzylinder
Arbeitsweise	Zweitakt
Antrieb	Kardanwelle
Getriebe	Dreiganggetriebe
Gewicht	117 kg
Höchst-geschwindigkeit	70 km/h (125 cm³) 81 km/h (150 cm³)
Preis	DM 1495.– (1951) DM 1670.– (1954)

NSU Superlux 1954

NSU Lux 201 ZB

Modell	NSU Lux NSU Superlux (ab 1954)
Bauzeit	1951–1956
Stückzahl	78 845 Stück
Hubraum	198 cm³
Bohrung x Hub	62 x 66 mm
Leistung	8,6 PS bei 5250/min 11 PS bei 5250/min (Superlux)
Zylinder	Einzylinder
Arbeitsweise	Zweitakt
Antrieb	Kette
Getriebe	Viergang-Blockgetriebe
Gewicht	135 kg
Höchst- geschwindigkeit	95 km/h 100 km/h (Superlux)
Preis	DM 1545.– (1951) DM 1595.– (1956)

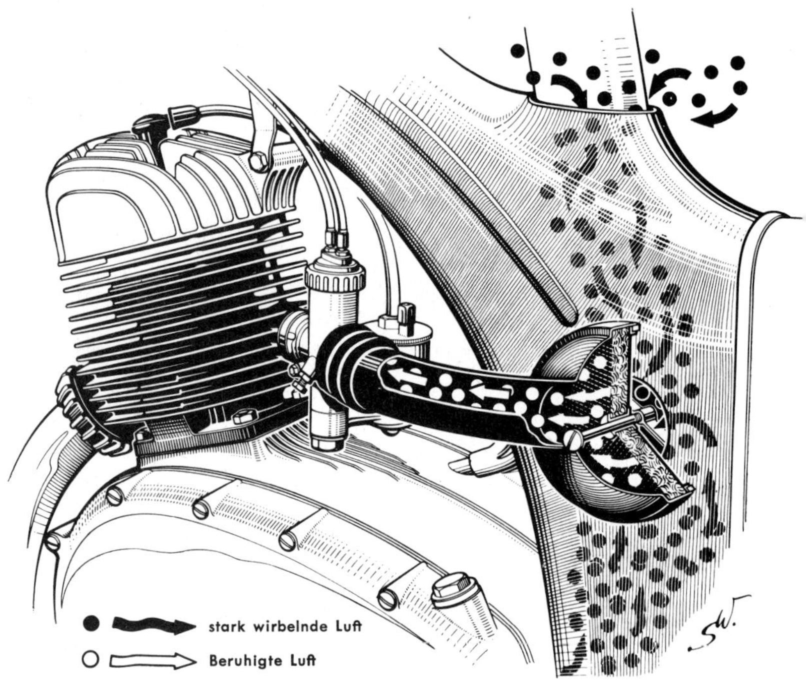

NSU Fox 2-Takt

Modell	NSU Fox 2-Takt
Bauzeit	1951–1954
Stückzahl	29 590 Stück
Hubraum	123 cm³
Bohrung x Hub	52 x 58 mm
Leistung	5,4 PS bei 5000/min
Zylinder	Einzylinder
Arbeitsweise	Zweitakt
Antrieb	Kette
Getriebe	Viergang-Blockgetriebe
Gewicht	84 kg
Höchstgeschwindigkeit	83 km/h
Preis	DM 1110.– (1951) DM 1045.– (1954)

NSU Konsul I 351 OS-T
NSU Konsul II 501 OS-T

Modell	NSU Konsul I	NSU Konsul II
Bauzeit	1951–1953	1951–1954
Stückzahl	8247 Stück	5966 Stück
Hubraum	349 cm³	498 cm³
Bohrung × Hub	75 × 79 mm	80 × 99 mm
Leistung	18 PS bei 5500/min	22 PS bei 5000/min
Zylinder	Einzylinder	Einzylinder
Arbeitsweise	Viertakt	Viertakt
Antrieb	Kette	Kette
Getriebe	Vierganggetriebe	Vierganggetriebe
Gewicht	190 kg	195 kg
Höchstgeschwindigkeit	110 km/h	125 km/h
Preis	DM 2290,–	DM 2450,–

NSU Max 1954

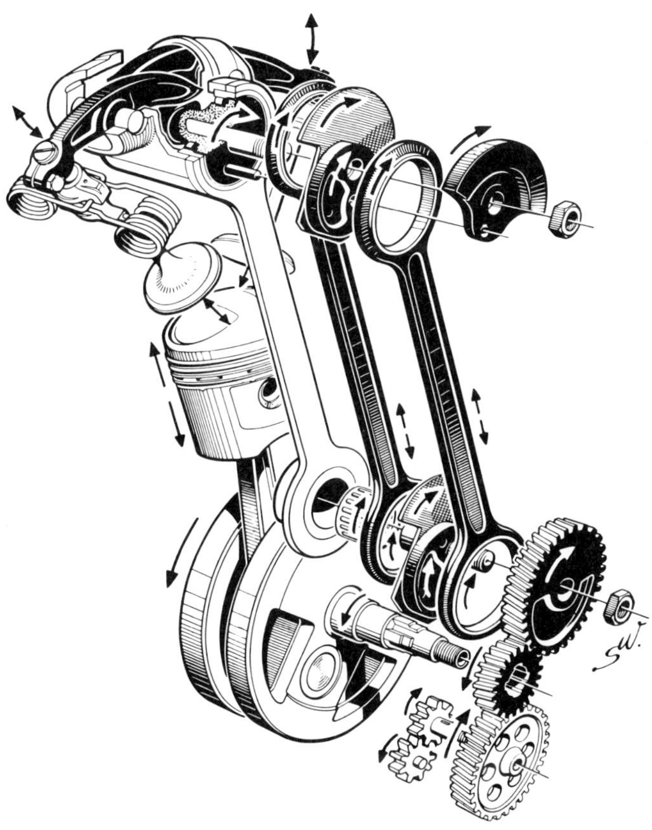

NSU Max / Supermax

Modell	NSU Max / Supermax
Bauzeit	1952–1956 (Max)
	1956–1963 (Supermax)
Stückzahl	81 647 (Max)
	15 473 (Supermax)
Hubraum	247 cm^3
Bohrung × Hub	69 × 66 mm
Leistung	15 PS bei 5800/min
	17 PS bei 6500/min (ab 1954)
	18 PS bei 6500/min (Supermax)
Zylinder	Einzylinder
Arbeitsweise	Viertakt
Antrieb	Kette
Getriebe	Vierganggetriebe
Gewicht	138 kg (Max)
	174 kg (Supermax)
Höchstgeschwindigkeit	115 km/h (Max)
	126 km/h (Supermax)
Preis	DM 1990,– (Max/Supermax)
	DM 2076,– (Supermax ab 1961)

NSU Rennmax

Modell	NSU Rennmax
Bauzeit	1952–1954
Hubraum	250 cm^3
Bohrung × Hub	54 × 54 mm (1952–1953) 55,9 × 50,8 mm (1954)
Leistung	27 PS bei 9000/min (1952) 32 PS bei 11 000/min (1953) 39 PS bei 11 500/min (1954)
Zylinder	Zweizylinder/Twin mit zwei obenliegenden Nockenwellen
Arbeitsweise	Viertakt
Antrieb	Kette
Getriebe	Sechsganggetriebe
Gewicht	121 kg
Höchstgeschwindigkeit	190–195 km/h

NSU Rennfox

Modell	NSU Rennfox
Bauzeit	1952–1954
Hubraum	125 cm³
Bohrung × Hub	54 × 54 mm (1952–1953) 58 × 47,3 mm (1954)
Leistung	14 PS bei 11 000/min (1952–1953) 18 PS bei 11 000/min (1954)
Zylinder	Einzylinder mit zwei obenliegenden Nockenwellen
Arbeitsweise	Viertakt
Antrieb	Kette
Getriebe	Sechsganggetriebe
Gewicht	83,5 kg
Höchstgeschwindigkeit	160–165 km/h

NSU Quickly-N, S, L, N 23 Moped

Modell	NSU Quickly-N, S, L, N 23
Bauzeit	1953–1962 (Quickly-N) 1955–1962 (Quickly-S) 1956–1961 (Quickly-L) 1962–1963 (Quickly-N 23)
Stückzahl	952 235 Stück
Hubraum	49 cm^3
Bohrung × Hub	40 × 39 mm
Leistung	1,4 PS bei 5000/min
Zylinder	Einzylinder
Arbeitsweise	Zweitakt
Antrieb	Kette
Getriebe	Zweiganggetriebe
Gewicht	33 kg (Quickly-N) 35 kg
Höchstgeschwindigkeit	40 km/h
Preis 1953:	DM 525,– (Quickly-N)
1954:	DM 540,– (Quickly-N)
1956:	DM 465,– (Quickly-N) DM 515,– (Quickly-S) DM 595,– (Quickly-L)
1961:	DM 528,– (Quickly-N) DM 578,– (Quickly-S)
1962:	DM 596,– (Quickly-N 23)

NSU Quickly-N 1959

NSU Quickly-L 1956

NSU Geländemax

Modell	NSU Geländemax
Bauzeit	1955
Hubraum	247 cm^3
Bohrung × Hub	69 × 66 mm
Leistung	19,5 PS bei 6500/min
Zylinder	Einzylinder mit obenliegender Nockenwelle
Arbeitsweise	Viertakt
Antrieb	Kette
Getriebe	Vierganggetriebe
Bremsen	Vollnaben-Trommelbremsen
Tankinhalt	14 Liter

NSU Sportmax

Modell	NSU Sportmax
Bauzeit	1955
Hubraum	247 cm³
Bohrung × Hub	69 × 66 mm
Leistung	28 PS bei 9000/min
Zylinder	Einzylinder
Arbeitsweise	Viertakt
Antrieb	Kette
Getriebe	Viergang
Gewicht	112 kg
Höchst-geschwindigkeit	185–200 km/h
Preis	DM 4000,–

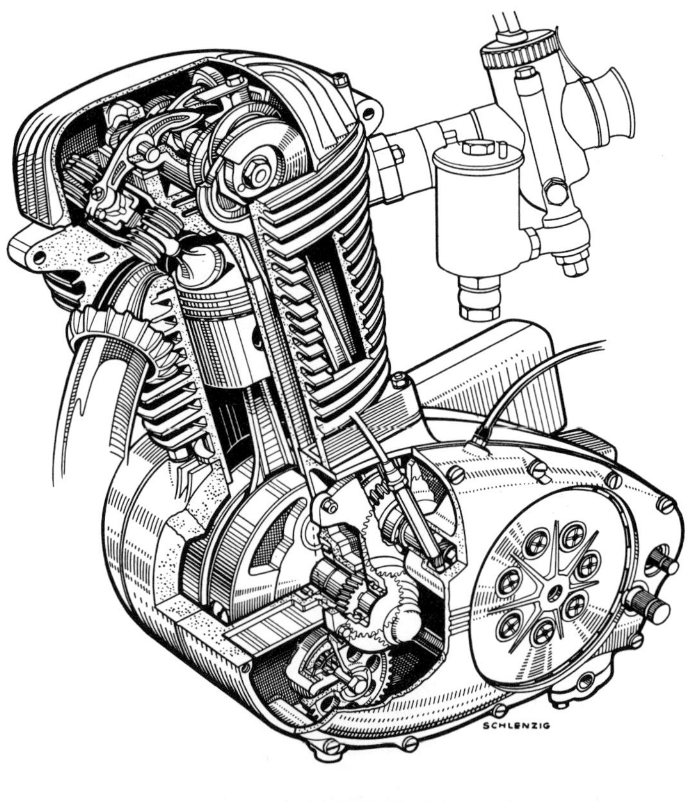

NSU Superfox

Modell	NSU Superfox
Bauzeit	1955–1957
Stückzahl	15 530 Stück
Hubraum	123 cm³
Bohrung × Hub	52 × 58 mm
Leistung	8,8 PS bei 6500/min
Zylinder	Einzylinder
Arbeitsweise	Viertakt
Antrieb	Kette
Getriebe	Viergang-Blockgetriebe
Gewicht	116 kg
Höchst-geschwindigkeit	95 km/h
Preis	DM 1420,– (1956)

NSU Prima-D Motorroller

Modell	NSU Prima-D
Bauzeit	1956–1960
Anzahl	76 911 Stück
Hubraum	146 cm³
Bohrung × Hub	57 × 58 mm
Leistung	6,2 PS
Zylinder	Einzylinder
Arbeitsweise	Zweitakt
Antrieb	Kardanwelle
Getriebe	Dreiganggetriebe
Gewicht	123 kg
Höchst-geschwindigkeit	80 km/h
Preis	DM 1595,– (1956) DM 1635,– (1960)

NSU Delphin III Weltrekordfahrzeug

Modell	350 cm³	500 cm³
Bauzeit	1956	1956
Hubraum	347,26 cm³	498,74 cm³
Bohrung × Hub	56 × 70,5 mm	63 × 80 mm
Leistung	75 PS bei 8500/min	110 PS bei 8000/min
Zylinder	Zweizylinder	Zweizylinder
Aufladung	Vielzellen-Verdichter	
Antrieb	Kette	Kette
Getriebe	Viergang	Viergang
Gewicht	262 kg	265 kg
Höchstgeschwindigkeit	305 km/h	339 km/h

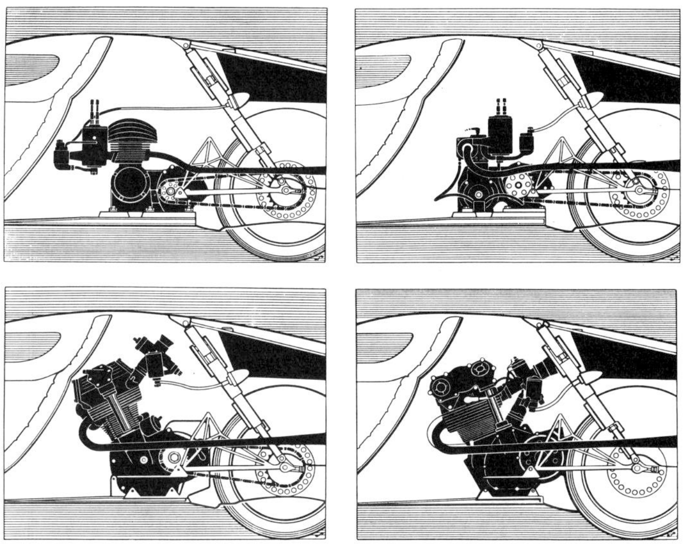

oben links: 50 cm³-Zweitaktmotor mit Kompressor
oben rechts: 50 cm³-Viertaktmotor mit Wankel-Drehschieber
unten links: 125 cm³-Rennfox-Motor
unten rechts: 250 cm³-Rennmax-Motor

NSU Baumm II Weltrekordfahrzeug

Modell	50 cm³	50 cm³	100 cm³	125	250 cm³
Bauzeit	1956	1956	1956	1956	1956
Hubraum	49,86 cm³	49 cm³	99,7 cm³	124,95 cm³	249,75 cm³
Bohrung × Hub	42 × 36 mm	40 × 39 mm	56 × 40,5 mm	58 × 47,3 mm	55,9 × 50,8 mm
Leistung	12 PS/16 000	10 PS/11 000	15,5 PS/11 000	20 PS/11 000	42 PS/11 000
Zylinder			Einzylinder		Zweizylinder-Twin
Arbeitsweise	Viertakt	Zweitakt	Viertakt	Viertakt	Viertakt
Aufladung	Drehkolbenkompressor				
Antrieb			Kette		
Getriebe	Viergang		Sechsgang	Sechsgang	Sechsgang
Gewicht	132 kg	127 kg	140 kg	140 kg	150 kg
Höchstgeschwindigkeit	196 km/h	196 km/h	222 km/h	242 km/h	ca. 300–330 km/h

NSU Prima V Motorroller

Modell	NSU Prima V
Bauzeit	1957–1964
Stückzahl	31 404 Stück
Hubraum	174 cm^3
Bohrung × Hub	62 × 57,6 mm
Leistung	9,5 PS
Zylinder	Einzylinder
Arbeitsweise	Zweitakt
Antrieb	Kardanwelle
Getriebe	Vierganggetriebe
Gewicht	138 kg
Höchstgeschwindigkeit	90 km/h
Preis	DM 1795.– (1957)
	DM 1798.– (1961)

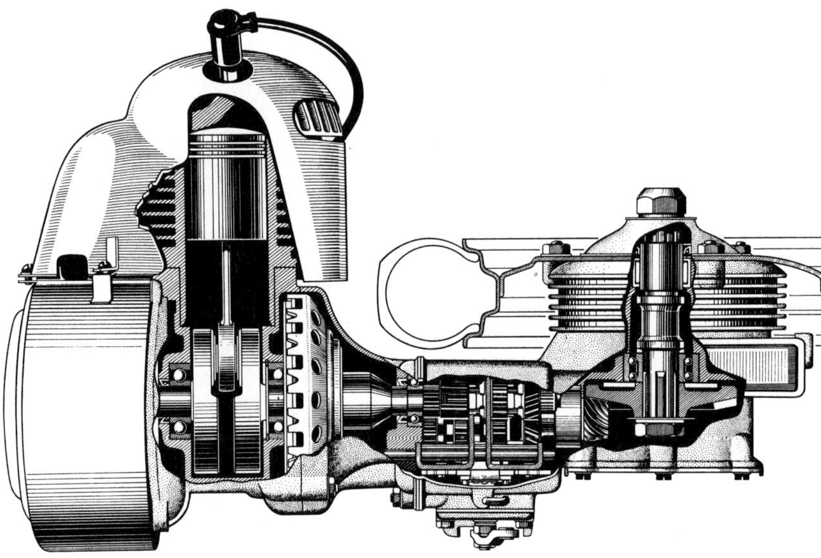

NSU Maxi Motorrad

Modell	NSU Maxi
Bauzeit	1957–1964
Anzahl	31 471 Stück
Hubraum	174 cm^3
Bohrung × Hub	62 × 58 mm
Leistung	12,5 PS
Zylinder	Einzylinder
Arbeitsweise	Viertakt
Antrieb	Kette
Getriebe	Viergang-Blockgetriebe
Gewicht	124 kg
Höchst-geschwindigkeit	110 km/h
Preis	DM 1625.– (1957) DM 1698.– (1961)

NSU Prima III
NSU Prima III K/KL Motorroller

Modell	NSU Prima III		NSU Prima III K/KL
Bauzeit	1957–1964		1958–1964
Stückzahl	29 110 Stück		23 206 Stück
Hubraum	146 cm³		146 cm³
Bohrung × Hub	57 × 57,6 mm		57 × 57,6 mm
Leistung	7,4 PS		7,4 PS
Zylinder	Einzylinder		Einzylinder
Arbeitsweise	Zweitakt		Zweitakt
Antrieb	Kardanwelle		Kardanwelle
Getriebe	Vierganggetriebe		Vierganggetriebe
Gewicht	131 kg		131 kg
Höchstgeschwindigkeit	84 km/h		84 km/h
Preis	DM 1648.–	IIIK	DM 1389.– (1959)
		IIIKL	DM 1446.– (1959)
		IIIK	DM 1249.– (1961)
		IIIKL	DM 1328.– (1961)

NSU Prima III 1961

NSU Prima III KL 1961

NSU Quickly Cavallino

Modell	NSU Quickly Cavallino
Bauzeit	1957–1960
Anzahl	21 584 Stück
Hubraum	49 cm^3
Bohrung × Hub	40 × 39 mm
Leistung	1,7 PS
Zylinder	Einzylinder
Arbeitsweise	Zweitakt
Antrieb	Kette
Getriebe	Dreiganggetriebe
Gewicht	54 kg
Höchst-geschwindigkeit	40 km/h

NSU Prinz II 1959

NSU Prinz III 1961

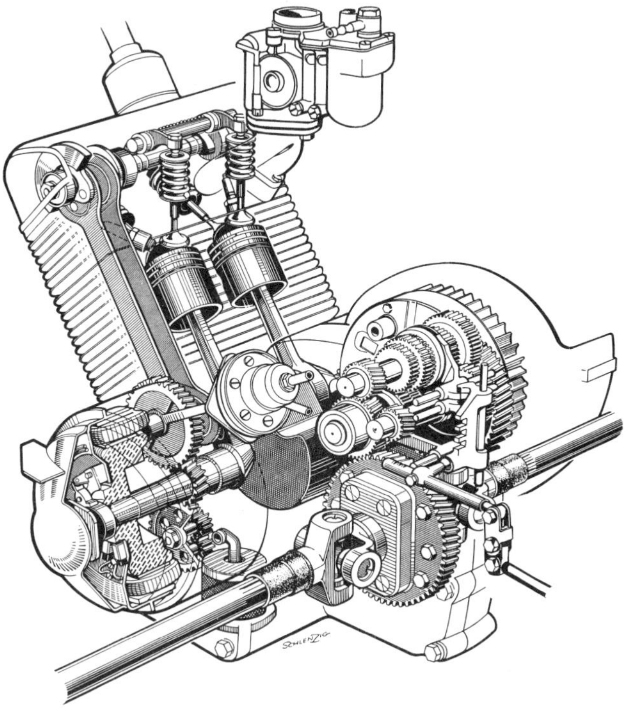

NSU Prinz I/II
NSU Prinz 30, Prinz III Limousine, zweitürig

Modell		NSU Prinz I/II	Prinz 30	Prinz III
Bauzeit		1958–1960	1959–1961	1960–1962
Anzahl		1648 (I) Stück 31 900 (II) Stück	30 678 Stück	25 177 Stück
Hubraum		583 cm³	583 cm³	583 cm³
Bohrung × Hub		75 × 66 mm	75 × 66 mm	75 × 66 mm
Leistung		20 PS/4800/min	30 PS/5500/min	23 PS/5000/min
Zylinder			Zweizylinder-Twin	
Arbeitsweise			Viertakt	
Bremsen			Trommelbremsen 180 mm ∅	
Bereifung		4,40–12	4,40–12	4,40–12
Getriebe			Vierganggetriebe	
Gewicht		510 kg (I) 520 kg (II)	540 kg	520 kg
Radstand		2000 mm	2000 mm	2000 mm
Höchstgeschwindigkeit		105 km/h	120 km/h	110 km/h
Preis	1958:	DM 3740.– (I) DM 4080.– (II)		
	1959:	DM 3600.– (I) DM 3860.– (II) DM 4005.– (IIE)	DM 4230.– (30) DM 4255.– (30 E)	
	1960:	DM 3500.– (I) DM 3805.– (IIE)	DM 3975.– (30 E)	DM 3985.–

NSU Sportprinz Coupé, zweisitzig

Modell	NSU Sportprinz
Bauzeit	1959–1967
Anzahl	20 831 Stück
Hubraum	583 cm^3 (bis 1961) 598 cm^3 (ab 1961)
Bohrung x Hub	75 x 66 mm (bis 1961) 76 x 66 mm (ab 1961)
Leistung	30 PS bei 5500/min
Zylinder	Zweizylinder Twin
Arbeitsweise	Viertakt
Bremsen	Trommelbremsen 180 mm ∅ Scheibenbremsen vorn (ab 1964)
Bereifung	4,40–12 (1959–1961) 4,80–12 (1961–1964) 5,00–12 (1964–1966) 5,65/135–12 (1966–1967)
Getriebe	Vierganggetriebe
Gewicht	565 kg
Radstand	2000 mm
Höchstgeschwindigkeit	120 km/h
Preis	DM 6550.– (1959) DM 5985.– (1959) DM 5710.– (1960) DM 5133.– (1965)

NSU Quickly-TT 1959

NSU Quickly TT Moped
NSU Quickly TTK Moped mit Kickstarter

Modell	NSU Quickly TT	NSU TTK
Bauzeit	1959–1963	1960–1961
Stückzahl	23 952 Stück	12 200 Stück
Hubraum	49 cm³	49 cm³
Bohrung × Hub	40 × 39 mm	40 x 39 mm
Leistung	1,7 PS	1,7 PS
Zylinder	Einzylinder	Einzylinder
Arbeitsweise	Zweitakt	Zweitakt
Antrieb	Kette	Kette
Getriebe	Dreiganggetriebe	Dreiganggetriebe
Gewicht	55 kg	55 kg
Höchstgeschwindigkeit	40 km/h	40 km/h
Preis	DM 854.–	DM 848.– (1960) DM 894.– (1961)

NSU Quickly T Moped

Modell	NSU Quickly T
Bauzeit	1959–1963
Stückzahl	38 605 Stück
Hubraum	49 cm³
Bohrung × Hub	40 × 39 mm
Leistung	1,7 PS
Zylinder	Einzylinder
Arbeitsweise	Zweitakt
Antrieb	Kette
Getriebe	Dreiganggetriebe
Gewicht	58 kg
Höchst-geschwindigkeit	40 km/h
Preis	DM 838.– (1960) DM 884.– (1962)

NSU Quickly-S 2/23

NSU Quickly-S 23, S 2/23, F

Modell	NSU Quickly-S 23, S 2/23, F
Bauzeit	1961–1963 1962–1963 (Quickly-F)
Stückzahl	50 757 Stück
Hubraum	49 cm^3
Leistung	1,4 PS (Quickly-S 23) 1,7 PS
Zylinder	Einzylinder
Arbeitsweise	Zweitakt
Antrieb	Kette
Getriebe	Zweiganggetriebe Dreiganggetriebe (Quickly-S 2/23)
Höchstgeschwindigkeit	40 km/h
Preis	DM 658.– (Quickly-S 23) DM 718.– (Quickly-S 2/23) DM 793.– (Quickly-F)

NSU Quickly-F

NSU Prinz 4 S, 1962

NSU Prinz 4 Limousine, zweitürig

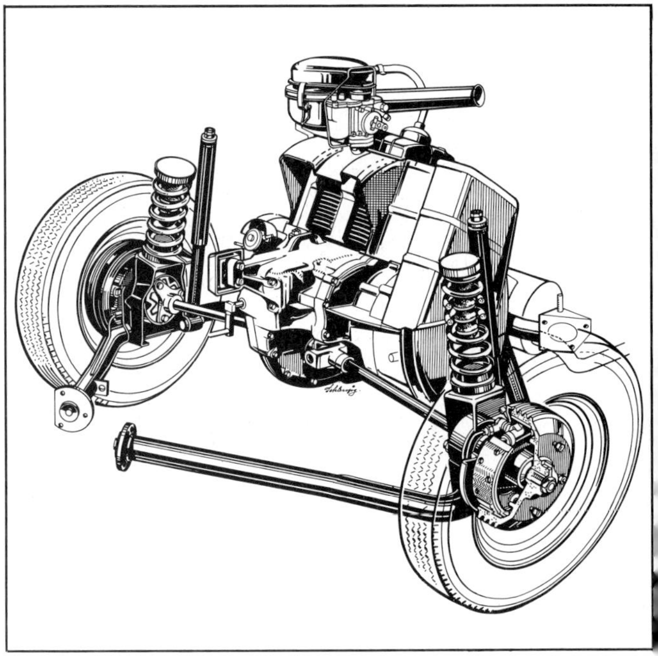

Modell		NSU Prinz 4
Bauzeit		1961–1973
Anzahl		625 171 Stück
Hubraum		598 cm³
Bohrung x Hub		76 x 66 mm
Leistung		30 PS bei 5600/min
Zylinder		Zweizylinder Twin
Arbeitsweise		Viertakt
Bremsen		Trommelbremsen Scheibenbremsen vorn (ab 1964 auf Wunsch)
Bereifung		4,80–12 (1961–1964) 5,00–12 (1964–1969) 5,65/135–12 (ab 1969)
Getriebe		Vierganggetriebe
Gewicht		570 kg
Radstand		2040 mm
Höchstgeschw.		120 km/h
Preis	1961:	DM 4686.– (Prinz 4 S)
	1962:	DM 4846.– (Prinz 4 S)
	1962:	DM 4586.– (Prinz 4 S)
	1965:	DM 4586.– (Prinz 4 S)
	1965:	DM 4670.– (Prinz 4 L)
	1972:	DM 5200.– (Prinz 4 L)

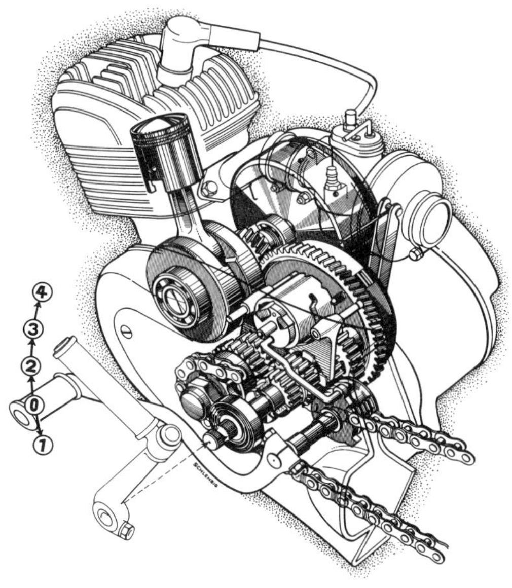

NSU Quick 50 Motorrad

Modell	NSU Quick 50
Bauzeit	1962–1965
Stückzahl	9323 Stück
Hubraum	50 cm³
Bohrung x Hub	40 x 39,5 mm
Leistung	4,3 PS bei 7000/min
Zylinder	Einzylinder
Arbeitsweise	Zweitakt
Antrieb	Kette
Getriebe	Vierganggetriebe
Gewicht	80 kg
Höchst-geschwindigkeit	70 km/h
Preis	DM 1088.–

NSU/Wankel-Spider Roadster, zweisitzig

Modell	NSU/Wankel-Spider
Bauzeit	1964–1967
Anzahl	2184 Stück
Kammervolumen	500 cm³
Leistung	50 PS bei 6000/min
Zylinder	Einscheiben-Kreiskolbenmotor
Arbeitsweise	Viertakt
Bremsen	Scheibenbremsen vorn Trommelbremsen hinten
Bereifung	5,00 S 12 bzw. 5,00 R 12
Getriebe	Vierganggetriebe
Gewicht	700 kg
Radstand	2018 mm
Höchst- geschwindigkeit	152 km/h
Preis	DM 8500.– (1964) DM 7000.– (1966)

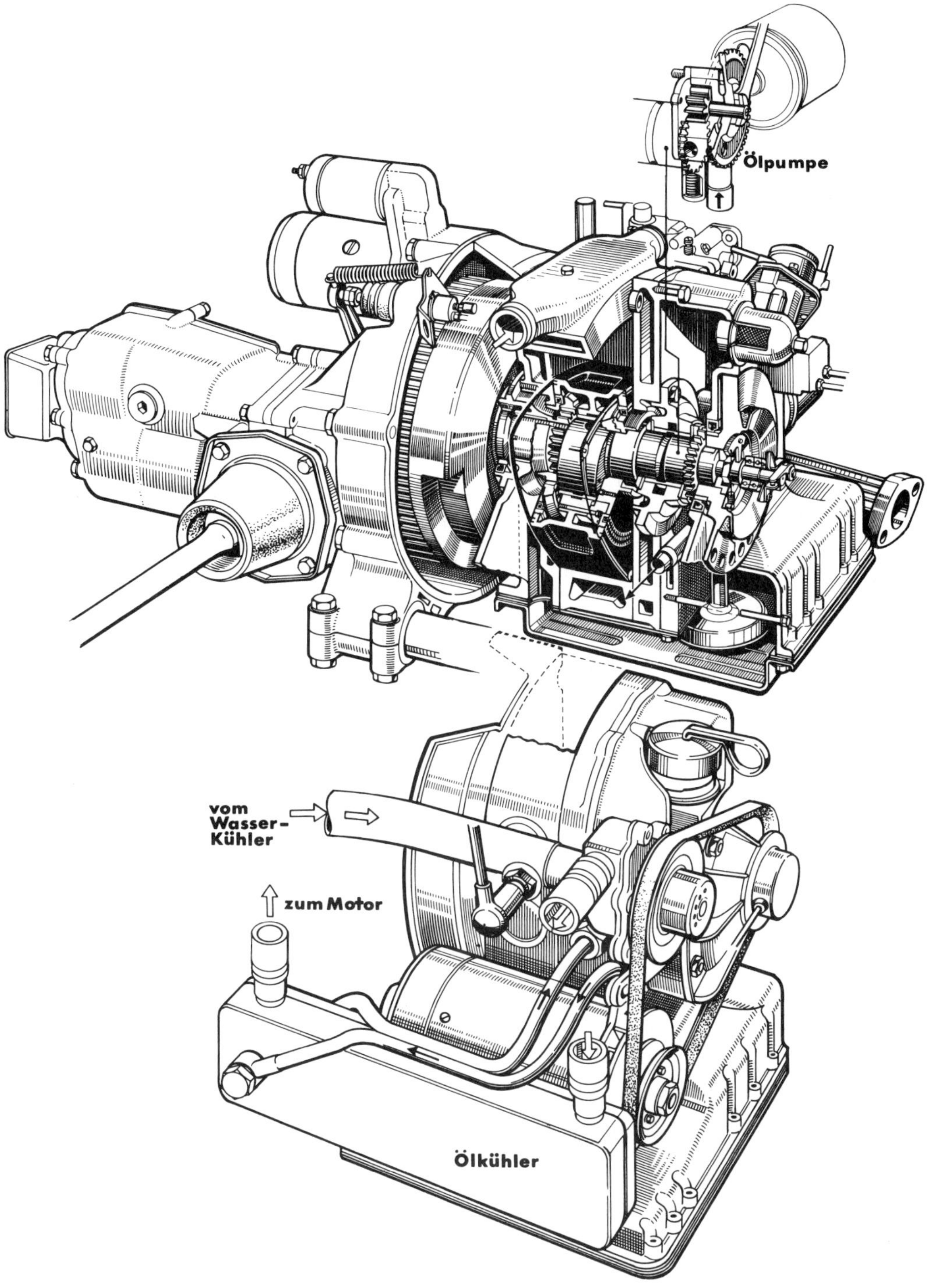
Ölpumpe
vom
Wasser-
Kühler
zum Motor
Ölkühler

NSU Prinz 1000 S, 1965

NSU 1000 C, 1968

NSU Prinz 1000
NSU 1000 Limousine, zweitürig

Modell		NSU Prinz 1000
		NSU 1000
Bauzeit		1964–1967 (Prinz 1000)
		1967–1972 (NSU 1000)
Anzahl		207 428 Stück
Hubraum		996 cm³
Bohrung x Hub		69 x 66,6 mm
Leistung		43 PS bei 5500/min (Prinz 1000)
		40 PS bei 5500/min (NSU 1000)
Zylinder		Vierzylinder in Reihe
Arbeitsweise		Viertakt
Bremsen		Trommelbremsen
Bereifung		5,50–12
Getriebe		Vierganggetriebe
Gewicht		620 kg (Prinz 1000)
		660 kg (NSU 1000)
Radstand		2250 mm
Höchstgeschwindigkeit		135 km/h (Prinz 1000)
		130 km/h (NSU 1000)
Preis	1964:	DM 5500.– (Prinz 1000 L)
	1965:	DM 5200.– (Prinz 1000 L)
	1967:	DM 5400.– (Prinz 1000 S)
		DM 5250.– (NSU 1000)
	1971:	DM 5400.– (NSU 1000)
	1972:	DM 5800.– (NSU 1000)
		DM 6000.– (NSU 1000)

NSU TT 1968

NSU Prinz 1000 TT
NSU TT Sportlimousine, zweitürig

Modell		NSU Prinz 1000 TT NSU TT
Bauzeit		1965–1967 (Prinz 1000 TT) 1967–1972 (NSU TT)
Anzahl		11 465 Stück (Prinz 1000 TT) 52 082 Stück (NSU TT)
Hubraum		1085 cm³ (Prinz 1000 TT) 1177 cm³ (NSU TT)
Bohrung x Hub		72 x 66,6 mm (Prinz 1000 TT) 75 x 66,6 mm (NSU TT)
Leistung		55 PS bei 5800/min (Prinz 1000 TT) 65 PS bei 5500/min (NSU TT)
Zylinder		Vierzylinder in Reihe
Bremsen		Scheibenbremsen vorn Trommelbremsen hinten
Arbeitsweise		Viertakt
Bereifung		135 SR 13
Getriebe		Vierganggetriebe
Gewicht		680 kg
Radstand		2250 mm
Höchstgeschwindigkeit		150 km/h (Prinz 1000 TT) 155 km/h (NSU TT)
Preis	1965:	DM 6000.– (Prinz 1000 TT)
	1966:	DM 6250.– (Prinz 1000 TT)
	1967:	DM 6250.– (NSU TT)
	1970:	DM 6500.– (NSU TT)
	1971:	DM 6940.– (NSU TT)
	1972:	DM 7100.– (NSU TT)

NSU Typ 110, 1965

NSU 1200 C, 1968

NSU Typ 110, Limousine, zweitürig
NSU Typ 110 S/SC
NSU Typ 110 C/NSU 1200/C

Modell	NSU Typ 110	NSU Typ 110 S/SC	NSU Typ 110 C NSU 1200/C
Bauzeit	1965–1967	1966–1967	1967–1973
Anzahl	48 732 Stück	13 770 Stück	167 660 Stück
Hubraum	1085 cm³	1177 cm³	
Bohrung x Hub	72 x 66,6 mm	75 x 66,6 mm	
Leistung	53 PS/5600/min	60 PS/5500/min	55 PS/5500/min
Zylinder		Vierzylinder in Reihe	
Arbeitsweise		Viertakt	
Bremsen		Trommelbremsen auf Wunsch: Scheibenbremsen vorn	
Bereifung	155–13	155–13	6,15/155–13
Getriebe		Vierganggetriebe	
Gewicht	720 kg	720 kg	710 kg
Radstand	2440 mm	2440 mm	2440 mm
Höchstgeschwindigkeit	145 km/h	150 km/h	145 km/h
Preis	DM 5800.–	DM 6000.–	DM 5950.–
		1970:	DM 6100.–
		1971:	DM 6500.–
		1973:	DM 6700.–

NSU TTS
Sportlimousine, zweitürig

Modell	NSU TTS
Bauzeit	1967–1971
Anzahl	2402 Stück
Hubraum	996 cm³
Bohrung x Hub	69 x 66,6 mm
Leistung	70 PS bei 6150/min
Zylinder	Vierzylinder in Reihe
Arbeitsweise	Viertakt
Bremsen	Scheibenbremsen vorn Trommelbremsen hinten
Bereifung	135 SR 13 bzw. 145 SR 12 155 SR 12
Getriebe	Vierganggetriebe
Gewicht	700 kg
Radstand	2250 mm
Höchstgeschwindigkeit	160 km/h
Preis	DM 7500.– (1967–1969) DM 8000.– (1970–1971)

NSU Ro 80 Limousine, viertürig

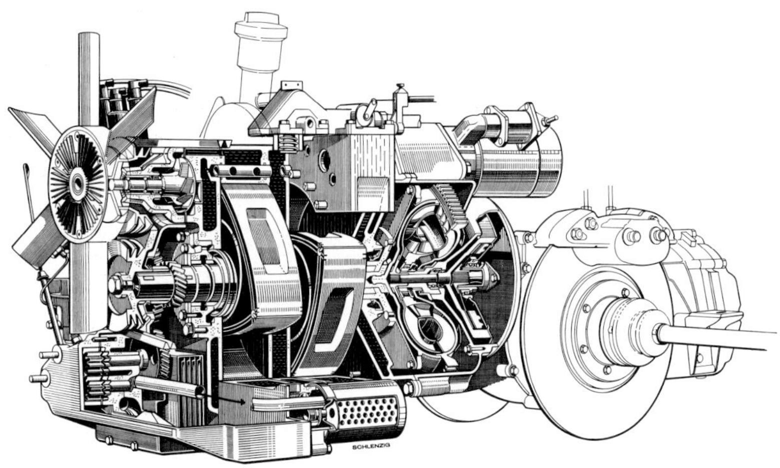

Modell	NSU Ro 80
Bauzeit	1967–1977
Anzahl	37 395 Stück
Kammervolumen	2 x 497,5 cm^3
Leistung	115 PS bei 5500/min
Zylinder	Zweischeiben-Kreiskolbenmotor
Arbeitsweise	Viertakt
Bremsen	Scheibenbremsen
Bereifung	175 SR 14 bzw. 175 HR 14
Getriebe	Dreiganggetriebe mit Drehmomentwandler
Gewicht	1280 kg
Radstand	2860 mm
Höchstgeschwindigkeit	180 km/h (1967–1971) 176 km/h (ab 1971)
Preis	DM 14 150.– (1967) DM 21 520.– (1975)

Die großen Dokumentationen zur deutschen Automobilgeschichte

Mit diesem Buch wurde erstmals in vollem Umfang die ungeheuer vielfältige, aber gerade deshalb so interessante Pkw-Typengeschichte des Hauses Daimler-Benz vorgestellt. Daten, Fakten und über 1000 Bilder vermitteln die ungeheure Vielfalt der Modelle der großen Marke!

640 Seiten, 1200 Abb., geb., DM 88.–
Best.-Nr. 01133

Die gesamte Typen-Palette der Wolfsburger Marke übersichtlich und klar gegliedert. Alle Fahrzeuge, die von 1934 bis heute das Werk verließen, werden vorgestellt. Mit einer Fülle an technischen und wirtschaftlichen Einzelheiten und Hintergründen.

592 Seiten, 630 Abb., geb., DM 76.–
Best.-Nr. 10799

Mit ausgewählten Detailbildern und Zeichnungen aller DKW-Autos und Motorräder. Die bewegte Geschichte eines einst weltweit bekannten Unternehmens. Siegfried Rauch ist es gelungen, gesammeltes Wissen in kompakte Form zu bringen.

248 Seiten, 537 Abb., Großformat, gebunden, DM 58.–
Best.-Nr. 10759

Alle in Deutschland gebauten Modelle von 1926 bis heute. Die erste lückenlose Dokumentation über sechs Jahrzehnte Ford Deutschland. Mit vielen, bisher unveröffentlichten Bildern und technischen Tabellen. Dazu ein motorsportlicher Überblick.

624 Seiten, 728 Abb., geb., DM 88.–
Best.-Nr. 01069

Dieser Band präsentiert alle Personenwagen, die zwischen 1920 und 1945 im damaligen Reich produziert wurden. Eine Übersicht mit Daten und Bildern, unter Einschluß auch der Marken, die in Deutschland nur Montagefabriken unterhielten.

544 Seiten, 899 Abb., geb., DM 58.–
Best.-Nr. 10519

Der bekannte Automobilhistoriker dokumentiert in diesem Bestseller alle Personenwagen, die in den drei Jahrzehnten nach 1945 gebaut wurden. Jedes Modell in Wort und Bild, mit Leistungsdaten, Produktionszahlen und Preisen.

464 Seiten, 611 Abb., geb., DM 48.–
Best.-Nr. 10391

Motor buch Verlag

Der Verlag für Autobücher
Postfach 1370 · 7000 Stuttgart 1

Änderungen vorbehalten